高压直流输电绝缘配合

苟锐锋　著

科学出版社

北　京

内 容 简 介

本书详细阐述了高压直流输电系统过电压产生的原因及机理，以及换流站绝缘配合步骤、方法和原则。全书共 7 章，主要内容包括：高压直流输电系统概述、晶闸管换流技术与换流站配置、直流系统运行特性与故障分析、高压直流换流站的暂时与操作过电压、高压直流换流站雷电与陡波过电压、高压直流换流站绝缘配合方法、高压直流换流站避雷器配置。

本书可为从事直流输电技术研究、设备制造、工程设计、工程建设与系统调试等方面工作的专业技术人员提供参考，也可作为高等院校相关专业的教学参考用书。

图书在版编目（CIP）数据

高压直流输电绝缘配合 / 苟锐锋著. —北京：科学出版社，2019.7

ISBN 978-7-03-060192-6

Ⅰ. ①高… Ⅱ. ①苟… Ⅲ. ①高压输电线路－直流输电线路－绝缘配合 Ⅳ. ①TM726.1

中国版本图书馆 CIP 数据核字（2018）第 292686 号

责任编辑：王喜军 高慧元 / 责任校对：杜子昂
责任印制：师艳茹 / 封面设计：壹选文化

科学出版社出版
北京东黄城根北街 16 号
邮政编码：100717
http://www.sciencep.com
艺堂印刷（天津）有限公司印刷
科学出版社发行 各地新华书店经销
*
2019 年 7 月第 一 版 开本：720 × 1000 1/16
2019 年 7 月第一次印刷 印张：17 1/4
字数：350 000

定价：168.00 元

（如有印装质量问题，我社负责调换）

序

高压直流输电技术是电网技术的“明珠”，具有远距离、大容量、低损耗的送电优势，在国内外得到广泛的发展和应用。我国在20世纪80年代建设的第一个±500kV葛洲坝—上海直流输电工程，起到了积累工程经验、培养直流输电技术人才的作用。随着三峡电力外送工程建设和“西电东送”战略的实施，我国建设多条±500kV直流输电工程，逐步从技术引进到消化吸收并实现直流输电设计的自主化。21世纪初，我国成功建成世界上技术领先的云南—广东、向家坝—上海±800kV直流示范工程，创新引领世界直流输电技术发展。

随着我国直流输电事业的蓬勃发展，高压直流输电绝缘配合技术取得极大的进步。高压直流输电绝缘配合是保证设备安全和系统可靠运行的关键，我国于20世纪80年代开始起步，通过艰苦的理论探索与工程实践，逐步摆脱了对国外技术的依赖。特别是随着±800kV特高压直流输电工程的建设，我国首次揭示了特高电压下的污秽外绝缘沿面放电机理，研制了特高压直流硅橡胶复合绝缘子，解决了高海拔、重污秽条件下的绝缘难题，标志着我国高压直流输电绝缘配合技术已经走在了世界前列。

《高压直流输电绝缘配合》一书总结多年来我国在高压直流输电绝缘配合的设计调试、工程建设与设备制造等方面的宝贵经验，将其系统地梳理和呈现出来，为开展高压直流输电绝缘配合工作提供了重要的实践指导。同时，该书包含高压直流输电绝缘配合的分析与设计方法、体系架构等研究成果，系统地阐述了高压直流输电的电磁暂态特性与绝缘配合方法，具有较强的研究参考价值。该书在建立高压直流输电绝缘配合理论体系方面进行了有益的探索，对于推动高压直流输电绝缘配合和高压直流输电技术的持续健康发展大有裨益。

中国工程院院士

2018年12月9日

前　言

直流输电是电力电子技术与设备在输配电系统中最广泛、最重要的应用，目前，直流输电电压等级已发展到 1100kV，容量已达 12GW，其输电距离可远至 3000km。然而，直流输电系统建设及设备绝缘配合不同于交流系统，属于电力电子设备与系统范畴，在其运行、故障、动态时对设备的要求及仿真计算都有较大差别。此外，绝缘配合是对设备造价、制造能力、制造水平、工程性能等多方面复杂因素的综合平衡，是实现直流输电工程技术性和经济性双重平衡最佳优化的关键。

目前，电力电子技术是电气工程学科中较为活跃的领域之一，其不断进步给电气工程现代化以及电网的智能化、自动化和信息化以巨大的推动。随着该项技术与信息技术的发展，电网的能量流、信息流实现了高度的自动平衡和控制。直流输电是实现交流-直流-交流能量变换的重要方式，包含着电压和电流的变化，也包含着频率和相数的变化，因而是一个大的变流系统。在其设计中不仅要考虑与大电网绝缘水平的配合，还要考虑保护方式、拓扑结构、控制措施等对绝缘配合的影响，因此，直流输电系统的绝缘配合要比交流系统复杂得多。

任何一个直流输电工程、直流背靠背工程都须进行绝缘配合研究和设计。在直流系统中，其每一点的运行电压大小不同、特性不同，决定了绝缘水平的要素不同，因而所采用的绝缘配合理念是能动性的绝缘配合，以如下三种方式，尽量使内部所产生的过电压最低：一是避雷器采用不同的布置方式；二是主回路采用不同的拓扑结构；三是系统采用不同的控制策略。此外，根据各点（如阀、极线、中性母线等）不同的运行、故障应力，最终决定避雷器的关键因素是不同的，主要包括运行电压、内部操作过电压和能量、雷电过电压和能量等。因此，在进行绝缘配合时，首先根据换流站的结构，确定避雷器的布置方式；其次选择最苛刻的工况，确定保护设备应力、保护水平及其他参数；最后确定换流站设备绝缘水平、设备爬电比距、空气净距耐受电压、交流场与直流场保护电压配合等，为换流站单台设备、换流站交直流场及阀厅设计提供依据。

本书是总结了作者几十年来的工作经验及作者所率领团队中的张万荣、程晓绚、周晓琴、安萍、娄彦涛等同志所开展直流输电系统的相关研究与设备成套设计技术，以及由±50kV 至±1100kV 多项直流工程及国家重大课题研究等的若干成果撰写而成的。

囿于个人水平和能力，以及所开展研究工作的局限性，书中难免存在不妥之处，敬请广大读者不吝指正。

苟锐锋

2018 年 11 月

目　录

第1章　高压直流输电系统概述

1.1　高压直流输电技术的发展概况

高压直流（high voltage direct current，HVDC）输电是20世纪50年代发展起来的一种输电方式[1]。自60年代可控硅整流元件的出现为换流设备的制造开辟了新的途径后，高压直流输电也出现了新的前景。80年代随着可控硅技术以及世界电网技术的发展，高压直流输电技术得到一个阶跃性的发展。高压直流输电作为一种新的输电技术，相对于交流输电有很多优点，如可以实现不同额定频率或相同额定频率交流系统之间的非同期联络、线路功耗小、对环境的危害小、线路故障时的自防护能力强等，特别适合高电压、远距离、大容量输电，尤其适合大区电网间的互联。

1954年，世界上第一个基于汞弧阀的高压直流输电系统在瑞典投入商业运行。随着电力系统的需求和电力电子技术的发展，高压直流输电技术取得了快速发展。1972年，基于可控硅阀的新一代高压直流输电系统在加拿大伊尔河流域的直流背靠背工程中得到应用；1979年，第一个基于微处理器控制技术的高压直流输电系统投入运行；1984年，巴西伊泰普水电站建造了当时电压等级最高（±600kV）的高压直流输电工程。目前全世界的高压直流输电工程已超过100个，美国有14个直流工程，总容量（含直流背靠背）为10.8GW，输电距离为5803km，其中直流背靠背工程为8个；加拿大有10个，总容量为8.1GW，输电距离为2814km。

我国高压直流输电技术起步较晚，但发展迅速。1986年，我国第一个超高压直流输电工程（葛洲坝—上海）正式启动，双极容量为1200MW。由于当时国内还没有直流设备研发的经验和实力，设备基本上依赖进口。作为我国建设的第一个跨大区、超高压直流输电工程，葛洲坝—上海直流输电工程是一次有益的尝试。20世纪90年代，我国开始建设贵州天生桥—广州（简称天广）和三峡—常州（简称三常）±500kV高压直流输电工程。2001年开工建设三峡—广东（简称三广）和贵州—广东（简称贵广）±500kV高压直流输电工程。通过三常、三广、贵广等项目的经验积累，我国在直流输电建设方面取得了长足进步，已完全具备独立建设大规模直流工程的能力。2005年河南灵宝直流背靠背工程投入运行，工程组织建设、系统设计、工程设计、设备制造采购、工程施工和调试全部立足国内，满足了国产化的要求，标志着我国高压直流输电工程的国产化工作迈上了新台阶。

近年来，我国高压直流输电技术发展迅速，目前已建成或在建的常规直流输电工程达 35 项，其中特高压直流输电工程 15 项，直流背靠背工程 3 项。直流输电功率调节迅速灵活，输电距离不受同步运行的稳定性限制，是较理想的大功率远距离输电方式。高压直流输电将成为我国今后实现全国联网、西电东送、南北互供的重要输电途径[2]。

1.2　高压直流输电的技术特点

直流输电相对于交流输电，最关键的不同之处是进行了交流和直流的能量转换，而能量转换的主要环节是在换流器或换流阀上进行的。因此，高压直流输电技术的特点很大程度上体现在换流器的技术上。直流输电换流阀从最初的汞弧阀发展到现在的电控和光控晶闸管阀，以及近年来出现的基于绝缘栅双极晶体管（insulated gate bipolar transistor，IGBT）或集成门极换流晶闸管（integrated gate commutated thyristor，IGCT）等全控型器件的柔性直流输电换流阀，换流技术已经得到快速发展。但是，由于受换流器件的电压等级、制造成本等因素制约，目前国内外绝大部分高压直流输电工程一般仍采用晶闸管换流阀（无自关断能力、频率低）进行换流。因此，本书所涉及的高压直流输电特点也是基于此进行论述的。

1.2.1　高压直流输电的优点

高压直流输电主要利用稳定直流所具有的无感抗和容抗、无同步问题等优势，进行大功率远距离输电，具体优点可概括如下[1]。

（1）直流输电架空线路只需正负两极导线，杆塔结构简单、线路造价低、损耗小。与交流输电相比，输送同样的功率，直流架空线路可节省约 1/3 的导线、1/3～1/2 的钢材，直流线路走廊窄，线路造价约为交流的 2/3，线路损耗约为交流的 2/3。直流输电线路不存在电容电流，线路沿线的电压分布均匀，不需要装设并联电抗器。

（2）直流电缆线路输送容量大，且输送距离不受限制。电缆耐受直流电压的能力比耐受交流电压的能力高出 3 倍以上，因此，对于同样绝缘厚度和芯线截面的电缆，用于直流输电比用于交流输电的输电容量要大得多。采用电缆输电时，直流输电电缆只需 1～2 根，线路的造价要比交流低得多。直流电缆线路的损耗主要是电阻损耗，而交流电缆线路损耗除电阻损耗外，还有介质损耗和磁感应损耗。由于电缆电容较架空线路大得多，交流电缆的输送距离将受电容电流的限制，而直流电缆的输电距离将不受限制，可进行远距离送电。

（3）直流输电的两端交流系统经过整流和逆变的隔离，两端交流系统无须同步运行，不存在交流输电的稳定问题，其输送容量由换流阀电流允许值决定，输送容量和距离不受两端的交流系统同步运行的限制，有利于远距离大容量输电。

（4）采用直流输电可实现电力系统之间非同步电网的联网，被联电网可以是额定频率不同的电网，也可以是额定频率相同但非同步运行的电网，而且不会增加被联电网的短路容量。被联电网可保持自己的电能质量（如频率、电压）而独立运行，不受联网的影响。另外，被联电网间交换的功率可快速方便地控制，有利于运行和管理。

（5）直流输电输送的有功功率和换流器消耗的无功功率可由控制系统来进行快速控制，这种快速可控性可用来改善交流系统的运行性能，提高交流系统频率和电压的稳定性，以及电能质量和电网运行的可靠性。对于交直流并联运行的输电系统，还可利用直流的快速控制来阻尼交流系统低频振荡，提高交流线路的输送能力。

（6）直流输电采用大地为回路时，直流电流流向电阻率较低的深层大地，大地可看作良导体。在双极直流输电系统中，通常将大地回路作为备用导线，使双极系统相当于两个可独立运行的单极系统。当一极故障时，可自动转为单极系统运行，提高输电系统的运行可靠性。

（7）直流输电可方便地进行分期建设和增容扩建，有利于发挥投资效益。双极直流输电工程可按极来分期建设，也可按极单元（串联接线或并联接线）来分期建设。

（8）直流输电输送的有功及两端换流站消耗的无功均可用手动或自动方式进行快速控制，有利于电网的经济运行。

1.2.2　高压直流输电的缺点

（1）直流输电换流站与交流输电变电站相比，其设备种类多、结构复杂、造价高、损耗大、运行费用高、可靠性较差。通常交流输电变电站的主要设备是变压器和断路器，而直流输电换流站除换流变压器和相应的断路器以外，还有换流器、平波电抗器、交流滤波器、直流滤波器、无功补偿设备以及各种类型的交流和直流避雷器等。因此直流输电换流站的造价比同样规模的交流输电变电站的造价要高出数倍。由于设备多，直流输电换流站的损耗和运行费用也相应增加，同时直流输电换流站的运行和维护也比较复杂，对运行人员的要求也较高。

（2）晶闸管换流器对交流系统来说，除了是一个负荷（在整流站）或电源（在逆变站）以外，它还是一个谐波电流源。它会向交流系统发出一系列高次谐波电流，造成交流电流或电压波形的畸变。为了减少流入交流系统的谐波电流，保证换流站交流母线电压的畸变率在允许的范围内，必须装设交流滤波器。另外，晶闸管换流器从直流侧看，除了是一个电源（在整流站）或负荷（在逆变站）以外，它还是一个谐波电压源。它向直流侧发送一系列谐波电压，在直流侧产生谐波电压，并在直流线路上产生谐波电流。为了保证直流线路上的谐波电流在允许的范围内，在直流侧必须装设平波电抗器和直流滤波器。交直流滤波器使换流站的造价、占地面积和运行费用均大幅提高，同时降低了换流站的运行可靠性。

（3）晶闸管换流器在进行换流时需要消耗大量的无功功率（占直流输送功率的40%～60%），每个换流站均需装设无功补偿设备。当交流滤波器所提供的无功功率不能满足无功补偿的要求时，还需另外装设并联电容器；当换流站接于弱交流系统时，为提高系统动态电压的稳定性和改善换相条件，有时还需要装设同步调相机或静止无功补偿装置。

（4）直流输电利用大地（或海水）为回路带来了一些技术问题。例如，接地极附近地下（或海水中）的直流电流对金属构件、管道、电缆等埋设物的电腐蚀问题；地中直流电流通过中性点接地变压器使变压器饱和所引起的问题；对通信系统和航海磁性罗盘的干扰等。对于每项具体的直流输电工程，在工程设计时，对上述问题必须进行充分研究，并采取相应的技术措施。

（5）由于直流电流没有过零点可以利用，直流断路器灭弧问题难以解决，给制造带来困难。近年来，利用直流输电的快速控制，在工程上已可以解决多端直流输电故障等问题，但其控制系统相当复杂，仍需要在实际工程运行中进行实践和改进。

实际上，随着半导体技术的发展，当采用新型可关断半导体器件进行换流时，直流输电存在的缺点如谐波污染、无功补偿等会得到很大改善，并且换流站的设备也会相应减少，设备运行性能进一步优化，同时，采用新型换流技术，通过换流器本身的故障抑制功能，有可能解决目前直流断路器存在的技术难题。

基于高压直流输电的技术特点，目前国内外高压直流输电主要用于以下几个方面：

（1）远距离大功率输电，如我国的向家坝—上海直流输电工程，输电距离达1907km，输送功率为6400MW；

（2）联系不同频率或相同频率而非同步运行的交流系统，如北美洲东西两大电网通过6个直流背靠背换流站实现了非同步联网；

（3）作为网络互联和区域系统之间的联络线（便于控制又不增大短路容量），如我国的西北电网与华中电网通过灵宝直流背靠背工程实现互联等；

（4）以海底电缆进行跨越海峡送电或用地下电缆向用电密度高的大城市供电，如波罗的海直流输电工程等；

（5）在电力系统中采用交直流输电线并列运行，利用直流输电线的快速调节，控制、改善电力系统的运行性能，如我国的贵州天生桥—广州直流输电工程就是为了利用直流输电的快速控制来改善交流系统的低频振荡等问题建设的。

1.3　高压直流输电系统的结构

直流输电工程是以直流电的方式实现电能传输的工程。直流输电与交流输电相互配合构成现代电力传输系统。目前电力系统中发电和用电的绝大部分均为交流电，要采用直流输电必须进行换流。也就是说，在电能送出端（称为送端）需要将交流电变换为直流电（称为整流），经过直流输电线路将电能送往电能接受端（称为受端）；而在受端又必须将直流电变换为交流电（称为逆变），然后才能送到受端的交流系统中去，供用户使用。送端进行整流变换，称为整流站，而受端进行逆变变换，称为逆变站。整流站和逆变站可统称为换流站。实现整流和逆变变换的装置分别称为整流器和逆变器，它们统称为换流器[1]。

直流输电工程的系统结构可分为两端（或端对端）直流输电系统和多端直流输电系统两大类。两端直流输电系统是只有一个整流站（送端）和一个逆变站（受端）的直流输电系统，即只有一个送端和一个受端，它与交流系统只有两个连接端口，是结构最简单的直流输电系统。多端直流输电系统与交流系统有三个或三个以上的连接端口，它有三个或三个以上的换流站。例如，一个三端直流输电系统包括三个换流站，与交流系统有三个端口相连，它可以有两个换流站作为整流站运行，一个换流站作为逆变站运行，即有两个送端和一个受端；也可以有一个换流站作为整流站运行，两个换流站作为逆变站运行，即有一个送端和两个受端。目前世界上已运行的直流输电工程大多为两端直流输电系统。

1.3.1　两端直流输电系统

两端直流输电系统的构成主要有整流站、逆变站和直流输电线路三部分[1]。对于可进行功率反送的两端直流输电工程，其换流站既可以作为整流站运行，又可以作为逆变站运行。功率正送时的整流站在功率反送时为逆变站，而正送时的逆变站在反送时为整流站。整流站和逆变站的主接线与一次设备基本相同（有时交流侧滤波器的配置和无功补偿有所不同），其主要差别在于控制和保护系统的功能不同。图 1-1 所示为两端直流输电系统构成的原理图。在图 1-1 中，如果从交流系统 1 向交流系统 2 送电，则换流站 1 为整流站，换流站 2 为逆变站；如果功率反送，则换流站 2 为整流站，换流站 1 为逆变站。

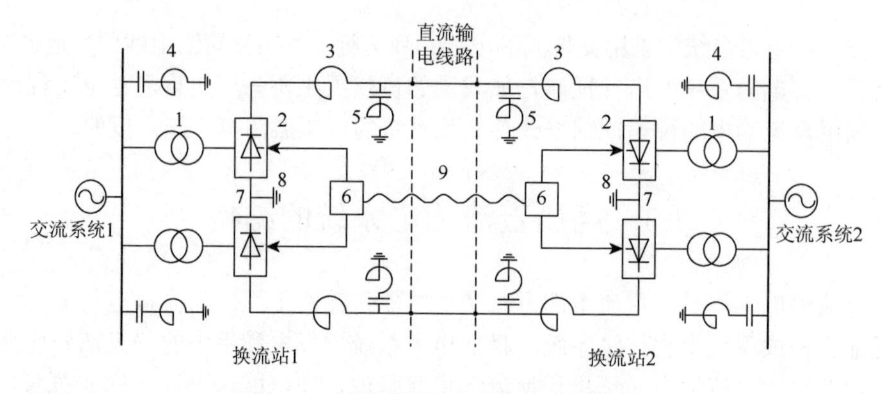

图 1-1　两端直流输电系统构成原理图

1-换流变压器；2-换流器；3-平波电抗器；4-交流滤波器；5-直流滤波器；6-控制保护系统；7-接地极引线；8-接地极；9-远动通信系统

送端和受端交流系统与直流输电系统有着密切联系，它们给整流器和逆变器提供换相电压，创造实现换流的条件。同时，送端电力系统作为直流输电的电源，提供传输的功率；而受端系统相当于负荷，接受和消纳由直流输电送来的功率。因此，两端交流系统是实现直流输电必不可少的组成部分。两端交流系统的强弱、系统结构和运行性能等对直流输电工程的设计与运行均有较大影响。另外，直流输电系统运行性能也直接影响两端交流系统的运行性能。因此，直流输电系统的设计条件和要求在很大程度上取决于两端交流系统的特点与要求。例如，换流站的主接线以及交流侧滤波和无功补偿等主要设备的选择、换流站的绝缘配合和主要设备的绝缘水平、直流输电控制保护系统的功能配置和动态响应特性等。

直流输电的控制保护系统是实现直流输电正常启动与停运、正常运行、运行参数改变与自动调节、故障处理与保护等所必不可少的组成部分，是决定直流输电工程运行性能的重要因素，它与交流输电二次系统的功能有所不同。此外，为了利用大地（或海水）为回路来提高直流输电运行的可靠性和灵活性，直流输电工程还需要接地极和接地极引线。因此，一个两端直流输电工程，除整流站、逆变站和直流输电线路以外，还有接地极、接地极引线和一个满足运行要求的控制保护系统等。

两端直流输电系统又可分为单极直流输电系统（正极或负极）、双极直流输电系统（正负两极）和直流背靠背系统（无直流输电线路）三种类型[1, 3]。

1.3.2　单极直流输电系统

单极直流输电系统可采用正极性或负极性。换流站出线端对地电位为正时称为正极，为负时称为负极。与正极或负极相连的输电导线称为正极导线或负极导线，也可称为正极线路或负极线路。单极直流架空线路通常采用负极性（即正极接地），这是因为正极导线的电晕电磁干扰和可听噪声均比负极导线的大。同时，雷电大多为负极性，使得正极导线雷电闪络的概率也比负极导线的高。单极系统运行的可靠性和灵活性均不如双极系统好，实际工程中大多采用双极系统。双极系统由两个可独立运行的单极系统所组成，便于工程进行分期建设，同时在运行中当一极故障停运时，可自动转为单极系统运行。因此，虽然所设计的单极直流输电工程不多，但在实际运行中单极系统的运行方式还是常见的。单极系统的接线方式有单极大地（或海水）回线方式和单极金属回线方式两种。另外，当双极直流输电工程在单极运行时，还可以接成单极双导线并联大地回线方式运行。实质上，这是利用已有的输电导线为降低线路损耗而采用的一种单极大地回线方式。图 1-2 分别给出这三种方式的示意图。

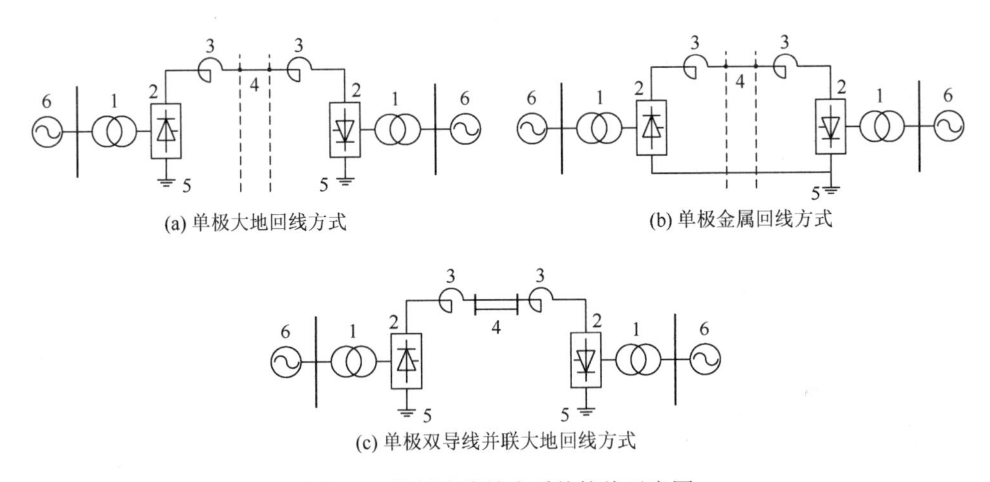

图 1-2　单极直流输电系统接线示意图

1-换流变压器；2-换流器；3-平波电抗器；4-直流输电线路；5-接地极系统；6-两端交流系统

1. 单极大地回线方式

单极大地回线方式是利用一根导线（或两根导线并联）和大地（或海水）构成直流侧的单极回路，两端换流站均需接地，一根导线构成的单极大地回线方式见图 1-2（a），两根导线并联构成的单极双导线并联大地回线方式见图 1-2（c）。这种方式的大地（或海水）相当于直流输电线路的一根导线，流经它的电流为直流输电工程的运行电流。由于地下（或海水中）长期有大的直流电流流过，这将引起接地极附近地下金属构件的电化学腐蚀以及中性点接地变压器直流偏磁的增加而造成的变压器磁饱和等问题，这些问题有时需要采取一定的技术措施。对于单极大地回线方式的直流输电工程，其接地极设计所取的持续运行电流即为工程持续运行的直流电流。

单极大地回线方式的线路结构简单，可利用大地这个良好的导体，省去一根导线，线路造价低，但其运行的可靠性和灵活性均较差；同时对接地极的要求较高，使得接地极的投资增加。这种方式的应用场合主要是高压海底电缆直流工程，因为省去一根高压海底电缆，所节省的投资还是相当可观的。

2. 单极金属回线方式

单极金属回线方式是利用两根导线构成直流侧的单极回路，见图 1-2（b），其中一根低绝缘的导线（也称金属返回线）用来代替单极大地回线方式中的地回线。在运行中，地中无电流流过，可以避免由此所产生的电化学腐蚀和变压器磁饱和等问题。为了固定直流侧的对地电压和提高运行的安全性，金属返回线的一端需要接地，其不接地端的最高运行电压为最大直流电流时在金属返回线上的压降。这种方式的线路投资和运行费用均较单极大地回线方式的要高，通常在不允许利用大地（或海水）为回线或选择接地极较困难并且输电距离又较短的单极直流输电工程中使用。

1.3.3　双极直流输电系统

双极直流输电系统接线方式是直流输电工程通常所采用的接线方式，可分为双极两端中性点接地方式、双极一端中性点接地方式和双极金属中线接地方式三种类型。图 1-3 所示为双极直流输电系统接线示意图[1]。

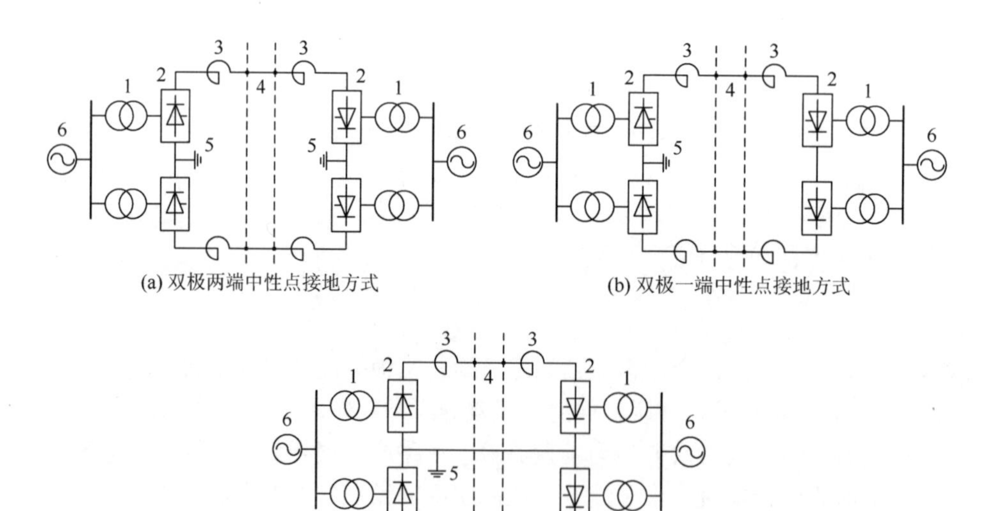

(a) 双极两端中性点接地方式

(b) 双极一端中性点接地方式

(c) 双极金属中线接地方式

图 1-3　双极直流输电系统接线示意图

1-换流变压器；2-换流器；3-平波电抗器；4-直流输电线路；5-接地极系统；6-两端交流系统

1. 双极两端中性点接地方式

双极两端中性点接地方式（简称双极方式）是大多数直流输电工程所采用的正负两极对地、两极换流站的中性点均接地的系统构成方式，见图 1-3（a），利用正负两极导线和两端换流站的正负两极相连，构成直流侧的闭环回路。两端接地极所形成的大地回路可作为输电系统的备用导线。正常运行时，直流电流的路径为正负两根极线。实际上它由两个独立运行的单极大地回线系统构成。正负两极在地回路中的电流方向相反，地中电流为两极电流的差值。双极中的任一极均能构成一个独立运行的单极输电系统，双极的电压和电流可以不相等。双极电压和电流均相等时称为双极对称运行方式，不相等时称为电压或电流的不对称运行方式。当双极电流相等时，地中无电流通过，实际上仅为两极的不平衡电流，通常小于额定电流的 1%。因此，在双极对称方向运行时，可基本上消除由地中电流所引起的电腐蚀等问题。当双极电流不对称运行时，两极中的电流不相等，地中电流为两极电流的差值。为了减小地中电流的影响，在运行中尽量采用双极对称运行方式，如果由于某种原因需要一个极降低电压或电流运行，则可转为双极电压或电流不对称运行方式。

双极方式的直流输电工程中，当输电线路或换流站的一个极发生故障需退出运行时，可根据具体情况转为以下三种单极运行方式：①单极大地回线方式；②单极金属回线方式；③单极双导线并联大地回线方式。通常是在故障极停运时，健全极的电流通过两端接地极和大地（或海水）所构成的回路返回，首先自动形成单极大地回线方式运行，同时可利用直流输电工程的过负荷能力，使健全极在短时间内输送的功率大于其额定值，以减小对两端交流系统的冲击。然后根据具体情况来确定直流工程继续运行的系统构成方式。为了提高双极直流输电工程的可用率，在双极对称运行时，一端接地极系统故障，可将故障端换流站的中性点自动接到换流站内的接地网上，进行临时接地，并同时断开故障的接地极，使其退出工作，以便进行检查和检修。

双极直流输电工程的两端接地极系统可根据工程所要求的单极大地回线运行时间来进行设计。如果单极大地回线方式只作为当一极故障时向单极金属回线方式转换的短时过渡方式来考虑，则可显著降低对接地极的要求。因此，对于不同的工程要求，双极两端中性点接地的直流输电接地极系统的差别也较大。

2. 双极一端中性点接地方式

这种接线方式只有一端换流站的中性点接地，见图 1-3（b），其直流侧回路由正负两极导线组成，不能利用大地（或海水）作为备用导线。当一极线路发生故障需要退出工作时，必须停运整个双极系统，而没有单极运行的可能性。当一极换流站发生故障时，也不能自动转化为单极大地回线方式运行，而只能在双极停运以后，才有可能重新构成单极金属回线的运行方式。因此，这种接线方式可保证运行中大地无电流流过，可避免由此所产生的一系列问题，但该方式运行可靠性和灵活性均较差，在实际工程中很少采用。

3. 双极金属中线接地方式

双极金属中线接地方式是利用三根导线构成直流侧回路，其中一根为低绝缘的中性线，另外两根为正负两极的极线，见图 1-3（c）。这种系统构成相当于两个可独立运行的单极金属回线系统，公用一根低绝缘的金属返回线。为了固定直流侧各种设备的相对地电位，通常中性线的一端接地，另一端的最高运行电压为流经金属中线最大电流时的电压降。这种方式在运行时地中无电流流过，它既可以避免由地电流而产生的一些问题，又具有比较可靠和灵活的运行方式。当一极线路发生故障时，可自动转为单极金属回线方式运行；当换流站一个极发生故障需要退出工作时，可首先转为单极金属回线方式，然后可转为单极双导线并联金属回线方式运行，其运行的可靠性和灵活性与双极两端中性点接地方式类似。由于采用三根导线组成输电系统，其线路结构较复杂，线路造价较高，通常是当不允许地中流过直流电流或接地极极址很难选择时才采用。

1.3.4　直流背靠背系统

直流背靠背系统是输电线路长度为零（即无直流输电线路）的两端直流输电系统，它主要用于两个非同步运行（不同频率或频率相同但非同步）的交流电力系统之间的联网或送电，也称为非同步联络站。如果两个被联电网的额定频率不同（如 50Hz 和 60Hz），也可称为变频站。直流背靠背系统的整流站和逆变站的设备通常装在一个站内，也称直流背靠背换流站。在直流背靠背换流站内，整流器和逆变器的直流侧通过平波电抗器相连，构成直流侧的闭环回路；而其交流侧则分别与各自的被联电网相连，从而形成两个电网的非同步联网。两个被联电网之间的交换功率的大小和方向均由控制系统进行快速方便的控制。为降低换流站产生的谐波，通常选择 12 脉波换流器作为基本换流单元。图 1-4 所示为直流背靠背换流站的原理接线图，其接线方式分为换流器组的并联方式和串联方式两种。

直流背靠背系统的主要特点是直流侧可选择低电压大电流（因无直流输电线路，直流侧损耗小），可充分利用大截面晶闸管的通流能力，同时直流侧设备（如换流变压器、换流阀、平波电抗器等）的造价也因直流电压低而相应降低。由于整流器和逆变器均装设在一个阀厅内，直流侧谐波不会对通信线路造成干扰，因此可降低对直流侧滤波的要求，省去直流滤波器，减小平波电抗器的电感值，其

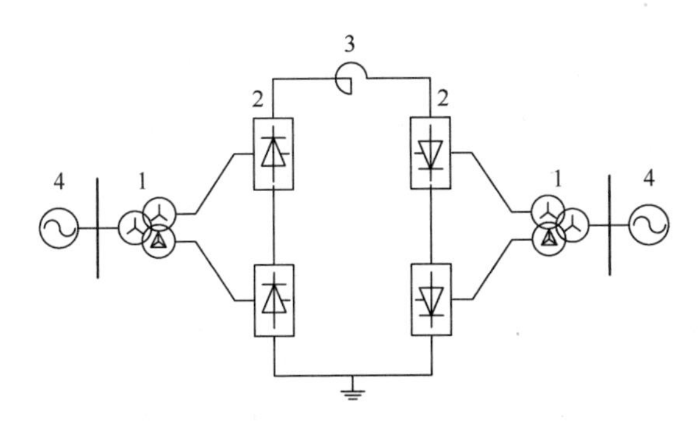

图 1-4　直流背靠背换流站原理接线图

1-换流变压器；2-换流器；3-平波电抗器；4-两端交流系统

造价比常规换流站的造价低 15%～20%。另外，采用直流背靠背系统进行非同步联网在电力系统运行上还具有一系列的优点。

1.3.5　多端直流输电系统

多端直流输电系统即由多个（三个或三个以上）换流站及其间连接的输电线路组成的高压直流系统。多端直流输电系统可以解决多电源供电或多落点受电的输电问题，它还可以联系多个交流系统或者将交流系统分成多个孤立运行的电网。在多端直流输电系统中的换流站，可以作为整流站运行，也可以作为逆变站运行，但作为整流站运行的换流站总功率与作为逆变站运行的换流站总功率必须相等，即整个多端系统的输入和输出功率必须平衡。多端直流输电系统换流站之间的连接方式可采用串联方式、并联方式或级联方式，也可由不同换流方式的换流器组成多端直流系统。

（1）串联方式的特点是各换流站均在同一个直流电流下运行，换流站之间的有功调节和分配主要靠改变换流站的直流电压来实现。通常可通过调节换流器的触发角 α 或换流变压器的分接开关来改变直流电压。触发角的调节范围有限（一般为 20°～30°），触发角 α 也受到最大触发角 α_{max}（一般为 50°～60°）的限制，从而使换流站的最小功率受到限制。同时，在 α_{max} 下运行时，换流站消耗的无功功率也增加很多。当换流站需要改变潮流方向时，串联方式只需改变换流器的触发角，使原来的整流站（或逆变站）变为逆变站（或整流站）运行，不需要改变换流器直流侧的接线，潮流反转操作快速方便。当某一换流站发生故障时，可投入其旁通开关，使其退出工作，其余的换流站经自动调整后，仍能继续运行，不需要用直流断路器来断开故障。当某一段直流线路发生瞬时故障时，可调节换流器的触发角，使整个直流系统的直流电压降到零，待故障消除后，直流系统可自动再启动。当一段直流线路发生永久性故障时，整个多端系统需要停运。为避免这种情况发生，必要时可采用双回线的串联系统，此时线路投资将明显增加。

（2）并联方式的特点是各换流站在同一个直流电压下运行（忽略直流线路压降），换流站之间的有功调节和分配主要靠改变换流站的直流电流来实现。可通过调节控制器的触发角 α 以及换流变压器的分接开关来改变直流电流。由于换流器外特性的斜率小，在 α 调节范围不大的情况下即可满足直流电流从最大值到最小值的调节要求。配合换流变压器分接开关的调节，则可保持 α 在较小的范围内运行，从而使换流器的功率因数高，消耗的无功功率少，换流设备的运行条件也好。另外，并联方式在运行中保持直流电压不变，负荷的减小是用降低直流电流来实现的，因此其系统损耗小，运行经济性也好。由于并联方式具有上述优点，目前已运行的多端直流系统多采用并联方式。并联方式的主要缺点是当某个换流站需要改变潮流方向时，除了改变换流器的触发角，使原来的整流站（或逆变站）变为逆变站（或整流站）以外，还必须将换流器直流侧两个端子的接线倒换过来接入直流网络才能实现。因此，并联方式对潮流变化频繁的换流站是很不方便的。另外，在并联方式中当某一换流站发生故障并需退出工作时，需要用直流断路器来断开故障的换流站。在目前大功率直流断路器尚未发展到实用阶段的情况下，采用直流输电的快速控制，也可以满足运行的要求。通常是将整流站的触发角 α 移相到 120°～150°，使其变为逆变站运行，从而使直流电压和电流均很快降到零，然后用高速自动隔离开关将故障的换流站断开，最后对健全部分进行自动再启动，使直流系统在新的工作点恢复工作。整个过程可在 150～200ms 内完成。

（3）级联方式多端直流拓扑结构如图 1-5 所示。该拓扑结构是将同一极的换流器合理分布于不同的物理点，送端或受端都可能由地理位置上不同的若干换流站组成，整个系统控制方式与一条含多换流器组的特高压直流线路的控制没有区

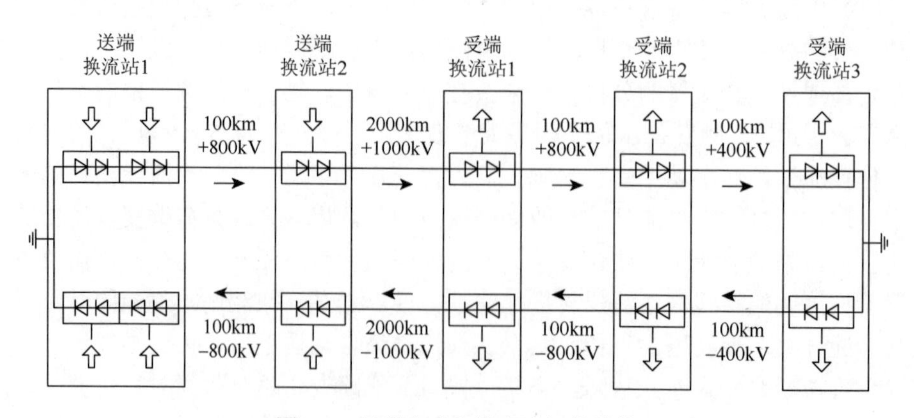

图 1-5　级联方式多端直流拓扑结构

别，也可安排不同地点的阀组进行灵活投退运行，该拓扑结构的核心是电源接入点及负荷馈出点的分散布置。

（4）近年来，随着电压源换流器（voltage source converter，VSC）技术的成熟，出现了混合型多端直流输电技术[4]，该技术结合了两种换流技术的特点。常规直流用于高压、强馈入系统的接入，VSC 则用于无源或弱馈入系统联网或分散电源的接入。混合型多端直流结构如图 1-6 所示。

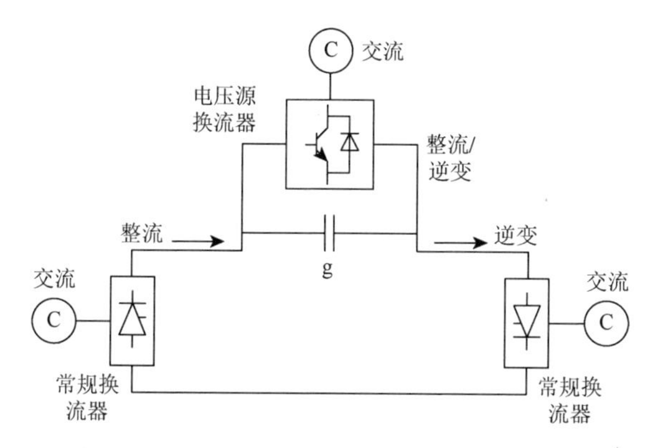

图 1-6　混合型多端直流结构

采用多端直流输电系统比采用多个两端直流输电系统要经济，首先，可实现多点直流联网，实现分区电力消纳，各换流站出线显著减少，短路电流水平降低；其次，可有效解决交流系统潮流回转问题，减轻受端交流系统的压力；最后，可充分利用现有交流系统的输送能力，降低受端交流系统投资。但是采用传统电流源自然换相的多端直流输电，无论串联方式还是并联方式均存在协调控制等问题，特别是一个换流站的停运必须对所有换流站的控制施加协调控制，其控制保护系统以及运行操作较复杂。今后随着可关断器件（如 IGBT、IGCT 等）在换流器中的应用以及控制保护系统的改进和完善，多端直流输电工程将会得到更快的发展与应用。

第 2 章　晶闸管换流技术与换流站配置

2.1　晶　闸　管

2.1.1　晶闸管结构

晶闸管（thyristor）是晶体闸流管的简称，又称为可控硅整流器（silicon controlled rectifier，SCR），它只有导通和关断两种状态。晶闸管由一个 pnp 管和一个 npn 管组成，构成四层 pnpn 结构，中间形成三个 pn 结，如图 2-1 所示。一般地，n 和 p 发射极具有高掺杂，而 n-基与 p-基具有低的杂质浓度。它有三个极——阳极、阴极和门极（触发极），晶闸管不仅具有硅整流器件的单向导通性，而且具有比硅整流器件更可贵的可控性[5]。其工作具有以下特点：①晶闸管承受反向阳极电压时，无论门极承受何种电压，晶闸管都处于反向阻断状态；②晶闸管承受正向阳极电压时，仅在门极承受正向电压时晶闸管才导通，此时晶闸管处于正向导通状态，这就是晶闸管的闸流特性，即可控特性；③晶闸管在导通状态时，只要有一定的正向阳极电压，晶闸管都会保持导通，即晶闸管导通后，门极失去作用，门极只起触发作用；④晶闸管在导通时，当主回路电压（或电流）减小到接近于零时，晶闸管关断。

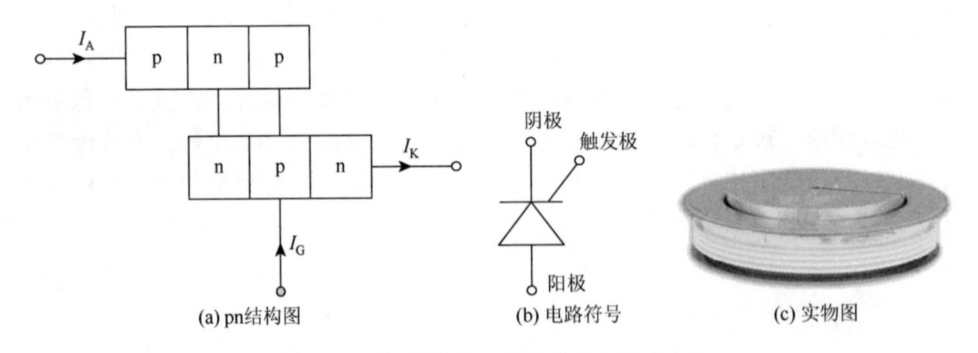

图 2-1　晶闸管结构、电路符号与器件实物

2.1.2　晶闸管工作过程

晶闸管的阳极电压与阳极电流的关系，称为晶闸管的伏安特性，如图 2-2 所示。当晶闸管承受正向阳极电压时，若触发极无触发信号，晶闸管流过正向漏电

流，晶闸管阳极与阴极间表现出很大的电阻，处于截止状态（称为正向阻断状态），简称断态。为使晶闸管导通，必须使承受反向电压的 pn 结失去阻挡作用。当有足够的门极电流流入时，就会造成两个晶闸管饱和导通，简称通态。晶闸管在导通后，门极失去作用，元件中流过较大的电流，其值主要由回路限流电阻决定。

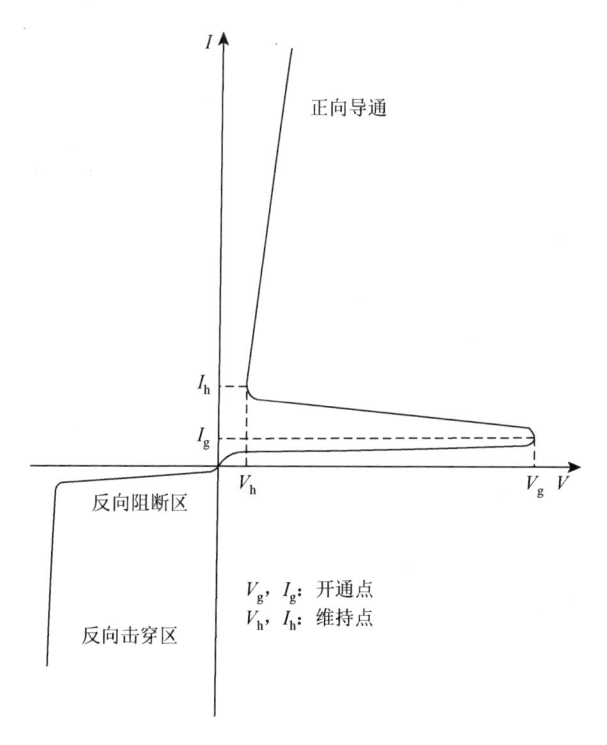

图 2-2　晶闸管的伏安特性[5]

在晶闸管导通后，不断减小电源电压或增大回路电阻，阳极电流随之减小，当阳极电流减小到维持电流以下时，晶闸管由导通状态转为阻断状态。

由图 2-2 可见，当晶闸管门极流过正向电流 I_g 时，晶闸管的正向转折电压降低，I_g 越大，转折电压越低，当 I_g 足够大时，晶闸管正向转折电压很低，一旦加上正向阳极电压，晶闸管就导通。实际规定，当晶闸管元件阳极与阴极之间加上一定直流电压时，能使元件导通的门极最小电流（电压）称为触发电流（电压）。

在晶闸管阳极与阴极间加上反向电压时，开始晶闸管处于反向阻断状态，只有很小的反向漏电流流过。当反向电压增大到某一数值时，反向漏电流急剧增大，这时的电压称为反向不重复峰值电压，或称为反向转折（击穿）电压。

当正向电压的 du/dt 很高时，会出现一种不正常触发。正向电压的陡增会造成空间电荷区域的扩展，会迫使自由载流子迁移出空间电荷扩展区，导致电流超过维持电流而出现不正常触发。

晶闸管的开通过程就是载流子不断扩散的过程，其开通过程主要关注的是晶闸管的开通时间。通态情况下，导通电流与正向电压呈指数增长。

处于导通状态的晶闸管当外加电压突然由正向变为反向时，由于外电路电感的存在，其阳极电流在衰减时存在过渡过程。阳极电流将逐步衰减到零，并反方向流过反向恢复电流，经过最大值后，再反方向衰减。同时，在恢复电流快速衰减时，由于外电路电感的作用，会在晶闸管两端引起反向的尖峰电压。从正向电流降为零，到反向恢复电流衰减至接近于零的时间，就是晶闸管的反向阻断恢复时间。

反向恢复过程结束后，由于载流子复合过程比较慢，晶闸管要恢复其对正向电压的阻断能力还需要一段时间，这称为正向阻断恢复时间。在反向阻断恢复时间内，如果对晶闸管施加正向电压，晶闸管会重新正向导通，从而不受门极电流控制而导通。在实际应用中，需对晶闸管施加足够长时间的反压，使晶闸管充分恢复其对正向电压的阻断能力，电路才能可靠工作。晶闸管的电路换相关断时间定义为反向阻断恢复时间与正向阻断恢复时间之和。

断态（反向）重复峰值电压，是指在门极断路而结温为额定值时，允许重复加在器件上的正向（反向）峰值电压。通常取晶闸管的断态重复峰值电压和反向尖峰电压中较小的标值作为其额定电压。

断态电压临界上升率 $\mathrm{d}u/\mathrm{d}t$，是指在额定结温、门极开路的情况下，不能使晶闸管从断态到通态转换的外加电压最大上升率。

通态电流临界上升率 $\mathrm{d}i/\mathrm{d}t$，是指在规定条件下，晶闸管能承受的最大通态电流上升率。如果 $\mathrm{d}i/\mathrm{d}t$ 过大，在晶闸管刚开通时会有很大的电流集中在门极附近的小区域内，从而造成局部过热而使晶闸管损坏。

2.1.3 晶闸管触发技术

晶闸管触发电路的作用是产生符合要求的门极触发脉冲，使得晶闸管在需要时正常开通。晶闸管触发电路必须满足以下几点要求。

（1）触发脉冲的宽度应足够宽，使得晶闸管可靠导通；

（2）触发脉冲应有足够的幅度，在一些温度较低的场合，脉冲电流的幅度应增大为器件最大触发电流的3～5倍，脉冲的陡度也需要增加，一般需达1～2A/μs；

（3）所提供的触发脉冲应不超过晶闸管门极的电压、电流和功率定额，且在门极伏安特性的可靠触发区域之内；

（4）应有良好的抗干扰能力、温度稳定性及与主电路的电气隔离；

（5）触发脉冲形式应有助于晶闸管元件的导通时间趋于一致。在高电压大电流晶闸管串联电路中，要求串联的元件同一时刻导通，宜采用强触发的形式。

晶闸管触发方式主要有以下三种。

（1）电触发方式，将低电位触发信号经脉冲变压器隔离后送到高电位晶闸管门极。这种触发方式成本较低，技术比较成熟。但需要解决多路脉冲变压器的输出一致问题，同时触发时的电磁干扰较大。

（2）直接光触发方式，将触发脉冲信号转变为光脉冲，直接触发高位光控晶闸管。这种触发方式只适用于光控晶闸管，此晶闸管的成本较高。

（3）间接光触发方式，利用光纤通信的方法，将触发电脉冲信号转化为光脉冲信号，经处理后耦合到光电接收回路，把光信号转化为电信号。

2.1.4　晶闸管串联技术

当需要耐压很高的开关时，单个晶闸管的耐压有限，无法满足耐压需求，这时就需要将多个晶闸管串联起来使用，从而得到满足条件的开关。

在晶闸管的应用中，各个晶闸管的静态伏安特性和动态参数不同，将会发生各元件间电压分配不均匀而导致器件损坏的事故。影响串联运行电压分配不均匀的主要因素如下。

（1）静态伏安特性对静态均压的影响。不同元件的伏安特性差异较大，串联时会使电压分配不均衡。同时，半导体器件的伏安特性容易受温度的影响，不同的结温也会使均压性能受到影响。

（2）关断电荷和开通时间等动态特性对动态均压的影响。晶闸管串联运行，延迟时间不同，门极触发脉冲大小不同，都会导致器件的开通速度不同。晶闸管的开通速度不同，会引起动态电压的不均衡。另外，关断时间的差异也会造成各晶闸管不同时关断的现象。关断电荷少，则易关断，关断时间也短，先关断的必然承受最高动态电压。

采用晶闸管串联技术的根本目的是保证动、静态特性不同的晶闸管在串联后能够安全稳定运行，并且都得到充分利用。这就涉及串联晶闸管保护、动态和静态均压、触发一致性、反向恢复过电压的抑制、开通关断缓冲等一系列问题。

2.2　晶闸管换流技术

2.2.1　6 脉波整流器工作原理

1. 不可控整流器理想空载直流电压

高压直流输电采用晶闸管进行三相 AC-DC 变换时，其主要部件是电网换相换流器（line-commutated converter，LCC）[1, 4]，它由三相（6 脉波）晶闸管桥组成，采用 6 个晶闸管，每个相位采用两个晶闸管来传导正负电压波形。若三相晶闸管整流桥的 AC 侧无限强，换相电抗 $L_r = 0$，而 DC 侧具有无限大的电抗器，直流电流是平直的，晶闸管的通态电压降和断态漏电流均可忽略不计。理想情况下，其工作过程可用不可控整流器，即二极管来说明，如图 2-3 所示。

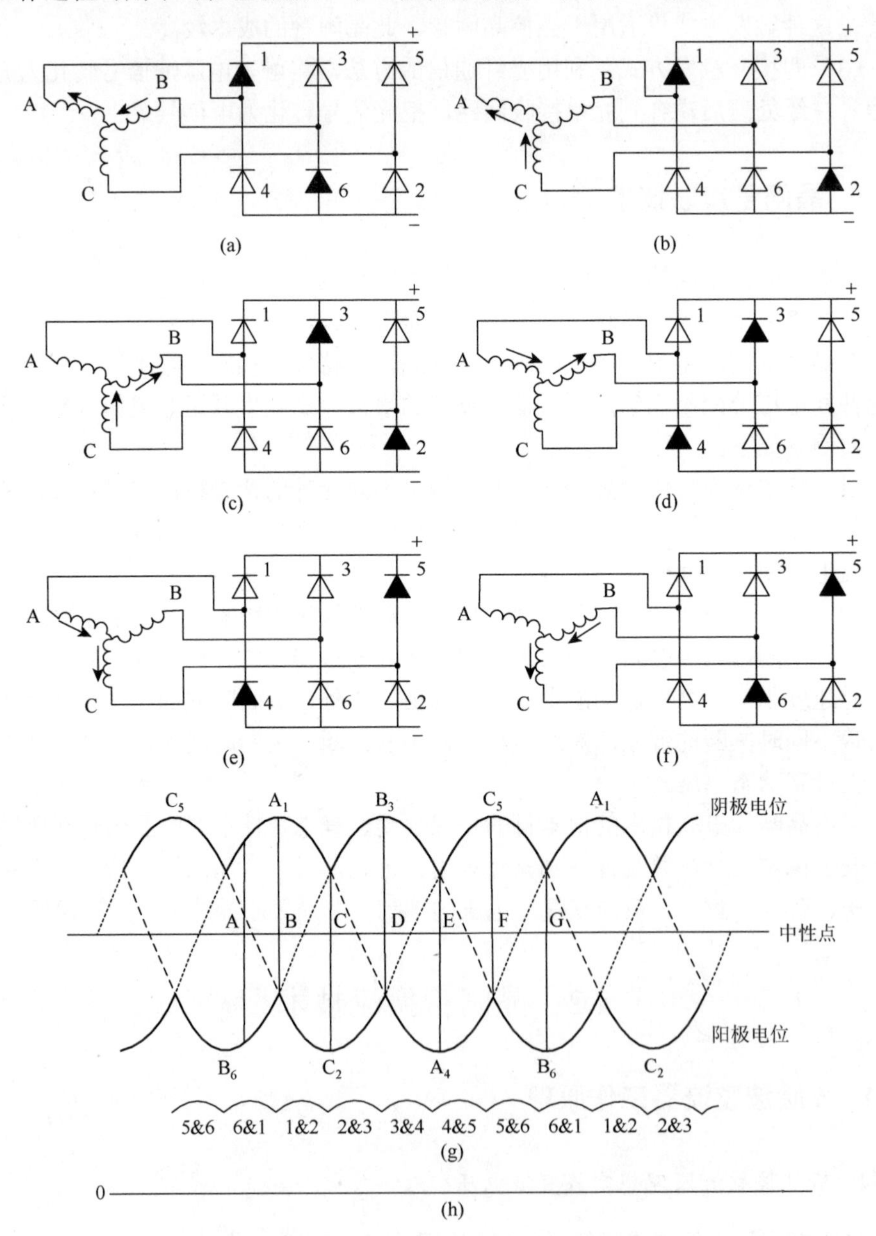

图 2-3　三相整流器导通过程与电压波形

由于 $L_r=0$，在交流电动势作用下晶闸管周而复始地按序开通和关断，从而可得到依次为1/6周期的 $U_{5\&6}$、$U_{6\&1}$、$U_{1\&2}$、$U_{2\&3}$、$U_{3\&4}$、$U_{4\&5}$ 等6个正弦曲线段组成的直流电压波形，由此可见，晶闸管在任何时刻总是有两个阀导通，每个阀在一个工频周期内导通120°，阻断240°。三相交流电动势 e_a、e_b、e_c 经整流变成每周期有6个脉波的直流电压 U_d，因此称为6脉波整流器。直流电压的瞬时值取平均值，可得 U_{d01}。U_{d01} 称为6脉波整流器的理想空载直流电压，可表示为

$$U_{d01}=\frac{3\sqrt{2}}{\pi}U_1=1.35U_1 \tag{2-1}$$

式中，U_1 为交流侧空载线电压有效值。

2. 可控整流器理想空载直流电压

高压直流换流器都是由可控的晶闸管所组成的。换流器在交流侧电动势和触发脉冲的作用下，按照晶闸管阀的开通和关断条件，有次序地开通和关断，将交流电压整流为直流电压[1]。6脉波可控整流器原理接线图如图2-4所示。图2-5给出了整流器正常工作时的各主要点的电压和电流波形。图2-4中，e_a、e_b、e_c 为等值交流系统的工频基波正弦相电动势，L_r 为每相的等值换相电抗，L_d 为平波电抗值。图2-5中，等值交流系统的线电压 u_{ac}、u_{bc}、u_{ba}、u_{ca}、u_{cb}、u_{ab} 为换流阀的换相电压。规定线电压 u_{ac} 由负变正的过零点 C_1 为换流阀 V_1 触发角 α_1 计时的零点。其余线电压过零点 C_2～C_6 则分别为 V_2～V_6 的触发角 α_2～α_6 的零点。V_1～V_6 为组成6脉波换流器的6个换流阀的代号。数字1～6为换流阀的导通序号。在理想条件下，认为三相交流系统对称，触发脉冲等距。

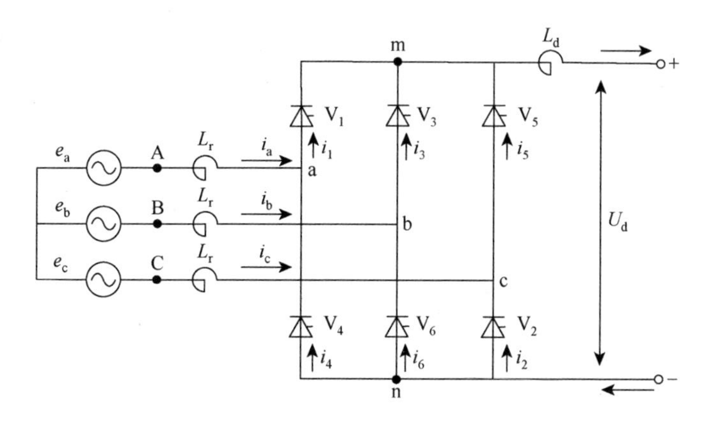

图2-4　6脉波可控整流器原理接线图

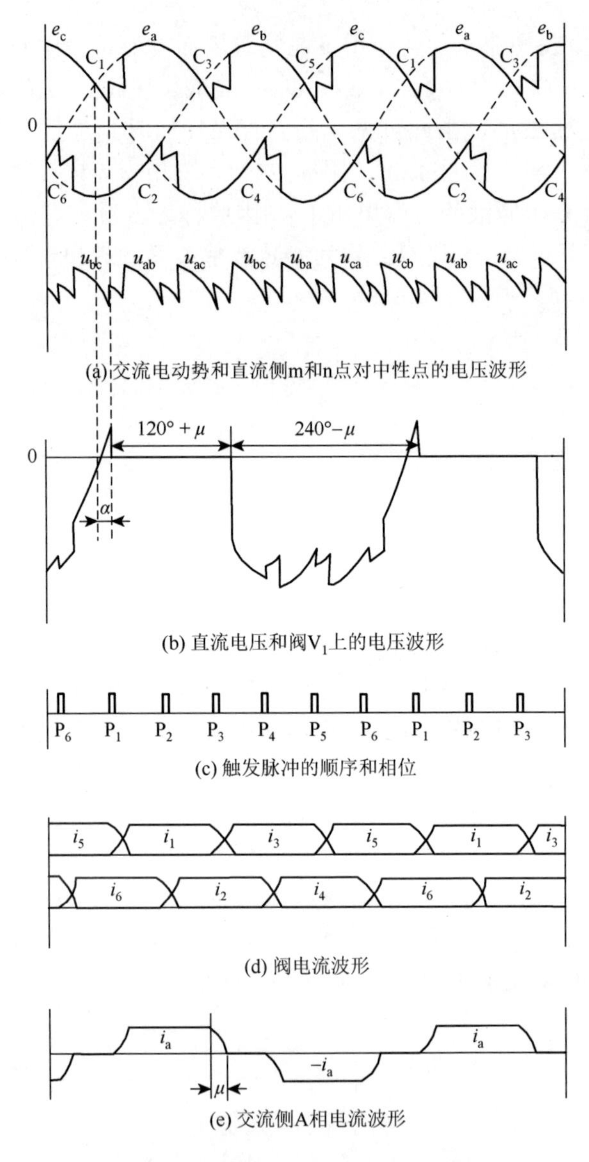

(a) 交流电动势和直流侧m和n点对中性点的电压波形

(b) 直流电压和阀V_1上的电压波形

(c) 触发脉冲的顺序和相位

(d) 阀电流波形

(e) 交流侧A相电流波形

图 2-5　6 脉波整流器电压和电流波形

由于 C_i 之后 V_i 的阳极对阴极才开始为正，只有在相应的 C_i 之后触发脉冲 P_i（i 为 1～6 的正整数,代表阀的导通顺序)才能使 V_i 导通。P_i 延迟与 C_i 的电角度 α_i，称为 V_i 的触发角（或称控制角）。因此，对于晶闸管换流阀，在 P_i 到来之前，原导通的阀仍导通，直到 P_i 到来时，V_i 才具备两个导通条件而导通，并顶替了原导通的阀，从而使 6 个换流阀的导通时间均向后移一个电角度 α 。此时，整流器理想空载直流电压的平均值 U'_{d01} 可表示为

$$U'_{\mathrm{d}01}=U_{\mathrm{d}01}\cos\alpha \tag{2-2}$$

当$\alpha=0°$（$\alpha=180°$）时，$U'_{\mathrm{d}01}=U_{\mathrm{d}01}$（为最大值）；当$0°<\alpha<90°$时，$U'_{\mathrm{d}01}>0$（为正）；当$\alpha=90°$时，$U'_{\mathrm{d}01}=0$；而当$90°<\alpha<180°$时，$U'_{\mathrm{d}01}<0$（为负值）；当$\alpha>180°$时，则$\mathrm{V}_i$的阳极对阴极变为负，$\mathrm{V}_i$不具备导通条件。因此，$\mathrm{V}_i$具有导通条件的范围为$0°<\alpha<180°$，而整流器的工作范围为$0°<\alpha<90°$。在正常运行时，整流器的工作范围较小。为保证换流阀中串联晶闸管导通的一致性，通常取α的最小值为5°。另外，整流器在运行中需要有一定的调节余地，但α增大时整流器的运行性能会变坏，因此α的可调裕度一般也不太大，通常为5°～20°。在利用整流器进行无功功率调节，或直流输电需要降压运行时，α可相应增大。实际情况下，由于直流端杂散电容和电导的影响，整流器平均空载直流电压的实际值，最大可达换相线电压的峰值，最小不会低于$U_{\mathrm{d}01}\cos\alpha$。

2.2.2　6 脉波逆变器工作原理

逆变器是将直流电转换为交流电的换流器。对于基于晶闸管阀组成的换流器，要求逆变器所接的交流系统提供换相电压和电流，即受端交流系统必须有交流电源。与整流器一样，逆变器也是由 6 个换流阀所组成的三相桥式拓扑结构，这样才能保证直流电流的通过。

换流器作为逆变器运行时，其共阴极点 m′的电位为负，共阳极点 n′的电位为正，与其作为整流器运行时的极性正好相反。逆变器 6 个阀V_1～V_6，也是按同整流器一样的顺序，借助于换流变压器阀侧绕组的两相短路电流进行换相。在一个工频周期内，6 个阀规律地通断，分别在共阳极组和共阴极组的 3 个阀中，将流入逆变器的直流电流交替地分成 3 段，分别送入换流变压器的三相绕组，使直流电转变为交流电。

由于逆变器是直流输电的受端负荷，它要求直流侧输出电压为负值。根据换流阀导通条件的要求，换流阀只在$0°<\alpha<180°$时才具有导通条件，此时其阳极对阴极的电压为正。由式（2-2）可知，当$\alpha>90°$时，直流输出电压为负值，换流器工作在逆变工况。因此，逆变器的触发角α比整流器的滞后很多。

图 2-6 给出逆变器各主要点的电压和电流波形[4]。对比图 2-5 和图 2-6 可知，逆变器的直流电压和阀电压、阀电流等波形均与整流器的波形反转 180°。在实际运行中，由于存在换相过程，即存在换相角μ，直流输出电压为零时不是出现在$\alpha=90°$，而是在$\alpha=90°-\mu/2$。因此，实际上整流工况变为逆变工况的α总比90°小。

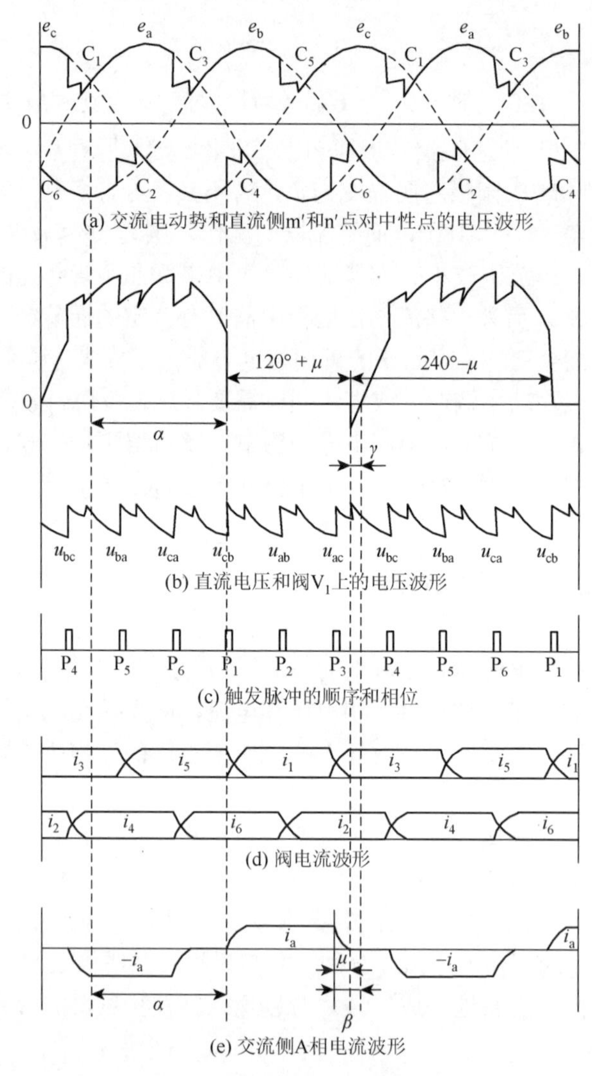

图 2-6　6 脉波逆变器电压和电流波形

2.2.3　6 脉波换流器的直流电压

1. 整流侧换流器的直流电压

当整流器直流侧带负荷时，由于存在平波电抗器和直流滤波器，直流波形近似平直，其平均值为 I_d。实际上换相回路中总有电感存在，即 $L_r>0$，因此实际的换相过程与上述 $L_r=0$ 的情况有所不同。当触发脉冲 P_i 到来时，V_i 导通，但由于 L_r 的存在，V_i 中的电流不可能立刻上升到 I_d。同样的原因，在将要关断的阀中的电流也不可能立刻从 I_d 降到零。它们都必须经历一段时间，才能完成电流转换的过程，这段时间所对应的电角度 μ_1 称为换相角，这一过程称为换相过程。由此可见，换相过程不可能是瞬时的。在换相过程中，同一个半桥中会出现参与换相的两个阀都处于导通状态的现象，从而形成换流变压器阀侧绕组的两相短路。在初始导通的阀中，其电流方向与两相短路电流的方向相同，电流从零开始上升到 I_d；而在即将关断的阀中，其电流方向与两相短路电流的方向相反，电流则从 I_d 开始下降，电流过零而关断，从而完成两个换流阀间的换相。因此，整流器的换相是借助于换流变压器阀侧绕组的两相短路电流来实现的。6 脉波换流器在非换相期会同时有 2 个阀导通（阳极半桥和阴极半桥各 1 个），在换相期则同时有 3 个阀导通（换相半桥中 2 个，非换相半桥中 1 个），从而形成 2 个阀和 3 个阀同时导通按序交替的“2-3”工况（也称正常运行工况）。在“2-3”工况下，每个阀在一个周期内的导通时间不是 120°，而是 $120° + \mu_1$，用 λ 来表示，称为阀的导通角，此时阀的关断时间也不是 240°，而是 $240° - \mu_1$。6 脉波换流器正常运行（“2-3”工况）时的电压电流波形见图 2-5。

阀电压波形上以 μ_1 为宽度的齿形是由其他阀换相时产生的，也称换相齿。换流阀运行在整流状态时，由于 $\alpha < 90°$，大部分时间处于反向阻断状态，阀上电压大部分为负值，其稳态最大值为换流器交流侧线电压峰值。在实际运行中，由于存在杂散电容和换相电抗，换流阀在关断时会产生反向恢复与高频电压振荡，并叠加在阀电压波形上，增加了阀电压的幅值，由此引起的阀电压升高称为换相过冲。通常采用并联阻容吸收单元来阻尼高频振荡，使换相过冲降低到 20%以下。

6 脉波整流器在正常运行（“2-3”工况）时的直流电压和直流电流的关系可用式（2-3）表示：

$$U_{d1} = U'_{d01} - \frac{3}{\pi} X_{r1} I_d = U_{d01} \cos\alpha - d_{r1} I_d \tag{2-3}$$

式中，U_{d1} 为直流电压平均值；$X_{r1} = \omega L_{r1}$ 为等值换相电抗；$d_{r1} = 3X_{r1}/\pi$ 为单位直流电流在换相过程中引起的直流电压降。式（2-3）也称为整流器的伏安特性或外特性。当 U_{d01} 和 d_{r1} 不变时，它是一系列的直线（图 2-7）。式（2-3）只适合于“2-3”工况，即 $\mu_1 < 60°$ 的情况。

换相角 μ_1 是换流器在运行中的一个重要参数，它可表示为

$$\mu_1 = \arccos\left(\cos\alpha - \frac{2X_{r1}I_d}{\sqrt{2}U_1}\right) - \alpha \tag{2-4}$$

由式（2-4）可知，μ_1 和 I_d、U_1、X_{r1} 及 α 四个因素有关。当 X_{r1} 和 α 不变时，μ_1 随 I_d 的增加或 U_1 的下降而增大，而当 X_{r1} 增大时，μ_1 则增大。μ_1 与 α 的关系为，当运行在整流工况（$\alpha < 90°$）时，μ_1 随 α 的增加而减小。$\alpha = 0°$时，μ_1 最大，而当 $\alpha = 90°$时，μ_1 最小。

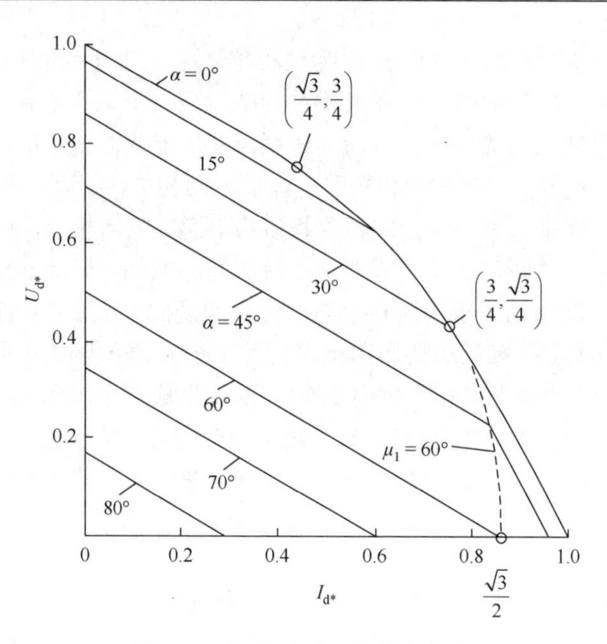

图 2-7　6 脉波整流器外特性曲线

当 $\mu_1=60°$时，在 P_i 脉冲到来时，由于前一个阀的换相过程尚未结束，V_i 阳极对阴极的电压为负值，V_i 不具备导通条件而不能导通，它必须推迟到其电压为正时才能导通。推迟的时间用 α_b 表示，称为强迫触发角。在这种情况下，P_i 已失去了控制能力。随着 I_d 的增加 α_b 将增大，最大可达 30°。当 $\alpha_b=30°$时，V_i 的阳极电压则开始在 P_i 到达时变为正值，此时 V_i 又具备了导通条件，P_i 又恢复了其控制能力。当 $0°<\alpha_b<30°$时，$\mu_1=60°$为常数，导通角 $\lambda=180°$为常数。在一个周期内换流阀导通 180°，阻断 180°，换相角为 60°，换流器在任何时刻都同时有 3 个阀导通，因此这种工况也称为“3”工况。

当 $\mu_1>60°$，$\alpha_b=30°$为常数时，随着 I_d 的加大，μ_1 将增大，其变化范围为 $60°<\mu_1<120°$，而导通角 λ 的变化范围是 $180°<\lambda<240°$。此时将出现 3 个阀同时导通和 4 个阀同时导通按序交替的情况，称为“3-4”工况。当 3 个阀同时导通时，换流阀只在一个半桥中进行换相，换流变压器为两相短路状态；而当 4 个阀同时导通时，上下两个半桥中有两对换流阀出现换相重叠，此时换流变压器为三相短路，换流器的直流输出电压为零。当 $\mu_1=120°$、$\lambda=240°$时，形成稳定的 4 个阀同时导通的状态，即换流变压器稳定的三相短路。此时直流电压的平均值为零，直流电流的平均值为换流变压器三相短路电流的峰值。

图 2-7 给出整流器从空载到短路的全部负荷范围内的外特性曲线，图 2-7 中取直流电压的标幺值为 U_{d01}，直流电流的标幺值为换流变压器三相短路电流的峰值，可分别表示为

$$U_{\mathrm{d1B}}=U_{\mathrm{d01}} \tag{2-5}$$

$$I_{\mathrm{d1B}}=\frac{\sqrt{2}U_1}{\sqrt{3}X_{\mathrm{r1}}} \tag{2-6}$$

对于“2-3”工况、“3”工况和“3-4”工况，用标幺值表示的外特性方程式如下。

（1）“2-3”工况：

$$U_{\mathrm{d1}^*}=\cos\alpha-\frac{1}{3}I_{\mathrm{d}^*} \tag{2-7}$$

（2）“3”工况：

$$U_{\mathrm{d1}^*}^2+I_{\mathrm{d}^*}^2=\left(\frac{\sqrt{3}}{2}\right)^2 \tag{2-8}$$

（3）“3-4”工况：

$$U_{\mathrm{d1}^*}=\sqrt{3}[\cos(\alpha-30°)-I_{\mathrm{d}^*}] \tag{2-9}$$

在正常情况下，直流负载电流较小，换流器均工作在“2-3”工况，换流变压器只在换相（3 个阀同时导通）期间处于两相短路状态。随着负荷电流的增加，换流器将转为“3”工况，换流变压器将处于 A、B、C 三相按序轮流的两相短路状态，直流电压将进一步降低。当负荷电流进一步增大时，换流器将转入“3-4”工况，换流变压器则处于两相短路（3 个阀同时导通）和三相短路（4 个阀同时导通）交替的状态，换流器的内部压降将更大，其直流电压下降更快。当负荷电流增至换流变压器阀侧绕组三相短路电流的幅值时，直流电压下降到零，换流变压器处于稳定的三相短路状态。

2. 逆变侧换流器的直流电压

逆变器的阀在一个周期内大部分时间处于正向阻断状态，而整流器的阀则大部分时间处于反向阻断状态。逆变器阀上作用的最大稳态电压也是换流变压器阀侧绕组线电压的峰值。另外，由于存在杂散电容和换相电抗，逆变器的阀电压也有换相过冲。由于逆变器和整流器的触发相位不同（α 不同），在换相过程中阀电流的波形也不同。整流器在刚导通的阀中，电流上升速度越来越快，而逆变器的电流上升速度则是越来越慢。逆变器的直流平均电压 U_{d2} 可表示为

$$U_{\mathrm{d2}}=-(U_{\mathrm{d02}}\cos\beta+d_{\mathrm{r2}}I_{\mathrm{d}}) \tag{2-10}$$

式中，$U_{\mathrm{d02}}=1.35U_2$ 为逆变器的理想空载直流电压，U_2 为逆变器换流变压器阀侧绕组空载线电压有效值；$d_{\mathrm{r2}}=3X_{\mathrm{r2}}/\pi$ 为逆变器的比换相压降，X_{r2} 为逆变器的等值换相电抗；$\beta=180°-\alpha$ 为逆变器的超前触发角。

由于受端交流系统等值电感 L_{r2} 的作用，逆变器的阀也存在一个换相过程，用

μ_2 表示，称为逆变器的换相角。此外，为了保证逆变器的换相成功，还要求换流阀从关断（阀中电流为零）到其电压由负变正的过零点之间的时间足够长，使得阀关断后处于反向电压的时间能够充分满足其反向恢复阻断能力的要求。否则，当阀上电压变正时，阀在无触发脉冲的情况下，可能会重新导通，而造成换相失败。规定从阀关断到阀上电压由负变正的过零点之间的时间用 γ 表示，称为逆变器的熄弧角。由图 2-6 可知，$\gamma = \beta - \mu_2$，此时逆变器的直流电压可用式（2-11）表示：

$$U_{d2} = -U_{d02}\cos\gamma - d_{r2}I_d \tag{2-11}$$

与整流器相对应，逆变器的换相角 μ_2 可用式（2-12）表示：

$$\mu_2 = \arccos\left(\cos\gamma - \frac{2X_{r2}I_d}{\sqrt{2}U_2}\right) - \gamma \tag{2-12}$$

在运行中逆变器的换相角 μ_2 也随着直流电流 I_d、交流侧电压 U_2、触发角 β 以及系统的等值电抗 X_{r2} 的变化而变化。当直流电流升高或交流侧电压降低时，均会引起 μ_2 增加。由于 $\gamma = \beta - \mu_2$，在 β 不变时，μ_2 增加，则 γ 减小。当 γ 小到一定程度时，可能发生换相失败。为了防止换相失败，规定在运行中 $\gamma \geqslant \gamma_0$。$\gamma_0$ 是满足换流阀反向恢复阻断能力的最短时间，还应考虑交流系统三相电压和参数不对称性的影响，通常取 $\gamma_0 = 15° \sim 18°$。另外，在运行中若 γ 过大，会使逆变器的运行性能变坏。因此，在逆变站均设置有定 γ 的调节器，当 μ_2 变化时，γ 调节器则自动调节触发角 β，来保持 γ 为给定值。通常 γ 调节器的给定值取 γ_0。

对于 $\gamma = \beta - \mu_2$ 的关系式，只适用于 $\beta < 60°$ 的情况。当 $\beta > 60°$ 时，由于换相齿对阀电压的影响，其关系受换相过程的影响，会发生相应的变化。当 $60° < \beta < 90°$ 时，$\gamma = 60° - \mu_2$（$\mu_2 < 60°$），此时 γ 与 β 无关，它只取决于 μ_2；当 $90° < \beta < 90° + \mu_2/2$ 时，$\gamma = \beta - 30° - \mu_2$（$\mu_2 < 60°$）。因此，逆变器在 $\beta > 60°$ 的大触发角运行时，由于换相齿对阀电压的影响，阀电压从负变正的过零点提前，使 γ 变小，从而影响逆变器的稳定运行。在正常运行时，μ_2 为 20°左右，对逆变器的运行影响不大，当逆变器过负荷或故障情况下，μ_2 将增大，γ 将更小，逆变器稳定运行可能会受到威胁。

对于逆变器，存在两种形式的外特性：①β = 常数时的外特性，$U_{d2} = f(I_d)$，它反映无自动调节时逆变器的工作情况；②γ = 常数时的外特性，$U_{d2} = f(I_d)$，它反映具有定 γ 调节时逆变器的工作情况。

与整流器相同，逆变器的直流电压和直流电流的标幺值也分别取为其理想空载直流电压和其交流侧三相短路电流的峰值，可分别表示为

$$U_{d2B} = U_{d02} \tag{2-13}$$

$$I_{d2B} = \frac{\sqrt{2}U_2}{\sqrt{3}X_{r2}} \tag{2-14}$$

在此条件下，逆变器对于“2-3”工况、“3-4”工况，用标幺值表示的外特性方程如下。

（1）“2-3”工况，β 为常数的外特性：

$$U_{d2^*} = \cos\beta + \frac{1}{\sqrt{3}} I_{d^*} \tag{2-15}$$

（2）“2-3”工况，$\beta < 60°$，γ 为常数的外特性：

$$U_{d2^*} = \cos\gamma - \frac{1}{\sqrt{3}} I_{d^*} \tag{2-16}$$

（3）“2-3”工况，$60° < \beta < 90°$，γ 为常数的外特性：

$$\frac{U_{d2^*}^2}{\cos^2(30° - \gamma/2)} + \frac{I_{d^*}^2}{3\sin^2(30° - \gamma/2)} = 1 \tag{2-17}$$

（4）“2-3”工况，$90° < \beta < 90° + \mu_2/2$，$\mu_2 < 60°$，$\gamma$ 为常数的外特性：

$$U_{d2^*} = \cos(\gamma + 30°) - \frac{1}{\sqrt{3}} I_{d^*} \tag{2-18}$$

（5）“3-4”工况，β 为常数的外特性：

$$U_{d2^*} = \sqrt{3}\cos(\beta + 30°) + \sqrt{3} I_{d^*} \tag{2-19}$$

（6）“3-4”工况，γ 为常数的外特性：

$$U_{d2^*} = \sqrt{3}\cos\gamma - \sqrt{3} I_{d^*} \tag{2-20}$$

由此可见，β 为常数的外特性时，“2-3”工况和“3-4”工况为不同斜率的直线，而 γ 为常数的外特性时，则因 β 工作范围的不同而不同。在“2-3”工况，当 $\beta < 60°$ 和 $90° < \beta < 90° + \mu_2/2$ 时，外特性为不同斜率的直线；而当 $60° < \beta < 90°$时，则为一段椭圆。在“3-4”工况，则为一段直线。

2.2.4　12 脉波换流器工作原理

12 脉波换流器由两个 6 脉波换流器在直流侧串联而成，其交流侧通过换流变压器的网侧绕组而并联。换流变压器的阀侧绕组一个为星形（Y）接线，另一个为三角形（△）接线，在两个 6 脉波换流器的交流侧得到相位相差 30°的换相电压[1, 3, 4]。12 脉波换流器可以采用两组双绕组的换流变压器，也可采用一组三绕组的换流变压器。图 2-8 给出了当采用两组双绕组变压器时的 12 脉波换流器原理接线图。根据图 2-8，换流变压器阀侧绕组电流可表示为

$$I_{\triangle a}(\omega t) = \begin{cases} I_{B\triangle}(\omega t), & 0 < \omega t < 2\pi/3 \\ 0, & 2\pi/3 < \omega t < \pi \\ -I_{B\triangle}(\omega t), & \pi < \omega t < 5\pi/3 \\ 0, & 5\pi/3 < \omega t < 2\pi \end{cases} \tag{2-21}$$

$$I_{Ya}(\omega t)=\begin{cases}0, & 0<\omega t<\pi/6\\ I_{BY}(\omega t), & \pi/6<\omega t<5\pi/6\\ 0, & 5\pi/6<\omega t<7\pi/6\\ -I_{BY}(\omega t), & 7\pi/6<\omega t<11\pi/6\\ 0, & 11\pi/6<\omega t<2\pi\end{cases} \tag{2-22}$$

式中，$I_{BY}(\omega t)=I_{DC}+\sum_{k=1}^{\infty}A_{Yk}\cos(6k\omega t)$；$I_{B\triangle}(\omega t)=I_{DC}+\sum_{k=1}^{\infty}A_{\triangle k}\cos(6k\omega t)$。

12 脉波换流器由 V_1～V_{12} 共 12 个换流阀所组成，图 2-8 中所给出的换流序号为其导通的顺序号。在每一个工频周期内有 12 个换流阀轮流导通。它需要 12 个与交流系统同步的按序触发脉冲，脉冲之间的距离为 30°。

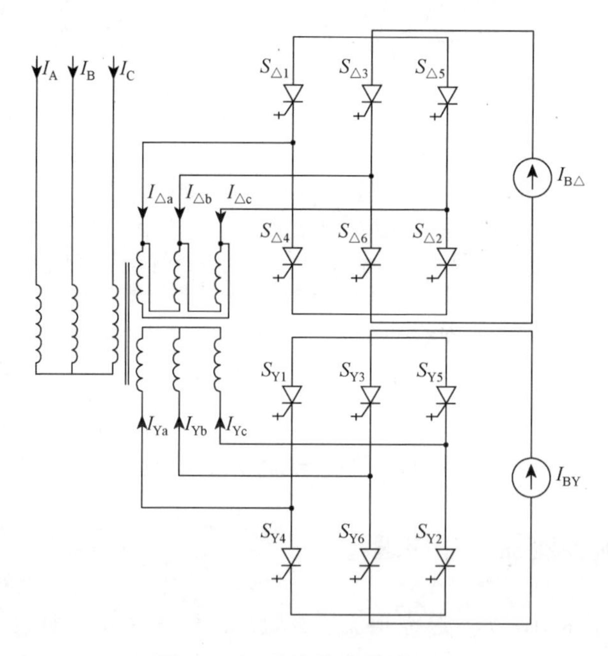

图 2-8　12 脉波换流器原理图

12 脉波换流器的直流电压为两个换相电压相差 30°的 6 脉波换流器的直流电压之和，在每个工频周期内有 12 个脉波数，因此称为 12 脉波换流器。直流电压中仅含有 $12k$ 次的谐波，而每个 6 脉波换流器直流电压中的 $6\times(2k+1)$次的谐波，因彼此的相位相反而互相抵消，在直流电压中则不再出现，因此有效地改善了直流侧的谐波性能。12 脉波换流器的另一个优点是其交流电流质量好，谐波成分少。交流电流中仅含 $12k\pm1$ 次的谐波，每个 6 脉波换流器交流电流中的 $6\times(2k-1)\pm1$ 次的谐波，在两个换流变压器之间环流，而不进入交流电网，12 脉波换流器的交流电流中将不含这些谐波，因此也有效地改善了交流侧的谐波性能。对于采用一组三绕组换流变压器的 12 脉波换流器，其变压器网侧绕组中也不含 $6\times(2k-1)\pm1$ 次的谐波，因为每个这种次数的谐波在它的两个阀侧绕组中的相位相反，所以在变压器的主磁通中互相抵消，在网侧绕组中则不再出现。因此，大部分直流输电工程均选择 12 脉波换流器作为基本换流单元，从而可简化滤波装置，节省换流站造价。

12 脉波换流器的工作原理与 6 脉波换流器相同，图 2-9 给出了 12 脉波换流器的等值电路简化图。12 脉波换流器也是利用交流系统的两相短路电流来进行换相的。

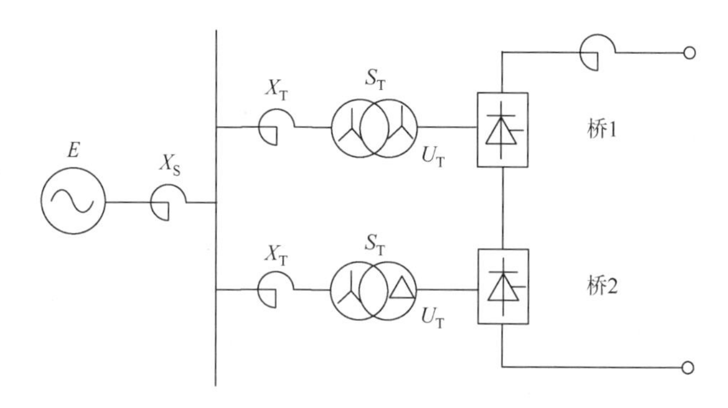

图 2-9　12 脉波换流器等值电路简化图

当换相角 $\mu<30°$时，在非换相期两个桥中只有 4 个阀同时导通（每个桥中 2 个），而当有一个桥进行换相时，则有 5 个阀同时导通（换相桥中有 3 个，非换相桥中有 2 个），从而形成在正常运行时 4 个阀或 5 个阀轮流交替同时导通的“4-5”工况，它相当于 6 脉波换流器的“2-3”工况。当换相角 $\mu=30°$时，两个桥中总会有 5 个阀同时导通，在一个桥中一对阀换相刚结束，另一个桥中的另一对阀会紧接着开始换相，而形成“5”工况。在“5”工况时，$\mu=30°$为常数。当 $30°<\mu<60°$时，将出现一个桥中一对阀换相尚未结束，而另一个桥中另一对阀便开始换相，即在两个桥中同时有两对阀在进行换相。在此阶段内两个桥共有 6 个阀同时导通，当一个桥换相刚结束时，又会转为 5 个阀同时导通的状态，从而形成“5-6”工况。随着换流器负荷的增大，换相角 μ 也增大，使得 6 个阀同时导通的时间延长，而相应 5 个阀同时导通的时间缩短。当 $\mu=60°$时，“5-6”工况结束。在正常运行时，$\mu<30°$，一般不会出现“5-6”工况。当换流器过负荷或交流电压过低时，可能会出现 $\mu>30°$的情况。

12 脉波换流器的两桥间存在耦合电抗时，则会产生两桥在换相时的相互影响。假定桥 1 和桥 2 的两组换流变压器的容量 S_T、漏抗 X_T 和阀侧线电压 U_T 均相等，其阀侧绕组接线分别为星形和三角形。图 2-9 中 E 为交流系统的等值电动势，X_S 为交流系统的等值电抗。在运行中两个桥的电流均流经 X_S，两桥之间存在耦合电抗 X_S。因此，两桥的换相电抗均为 $X_r = X_S + X_T$。取 A 为两桥间相互影响的系数，它代表两桥相互影响的程度，则 A 用式（2-23）表示：

$$A = \frac{X_S}{X_S + X_T} = \frac{X_S}{X_r} \tag{2-23}$$

换流器运行于整流状态时，在“4-5”工况，$\mu<30°$，在非换相期，4 个阀同时导通。由于直流电流在耦合电抗上无电压降，对母线电压波形则无影响。在一个桥中有一对阀换相时（5 个阀同时导通），造成该桥交流侧的两相短路，此时的两相短路电流（即换相电流）在耦合电抗上产生电压降，使母线电压畸变，从而使另一个桥上的阀电压波形产生附加换相齿，但不会影响直流电压波形。因此，在这种情况下，耦合电抗对整流器的工作没有影响。12 脉波换流器的直流电压、直流功率、交流电流、换流器消耗的无功功率等均为两个 6 脉波换流器之和。当换流器工作在 $\mu \geqslant 30°$的“5”工况和“5-6”工况时，耦合电抗将对整流器的工作产生影响。它将降低直流电压，桥间相互影响将增加。如果整流器的额定负荷点选在“5-6”工况，在确定额定直流电压时，则需要选取更高的换流变压器阀侧空载电压，从而使阀和相应的设备承受更高的工作电压，同时整流器的功率因数将降低。如果额定负荷点选在“4-5”工况，则上述特点仅在过负荷时出现，此时外特性曲线更陡地下降，对限制过负荷将会产生一些好的影响。因此，整流器的额定负荷点必须选在“4-5”工况。

换流器运行于逆变状态，在“4-5”工况下，当 $\beta \leqslant 30°$时，阀电压会附加换相齿，但对逆变器的直流电压波形和关断角 γ 均无影响。而当 $\beta \geqslant 30°$时，耦合电抗将对逆变器的工作产生影响。图 2-10 给出 12 脉波换流器运行于逆变状态时，在桥 2 中 V_2 上的电压波形图。

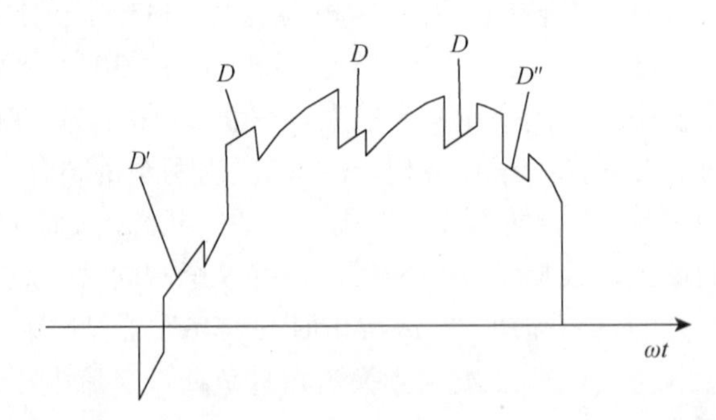

图 2-10　12 脉波换流器运行于逆变状态时在桥 2 中 V_2 上电压波形图

图 2-10 中 D 为本桥（桥 2）换相过程产生的换相齿，D'和 D''为另一桥（桥 1）

换相过程产生的附加换相齿，图 2-11 给出了附加换相齿 D'对逆变器关断角 γ 影响的示意图。当 $\beta \geqslant 30°$ 时，附加换相齿的前沿和横轴相交，使阀电压由负变正的过零点提前。由于 $\gamma = 30° - \mu_2$，实际的 γ 减小，将增加换相失败的可能性。为保证逆变器的安全运行，需要增加 β，这将增加逆变器消耗的无功功率，降低逆变器的有效容量，并增加逆变器谐波的产生。如果 β 仍保持在 30°以下，又要保证 γ 至少为 15°，则换相角 μ_2 最大值只能是 15°（因为 $\mu_2 = 30° - \gamma$），此时只能降低逆变器的负载电流。另外，当 $\beta \geqslant 30°$ 时，桥间耦合电抗将使逆变器的定 γ（定熄弧角）外特性曲线下降更快，在同样电流下逆变器的直流电压更低，这对限制故障时的过电流不利。因此，桥间耦合电抗对 12 脉波逆变器的影响比对整流器的影响要严重，需采取解耦措施来加以解决，以保证逆变器的运行性能。

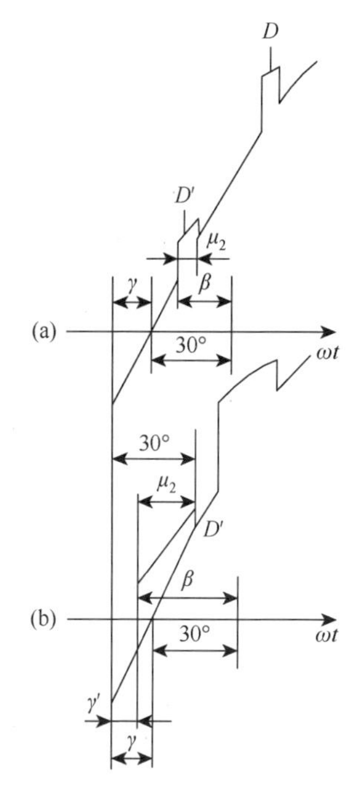

图 2-11　附加换相齿 D'对逆变器关断角 γ 的影响

(a) $\beta < 30°$；(b) $\beta \geqslant 30°$

在直流输电工程中，常用的解耦措施是在换流站的交流母线上装设交流滤波装置，使交流母线电压基本上保持为正弦电压。当 12 脉波换流器采用一组三绕组换流变压器时，两桥间的耦合电抗则为系统的等值电抗与换流变压器网侧绕组漏抗之和，滤波装置只能装设在交流母线上。为了消除桥间的相互影响，通常选择换流变压器网侧绕组的漏抗为零，而两个阀侧绕组的漏抗相等。

2.3　换流站构成与布置

为了将交流电变换为直流电或者将直流电变换为交流电，并达到电力系统对安全稳定及电能质量的要求，高压直流换流站包括以下主要设备或设施：换流阀、换流变压器、平波电抗器、交流开关装置、交流滤波器及交流无功补偿装置、直流开关装置、直流滤波器、控制与保护装置、电力线载波及接地极等。图 2-12 给出高压直流换流站典型的构成图。

对于各种类型的直流输电系统，无论两端、多端结构，还是直流背靠背结构，都具有相似的换流站设计及换流站设备。对于两端或多端系统，由于要通过直流线路进行长距离输电，需要更多的直流侧设备，如过电压保护装置及直流滤波器。而对于直流背靠背系统，由于不通过直流输电线路进行直流功率的传输，而是在

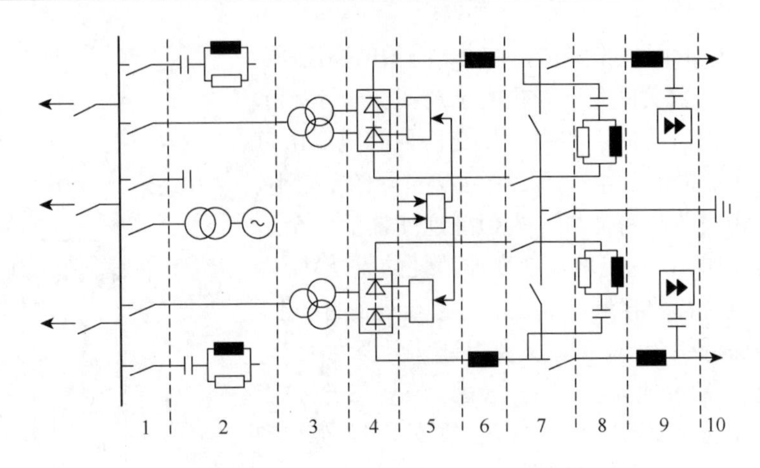

图 2-12　高压直流换流站典型构成图[1]

1-交流开关装置；2-交流滤波器及交流无功补偿装置；3-换流变压器；4-换流阀；5-控制与保护装置；6-平波电抗器；7-直流开关装置；8-直流滤波器；9-电力线载波；10-接地极

同一个换流站里实现 AC/DC/AC 的功率变换，其直流侧的设备比两端或多端直流系统的换流站要简单得多。

换流站的主要设备一般分别布置在交流开关场区域、换流变压器区域、阀厅与控制楼区域以及直流开关场区域四个区域里。

交流开关场区域主要包括按主接线要求进行连接的换流站交流侧开关设备、交流滤波器及无功补偿设备、交流避雷器及交流测量装置等。

为了缩短换流变压器阀侧套管与阀厅之间的引线长度，减少由绝缘污秽所引起的换流变压器直流侧套管闪络事故，一般将换流变压器靠近阀厅布置。保护换流变压器的交流避雷器也要求靠近换流变压器进行布置。

换流阀和控制设备一般布置在阀厅与控制楼区域，阀厅与控制楼区域大都采用整体建筑结构。阀厅内安装晶闸管换流阀及其相应的开关设备和过电压保护设备，以及换流变压器的阀侧套管。在阀厅中应安装火灾早期探测装置和必要的水消防设置。

在高压直流输电的双极换流站中，主控制楼一般布置在两极阀厅之间，以节省控制电缆，特别是缩短由控制室阀控系统至阀厅的光缆长度，以减少光信号的损耗。控制楼内一般布置阀的冷却设备、辅助电源设备、通信设备以及控制保护设备等。

直流开关场区域主要布置高压平波电抗器、直流滤波器、过电压保护装置、直流测量装置以及运行方式切换和故障清除所需的直流开关装置，如低压直流高速开关（LVHS）、金属回线转换断路器（MRTB）、大地回线转换开关（GRTS）。

图 2-13 给出了典型的两组 12 脉波换流器串联的高压直流换流站的单线图[4, 6]，根据换流站接线图，其典型布置如图 2-14 所示。另外，根据工程实际情况，换流

阀可采用四重阀或双重阀，阀厅布置如图 2-15 所示。

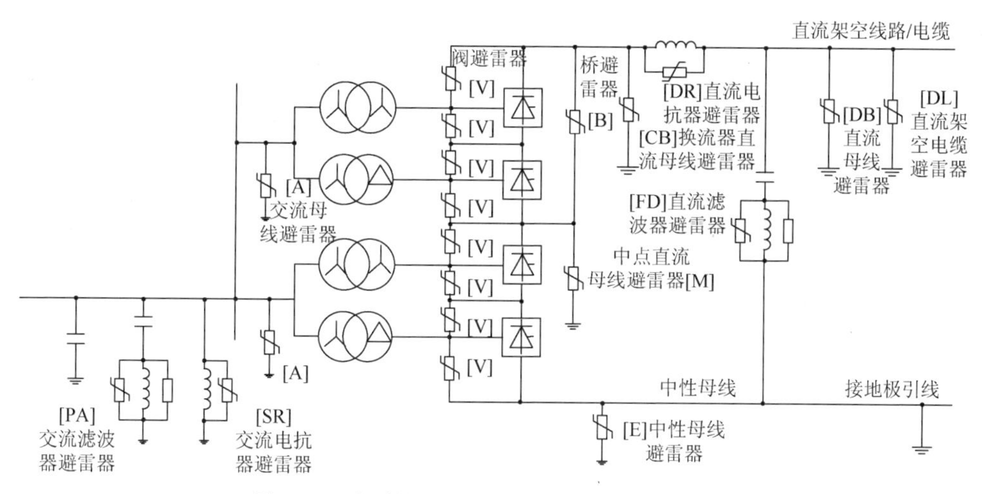

图 2-13　典型的两组 12 脉波换流器串联单线图

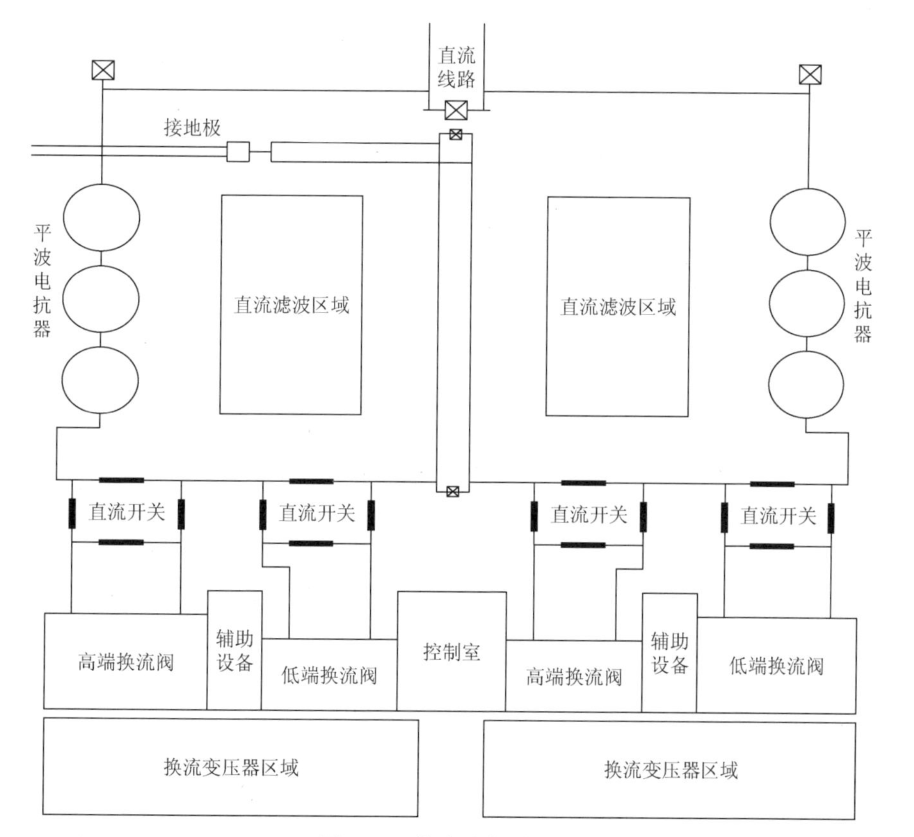

图 2-14　换流站典型布置

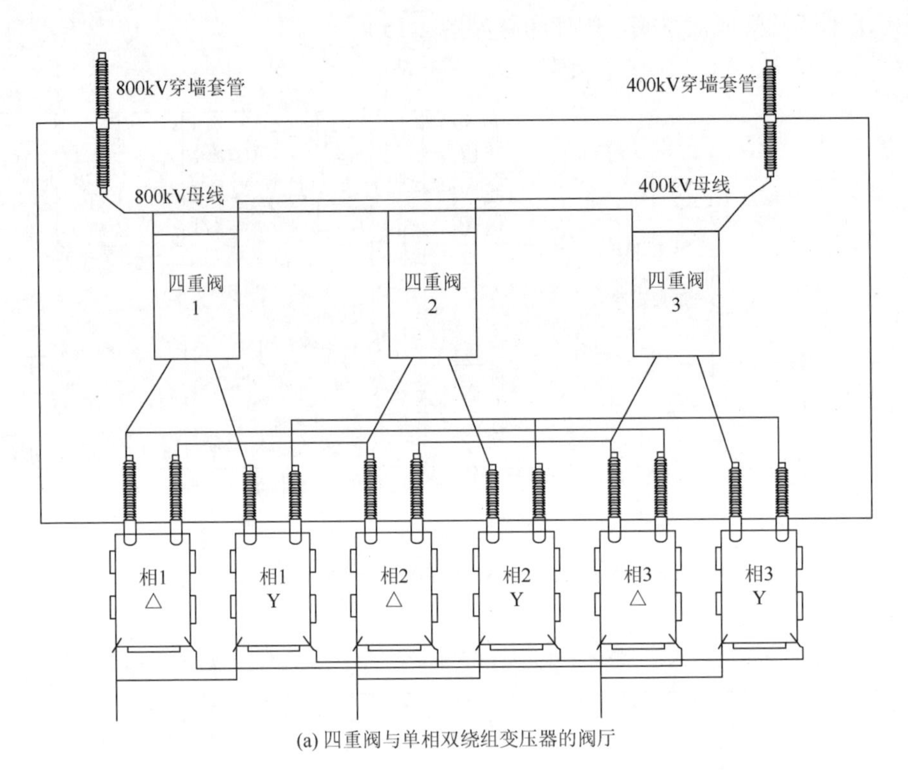

(a) 四重阀与单相双绕组变压器的阀厅

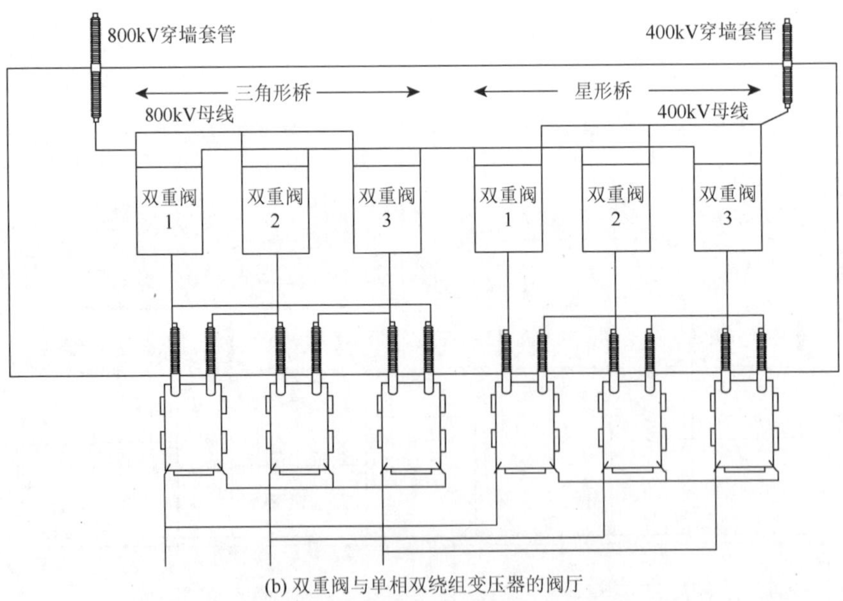

(b) 双重阀与单相双绕组变压器的阀厅

图 2-15　四重阀或双重阀与单相双绕组变压器的阀厅布置

2.4　换流站设备

要实现直流输电必须将送端的交流电变换为直流电，称为整流；受端又必须将直流电变换为交流电，称为逆变，整流和逆变统称为换流。换流站主要包括以下设备：换流阀、换流变压器、平波电抗器、交直流滤波器、交直流开关装置、控制与保护装置等。

2.4.1　换流阀

直流输电的发展与换流技术的发展有着密切的联系，多个晶闸管串联形成三相桥式换流器的单支线路（也称桥臂），即构成换流阀。换流阀是直流输电系统的核心设备，在系统中的主要功能是实现交—直、直—交的能量变换。其结构和安装方式如图 2-16 所示。

图 2-16　换流阀结构与安装方式图

1. 晶闸管换流阀的电气连接

晶闸管换流阀是由晶闸管元件及其相应的电子电路、阻尼元件、均压元件及阀组件（或阀层）所需的阳极饱和电抗器等组成的换流桥的一个桥臂。

（1）晶闸管及晶闸管级：晶闸管是组成晶闸管换流阀的关键元件。在高压直流输电中使用的晶闸管芯片直径已达到 180mm，反向非重复阻断电压已达

8.5kV。除光电转换触发晶闸管外，光直接触发晶闸管也在直流输电工程中得到应用。

（2）阀组件：串联连接的若干晶闸管级与阳极饱和电抗器串联后，再并联均压元件而构成阀组件。

（3）单阀：若干阀组件串联组成一个单阀，它构成 6 脉波换流器的一个臂，又称阀臂。

（4）三相 6 脉波换流器与三相 12 脉波换流器：由 6 个单阀构成三相 6 脉波换流器；由 2 个三相 6 脉波换流器串联而构成三相 12 脉波换流器。一般由 2 个单阀垂直组装在一起构成 6 脉波换流器一相中的 2 个阀称为二重阀，而由 4 个单阀垂直组装在一起构成 12 脉波换流器一相中的 4 个阀称为四重阀。

（5）换流器可以由单 12 脉冲阀组、双 12 脉冲阀组并联以及双 12 脉冲阀组串联等拓扑结构组成，如图 2-17 所示。

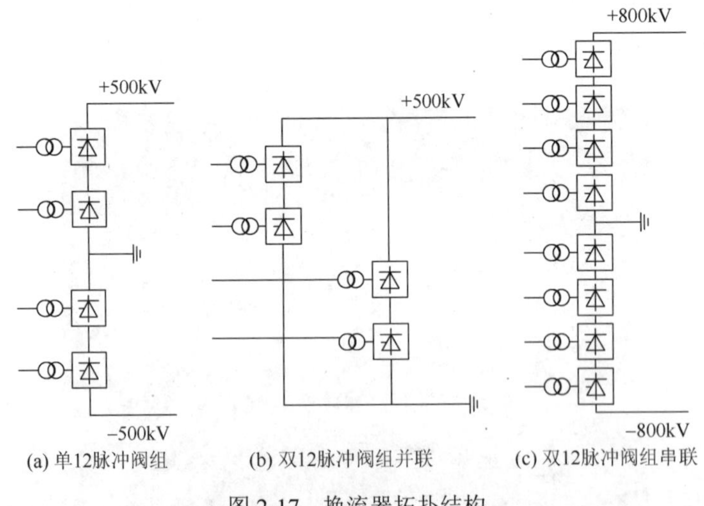

图 2-17　换流器拓扑结构

2. 晶闸管换流阀设计的基本要求

晶闸管换流阀是换流站的核心设备之一，其投资约占换流站设备投资的 1/4。晶闸管换流阀的设计应保证在预定的外部环境及系统条件下，换流阀能按规定的要求安全可靠地运行。

（1）持续运行额定值。根据系统要求及对高压直流系统主回路参数的研究结果，并计及最高环境温度等因素的影响，确定换流阀的持续运行额定值。阀冷却系统及其他辅助系统的设计须满足所确定的持续运行额定值的要求。

（2）过负荷能力。换流阀的过负荷能力可分为三种：①连续过负荷额定值，可长期持续运行的过负荷能力；②短时过负荷额定值，一般是指 0.5h 至数小时内可持续运行的过负荷能力；③暂时过负荷额定值，一般是指数秒内的过负荷能力。根据系统要求，换流阀的过负荷能力应与高压直流输电系统的过负荷能力相匹配。

（3）运行触发角工作范围确定的要求。晶闸管换流阀运行触发角工作范围的优化选择应考虑的因素有：①满足额定负荷、最小负荷和直流降压等各种运行方式的要求；②满足正常启停和事故启停的要求；③满足交流母线电压控制和无功调节控制等要求。

从减少无功损耗与谐波分量、降低运行损耗等方面考虑，换流阀的额定运行触发角（整流器为触发角，逆变器为关断角）宜越小越好；但从换流阀安全可靠换相和足够的调节裕度的角度出发，应有最小角度限制。根据直流输电工程经验，整流器触发角一般取 15°，最小值为 5°；逆变器关断角一般取 15°～18°，最小值为 15°。

当直流系统降压运行时，若换流变压器的有载分接头已调至极限位置，则只能增加触发角，但触发角将不可能控制在规定范围内，此时的触发角为晶闸管换流阀稳定运行时的最大角度限制要求，阀的冷却及热力设计须满足此角度持续运行的要求。在启停过程与潮流反转过程等特殊过程中，此最大角度限制将解除，以保证这些过程的顺利进行。在启停过程中，触发角将短时处于 90°的极端值，持续时间一般应限制在 1min 以内。对于利用换流器进行无功功率调节的直流输电工程，还应该考虑无功功率调节时可能出现的最大触发角。

2.4.2　换流变压器

在高压直流输电系统中，换流变压器处在交流电与直流电互相变换的核心位置，是换流站重要的设备之一，其可靠性及可用性对整个换流站来说也是至关重要的[7]。

1. 换流变压器功能及特点

换流变压器与换流阀一起实现交流电与直流电之间的相互变换。目前高压直流输电系统一般都采用每极一组 12 脉波换流器的结构，所以换流变压器还需为两个串联的 6 脉波换流器之间提供 30°的相角差，从而形成 12 脉波换流器结构。换流变压器的阻抗限制了阀臂短路和直流母线上短路的故障电流，使换流阀免遭损坏。

由于换流变压器的运行与换流器的换相所造成的非线性密切相关，换流变压器在漏抗、绝缘、谐波、直流偏磁、有载调压和试验等方面与普通电力变压器有着不同的特点。

（1）短路阻抗。为了防止当阀臂及直流母线短路时故障电流损坏换流阀晶闸管元件，换流变压器应有足够大的短路阻抗。但短路阻抗也不能太大，否则会使运行时无功损耗增加，需要相应增加无功补偿设备，并导致换相压降过大。大容量换流变压器的短路阻抗百分数通常为12%～18%。

（2）绝缘。换流变压器阀侧绕组同时承受交流电压和直流电压。由两个6脉波换流器串联而形成的12脉波换流器接线中，由接地端算起的第一个6脉波换流器的换流变压器阀侧绕组直流电压升高到$0.25U_d$（U_d为12脉波换流器的直流电压），第二个6脉波换流器的阀侧绕组升高到$0.75U_d$，因此换流变压器的阀侧绕组除承受正常交流电压产生的应力外，还要承受直流电压产生的应力。另外，直流全压启动以及极性反转，都会造成换流变压器的绝缘结构远比普通的交流变压器复杂。

（3）谐波。换流变压器在运行中有特征谐波电流和非特征谐波电流流过。变压器漏磁的谐波分量会使变压器的杂散损耗增大，有时还可能使某些金属部件和油箱产生局部过热现象。对于有较强漏磁通过的部件要使用非磁性材料或采用磁屏蔽措施。数值较大的谐波磁通所引起的磁致伸缩噪声一般处于听觉较为灵敏的频带，必要时要采取更有效的隔声措施。

（4）有载调压。为了补偿换流变压器交流网侧电压的变化以及将触发角运行在适当的范围内以保证运行的安全性和经济性，要求有载调压分接开关的调压范围较大，特别是可能采用直流降压模式时，要求的调压范围往往高达20%～30%。

（5）直流偏磁。运行中交直流线路的耦合、换流阀触发角的不平衡、接地极电位的升高以及换流变压器交流网侧存在2次谐波等，将导致换流变压器阀侧及交流网侧绕组的电流中产生直流分量，使换流变压器产生直流偏磁现象，导致变压器损耗、温升及噪声都有所增加。但是，直流偏磁电流较小，一般不会对换流变压器的安全造成影响。

（6）试验。换流变压器除了要进行与普通交流变压器一样的型式试验与例行试验之外，还要进行直流方面的试验，如直流电压试验、直流电压局部放电试验、直流电压极性反转试验等。

2. 换流变压器结构形式

换流变压器的总体结构可以是三相三绕组式、三相双绕组式、单相三绕组式和单相双绕组式四种。换流变压器结构形式示意图见图2-18。

采用何种结构形式的换流变压器，应根据换流变压器交流侧及直流侧的系统电压要求、变压器的容量、运输条件以及换流站布置要求等因素进行全面考虑确定。

对于中等额定容量和电压的换流变压器，可选用三相变压器。采用三相变压器的优点是减少材料用量、减少变压器占地空间及损耗，特别是空载损耗。对应于12脉波换流器的两个6脉波换流桥，宜采用两台三相变压器，其阀侧输出电压

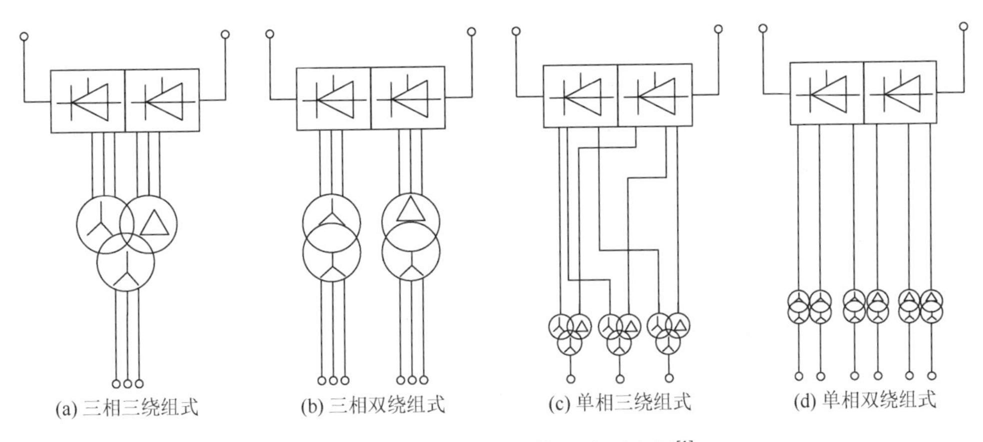

图 2-18　换流变压器结构形式示意图[1]

彼此应保持 30°的相角差，网侧绕组均为 Y 连接，而阀侧绕组，一台应为 Y 连接，另一台为△连接。

对于容量较大的换流变压器，可采用单相变压器组。在运输条件允许时应采用单相三绕组变压器。这种形式的变压器带有一个交流网侧绕组和两个阀侧绕组，阀侧绕组分别为 Y 连接和△连接。两个阀侧绕组具有相同的额定容量和运行参数（如阻抗和损耗），线电压之比为 $\sqrt{3}$，相角差为 30°。图 2-19 为特高压换流变压器外观结构图，采用单相双绕组结构。

图 2-19　特高压换流变压器外观结构图

2.4.3 平波电抗器

直流平波电抗器与滤波器一起构成高压直流换流站直流侧的直流谐波滤波回路。平波电抗器一方面能防止由直流线路或直流开关站所产生的陡前沿冲击波（简称陡波）进入阀厅，从而使换流阀免于遭受过电压应力而损坏；另一方面能平滑直流电流中的纹波，能避免在低直流功率传输时电流的断续，而且可限制由快速电压变化所引起的电流变化率，从而降低换相失败率。平波电抗器一般串接在每个极换流器的直流输出端与直流线路之间，是高压直流换流站的重要设备之一[7]。

1. 平波电抗器主要参数选择

平波电抗器最主要的参数是电感量。根据平波电抗器在换流站中的作用，其电感量一般可大些，但太大在运行时容易产生过电压，使直流输电系统自动调节特性的反应速度下降。因此，平波电抗器的电感量在满足主要性能要求时应尽量小，其选择应考虑以下方面。

（1）限制故障电流的上升率。其简化计算公式为

$$L_{\mathrm{d}}=\frac{\Delta U_{\mathrm{d}}}{\Delta I_{\mathrm{d}}}\Delta t=\frac{\Delta U_{\mathrm{d}}(\beta-1-\gamma_{\min})}{\Delta I_{\mathrm{d}}\times 360f} \tag{2-24}$$

式中，f 为交流系统的额定频率；$\gamma_{\min}$ 为不发生换相失败的最小关断角；ΔU_{d} 为直流电压下降量，在 12 脉波换流器中，一般选取一个 6 脉波桥的额定直流电压；$\Delta I_{\mathrm{d}}=2I_{\mathrm{s2}}[\cos\gamma_{\min}-\cos(\beta-1°)]-2I_{\mathrm{d}}$ 为不发生换相失败所容许的直流电流增量；Δt 为换相持续时间，$\Delta t=(\beta-1-\gamma_{\min})/360f$；$\beta$ 为逆变器的额定超前触发角，$\beta=\arccos(\cos\gamma_{\mathrm{N}}-I_{\mathrm{d}}/I_{\mathrm{s2}})$，$\gamma_{\mathrm{N}}$ 为额定关断角，I_{d} 为额定直流电流，I_{s2} 为换流变压器阀侧两相短路电流的幅值。

式（2-24）并未计及直流线路电感的限制作用，也未考虑直流控制保护系统的动作，所以在实际工程中采用的电感量可比式（2-24）的计算值适当低一些。

（2）平抑直流电流的纹波。其估算公式为

$$L_{\mathrm{d}}=\frac{U_{\mathrm{d}(n)}}{n\omega I_{\mathrm{d}}\times\dfrac{I_{\mathrm{d}(n)}}{I_{\mathrm{d}}}} \tag{2-25}$$

式中，$U_{\mathrm{d}(n)}$为直流侧最低次特征谐波电压有效值；I_{d} 为额定直流电流；n 为最低次特征谐波，对于 12 脉波换流器，$n=12$；ω为基频角频率，$\omega=2\pi f$。

（3）防止直流低负荷时的电流断续。对于 12 脉波换流器，L_{d} 可用式（2-26）计算：

$$L_{d}=\frac{U_{dio}\times 0.023\sin\alpha}{\omega I_{dp}} \tag{2-26}$$

式中，U_{dio} 为换流器理想空载直流电压；α 为直流低负荷时的换流器触发角；I_{dp} 为允许的最小直流电流限值。

（4）平波电抗器是直流滤波回路的组成部分。其电感值应与直流滤波器的参数统筹考虑，电感值大，则要求的直流滤波器规模小，反之亦然。因此平波电抗器电感量的取值应与直流滤波器综合考虑，并考虑经济性。

（5）平波电抗器电感量的取值。应避免与直流滤波器、直流线路、中性点电容器、换流变压器等在 50Hz 及 100Hz 处发生低频谐振。

确定平波电抗器的电感量目前没有统一的计算公式，而是通过性能价格比的逐步优化，从而确定一个最优值。根据以往的高压直流输电工程经验及平波电抗器的参数，大部分平波电抗器的工频电抗标幺值通常为 0.2～0.7。

2. 平波电抗器形式

平波电抗器具有干式和油浸式两种形式，如图 2-20 所示。这两种形式的平波电抗器在高压直流输电工程中均有相应的运行经验。

(a) 干式平波电抗器

(b) 油浸式平波电抗器

图 2-20　平波电抗器结构形式

与油浸式平波电抗器比较，干式平波电抗器具有以下优点。

（1）对地绝缘简单。干式平波电抗器虽然安装在高电位，但主绝缘只简单地由支柱绝缘子提供，提高了主绝缘的可靠性。

（2）干式平波电抗器无油绝缘系统，因而没有火灾危险和环境影响，而且使用干式平波电抗器无须提供油处理系统，在阀厅和户外平波电抗器之间也无须设置防火墙。

（3）潮流反转时无临界介质场强。高压直流输电系统的潮流反转需改变电压极性，可能会在油纸复合绝缘系统中产生临界场强；而对于干式平波电抗器，改变电压极性仅在支柱绝缘子上产生应力，没有临界场强的限制。

（4）负荷电流与磁链呈线性关系。由于干式平波电抗器没有铁心，在故障条件下不会出现磁链的饱和现象，在任何电流下都保持同样的电感量。

（5）暂态过电压较低。由于干式平波电抗器对地电容相对于油浸式平波电抗器要小得多，干式平波电抗器要求的冲击绝缘水平较低。

（6）可听噪声低。由于干式平波电抗器无铁心，与油浸式平波电抗器相比，可听噪声较低。

油浸式平波电抗器具有与干式平波电抗器几乎相反的特点，其主要优点如下。

（1）由于油浸式平波电抗器有铁心，要增加单台电感量很容易。

（2）油浸式平波电抗器的油纸绝缘系统很成熟，运行也很可靠。

（3）油浸式平波电抗器安装在地面，因此重心低、抗震性能好。

（4）油浸式平波电抗器采用干式套管穿入阀厅，取代了水平穿墙套管，解决了水平穿墙套管的不均匀湿闪问题。

当直流负荷（$I_d^2L_d$）较大时，选用油浸绝缘平波电抗器较好，因为在这种条件下成本一般较低。由于这种平波电抗器的主要绝缘封闭在绝缘油箱内，抗污秽能力较好。

2.4.4 交流滤波器

交流滤波器有常规无源交流滤波器、有源交流滤波器和连续可调交流滤波器三种形式。目前直流输电工程中，交流滤波器大部分都采用常规无源交流滤波器[8]，因此本节仅论述常规无源交流滤波器。

1. 交流滤波器设备配置原则

换流站配置的交流滤波器主要用于滤除换流器产生的谐波电流和向换流器提供部分基波无功。配置应遵循的原则是：①滤波器额定电压等级一般应与换流器交流侧母线电压等级相同；②应根据谐波电流合理配置相应的单调谐滤波器、双调谐滤波器、三调谐交流滤波器或调谐高通交流滤波器，但类型不宜太多，2～3种为宜；③在满足性能要求和换流站无功平衡的情况下，滤波器分组应尽可能少，尽量使用电容器分组；④全部滤波器投入运行时，应达到满足连续过负荷及降压运行时的性能要求；⑤任一组滤波器退出运行时，均可满足额定工况运行时的性能要求；⑥小负荷（$0.1I_d$）运行时，应使投入运行的滤波器容量为最小。

2. 交流滤波器类型

根据高压直流换流站常规无源交流滤波器的类型（其结构如图 2-21 所示），

按其频率阻抗特性交流滤波器可以分为三种类型：①调谐滤波器，通常调谐至一个或两个频率，最多为三个频率；②高通滤波器，在较宽的频率范围内具有相当低的阻抗；③调谐滤波器与高通滤波器的组合构成多重调谐高通滤波器。

图 2-21　交流滤波器结构型式图

3. 交流滤波高压电容器选择

交流滤波器元件包括高压和低压电容器和电抗器、电阻器。在滤波器的整个投资中，高压电容器投资占了大部分，而且高压电容器的设计制造技术要求高，工艺复杂，其质量及性能直接影响着交流滤波器性能和能否可靠运行。因此，应对高压电容器型式进行合理选择。

2.4.5　直流滤波器

目前高压直流输电工程中所采用的并联直流滤波器主要有无源直流滤波器和有源（混合）直流滤波器两种型式[9]。

1. 直流滤波器配置原则

直流滤波器配置应充分考虑各次谐波的幅值及其在等值干扰电流中所占的比重，即在计算等值干扰电流时，应考虑各次谐波电流的耦合系数及加权系数。在理论上，12 脉波换流器仅在直流侧产生 $12n$（$n=1, 2, \cdots$）次谐波电压。实际上，由于各种不对称因素，包括换流变压器对地杂散电容等，换流器在直流侧产生非特征谐波。其中，由换流变压器杂散电容而产生的次数较低的一些非特征谐波幅值较大，要滤除它们需要较大的滤波器容量。这部分谐波的主要路径是换流变压器→换流阀→大地，而进入直流线路的分量较小。另外，通信线路受到谐波干扰的频域主要在 1kHz 左右，对于 50Hz 的交流系统，20 次左右的谐波分量危害最严重，要重点进行谐波。考虑到同一换流站两极的对称性，两极应配置相同的直流滤波器。目前配置方案主要有以下两种。

（1）在 12 脉波换流器低压端的中性母线和地之间连接一台中性点冲击电容器，以滤除流经该处的各低次非特征谐波，一般不装设低次谐波滤波器以避免增加投资。

（2）在换流站每极直流母线和中性母线之间并联两组双调谐或三调谐无源直流滤波器。中心调谐频率应针对谐波幅值较高的特征谐波并兼顾对等值干扰电流影响较大的高次谐波。

2. 直流滤波器电路类型

直流滤波电路通常作为并联滤波器接在直流极母线与换流站中性线（或地）之间（图 2-22）。直流滤波器的电路结构与交流滤波器类似，也有多种电路结构型式，主要有：具有或不具有高通特性的单调谐、双调谐和三调谐三种滤波器。尽管直流滤波器与交流滤波器有许多类似之处，但也存在着一些重要差别，其主要差别如下。

图 2-22　直流滤波器结构型式图

（1）交流滤波器要向换流站提供工频无功功率，因此通常将其无功容量设计成大于滤波特性所要求的无功设置容量，而直流滤波器则没有这方面的要求。

（2）电压分布特性不同。对于交流滤波器，电压可以认为是均匀分布在多个串联连接的电容器上的；对于直流滤波器，高压电容器起隔离直流电压并承受直流高电压的作用。由于存在直流泄漏电阻，直流电压将沿泄漏电阻不均匀地分布。因此，必须在电容器单元内部装设并联均压电阻。

（3）与交流滤波器并联连接的交流系统在某一频率时的阻抗范围比较大。因此，在特定的电网状态下，如交流线路的投切、电网的局部故障等会引发交流滤波电容与交流系统电感间的谐振。即使是在准确调谐（带通调谐）的交流滤波器电路中也需要采用阻尼措施。但是换流站直流侧的阻抗一般来说是恒定的，因此允许使用准确调谐（带通调谐）的直流滤波器。

直流滤波器电路结构的确定应以直流线路所产生的等效干扰电流为基础。由于特征谐波电流的幅值最大，直流滤波器的电路结构应与这些谐波（即谐波次数为 12, 24, 36, …的谐波）相匹配。

通常在换流站的中性点与大地之间装设起滤波作用的电容器，装设该电容器的作用是为直流侧以 3 的倍次谐波为主要成分的电流提供低阻抗通道。换流变压器绕组存在对地杂散电容，为直流谐波特别是较低次的直流谐波电流提供了通道，因此应针对这种谐波来确定中性点电容器的参数，一般来说，该电容器电容值的选择范围应为十几微法至数毫法，同时还应避免与接地极线路的电感在临界频率上产生并联谐振。

直流滤波器的电路结构通常采用带通型双调谐滤波电路。对于 12 脉波换流器，当采用双调谐滤波器时，通常采用 12/24 及 12/36 的谐波次数组合。图 2-23 给出 12 脉波换流器一个极的直流滤波器示意图。

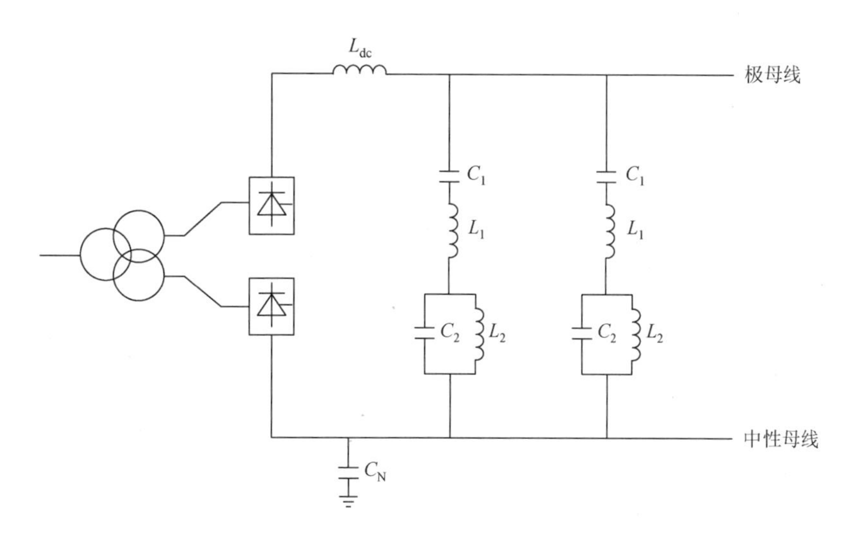

图 2-23　12 脉波换流器一个极的直流滤波器示意图

2.4.6 无功补偿装置

晶闸管换流阀进行换流时，换流器在运行中要从交流系统吸取无功功率。整流侧和逆变侧吸取的无功功率与换流站和交流系统之间交换的有功功率呈正相关，在额定工况时一般为所交换的有功功率的40%～60%。

换流站运行中所需的无功功率不能依靠或不能主要依靠其所接入的交流系统来提供，也不允许换流站与交流系统之间有太大的无功功率交换。这主要是因为当换流站从交流系统吸取或输出大量无功功率时，将会导致无功损耗，同时换流站的交流电压将会大幅度变化。因此，在换流站中根据换流器的无功功率特性装设合适的无功补偿装置，是保证高压直流系统安全稳定运行的重要条件之一。

为了满足换流器无功功率的需求，并保证换流站交流母线的电压稳定，换流站的无功功率特性可采用下列三种方法来描述。

（1）保持换流站的功率因数为常数。当要求保持功率因数为常数时，无功补偿装置必须根据直流负荷的变化以及交流电压的变化作出快速精确的反应。

（2）换流站的功率因数为有功功率的适当函数，即 $\cos\varphi = f(p)$，换流站的无功功率需求与有功功率成正比。可能在换流站的正常有功功率水平下，无功补偿装置及其控制系统可以满足这种特性的要求。但是在直流系统处于低负荷时，由于交流滤波的要求，投入运行的交流滤波器所发出的基波无功功率大于换流器所吸收的无功功率，利用加大换流器的触发角来进行控制往往还不足以完全平衡，因此这时换流站要向交流系统输出无功功率。

（3）如果用 Q 表示换流站与交流系统所交换的无功功率，则可以用 $Q = 0 \pm \Delta Q$ 来表示换流站的无功功率特性。也就是说，换流站与交流系统的无功交换为零，或允许有 ΔQ 的少量交换，这主要由交流系统的无功及电压特性来确定。按照这种特性，换流器所需的无功由换流站自身装设无功补偿装置完全补偿，与交流系统只允许少量的无功交换。而根据这一原则，交流系统只需要解决换流站接入后所出现的其他无功功率及电压问题。目前的高压直流输电系统，一般采用这种特性要求来装设无功补偿装置及其控制系统，其明显的优点是实施简单、投资节省。

换流站装设的无功功率补偿装置一般有如下形式：①交流滤波器及无功补偿电容器组（图 2-24）；②交流并联电抗器；③静止补偿装置；④同步调相机。当所接入的交流系统不是很弱时，一般采用第①种形式。当利用换流站自身的无功特性无法满足运行条件要求时，考虑采用交流并联电抗器，即第②种形式，但其费用较高。第③种形式则相对于前两种形式在对无功功率快速调节和无级调节方面具有更为显著的优势，而且当受端系统为弱系统时，可以提供系统电压的动态稳定性。第④种形式则可以提供系统的短路比，改善换流器的换相条件，提高系统的稳定性，但其投资费用高、运行维护复杂，应尽量避免使用。

图 2-24　交流滤波器及无功补偿电容器组示意图

2.4.7　其他设备

除上述设备之外，换流站还包括避雷器（图 2-25）、开关装置、测量装置、控制与保护装置等。关于避雷器在后面的章节会专门对其性能参数、配置原则等进行详细论述。控制与保护装置相关内容不作为本书重点，此处不再赘述。

图 2-25　直流换流站直流场设备

换流站开关设备不同于一般交流变电站，其特殊之处在于涉及很多直流电流的转换或者分断，既包括交流开关，也包括直流开关。

换流站直流开关按照功能来分，主要有直流中性母线侧的低压直流高速开关、金属回线转换断路器、大地回线转换开关以及双极运行中性线临时接地开关（NBGS）。直流电流不同于交流电流那样存在过零点，因此，开断直流电流必须强迫过零。为了形成开断电流的零点，现有技术主要通过制造振荡电流产生零点的方法实现开断，主要包括有源型和无源型两种方式。无论哪种振荡方式，最后能量的吸收阶段均需要依靠金属氧化物避雷器。另外需要说明的是，换流站中的直流断路器并非是一般的保护电气设备，其操作应遵循换流站预设的控制程序。

换流站交流侧断路器也存在自身的一些特点，使其操作负担要高于一般的断路器，如交流滤波器和无功补偿电容器的频繁操作，且并联电容器组合闸时存在很大的冲击电流，因此，还需要串入限流电抗。另外，换流变压器回路断路器也值得注意，因为其不同于一般交流变电站变压器，换流变压器铁心的直流磁化因素更多。因此，当换流变压器空载投入电网时励磁涌流更大。

2.5 换流站主接线

高压直流输电换流站主要包括换流变压器、换流阀、交直流滤波器、控制与保护装置、交直流开关装置等，分别布置在图 2-12 所示的对应区域内，并按照一定的接线方式进行连接。换流站主接线主要包括换流器组接线、换流变压器与换流阀的连接方式、交流滤波器接入系统方式、直流开关场接线等[1]。

2.5.1 换流器组接线

换流器通常采用三相桥式电路，基本换流单元有 6 脉波和 12 脉波换流单元两种类型，6 脉波和 12 脉波换流器的接线分别如图 2-26（a）和（b）所示。

每极采用 12 脉波换流单元的数量主要与以下因素有关：①单个 12 脉波换流单元的最大制造容量；②换流变压器的制造及运输限制；③分期建设的考虑；④可靠性及可用率；⑤投资考虑；⑥交流系统的要求。其中，单个 12 脉波换流单元的最大制造容量和换流变压器的制造及运输限制通常是确定每极换流器组数的决定性因素。

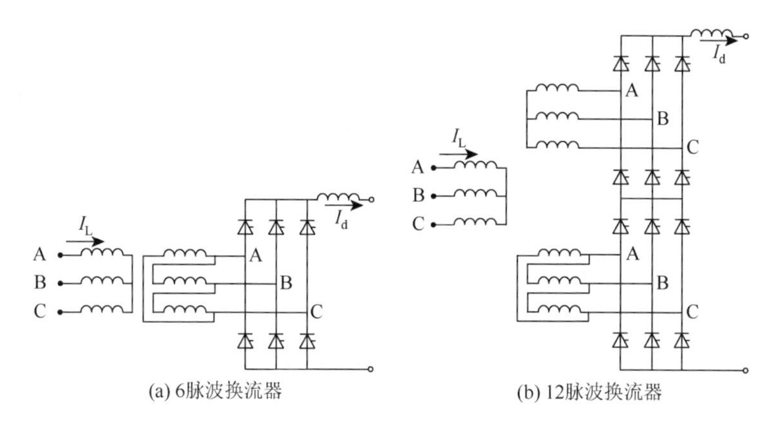

图 2-26　换流器接线图

当直流系统一组基本换流单元故障时会给交流系统带来冲击。若每极采用一组 12 脉波换流器，则换流器故障即为极故障；在直流系统一个极的输送功率比较大，且两端交流系统又比较弱的情况下，每组换流器故障对系统的冲击就比较大；当采用每极两组换流器串联或并联时，一组换流器故障可只退出故障换流器而不停运单极，对交流系统的冲击就会比较小。无论采用每极 1 组 12 脉波换流器，还是采用每极 2 组 12 脉波换流器，直流系统单极故障总会发生，交流系统总是要承受直流单极故障的冲击。因此，交流系统的要求并不是确定每极 12 脉波换流器数量的决定因素，一般必须结合其他方面来综合考虑。

2.5.2　换流变压器与换流阀的连接方式

换流变压器的形式直接影响换流变压器与换流阀的连接及布置，目前高压直流工程普遍采用三相三绕组、三相双绕组、单相三绕组以及单相双绕组这四种类型的换流变压器。根据图 2-26 所示的换流器接线方式，考虑换流变压器的形式，换流变压器与换流阀组的接线组合主要有六种，如图 2-27 所示。

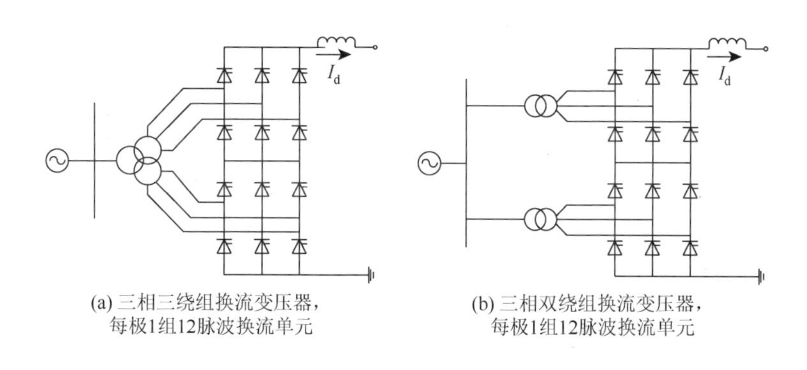

(a) 三相三绕组换流变压器，每极1组12脉波换流单元　　(b) 三相双绕组换流变压器，每极1组12脉波换流单元

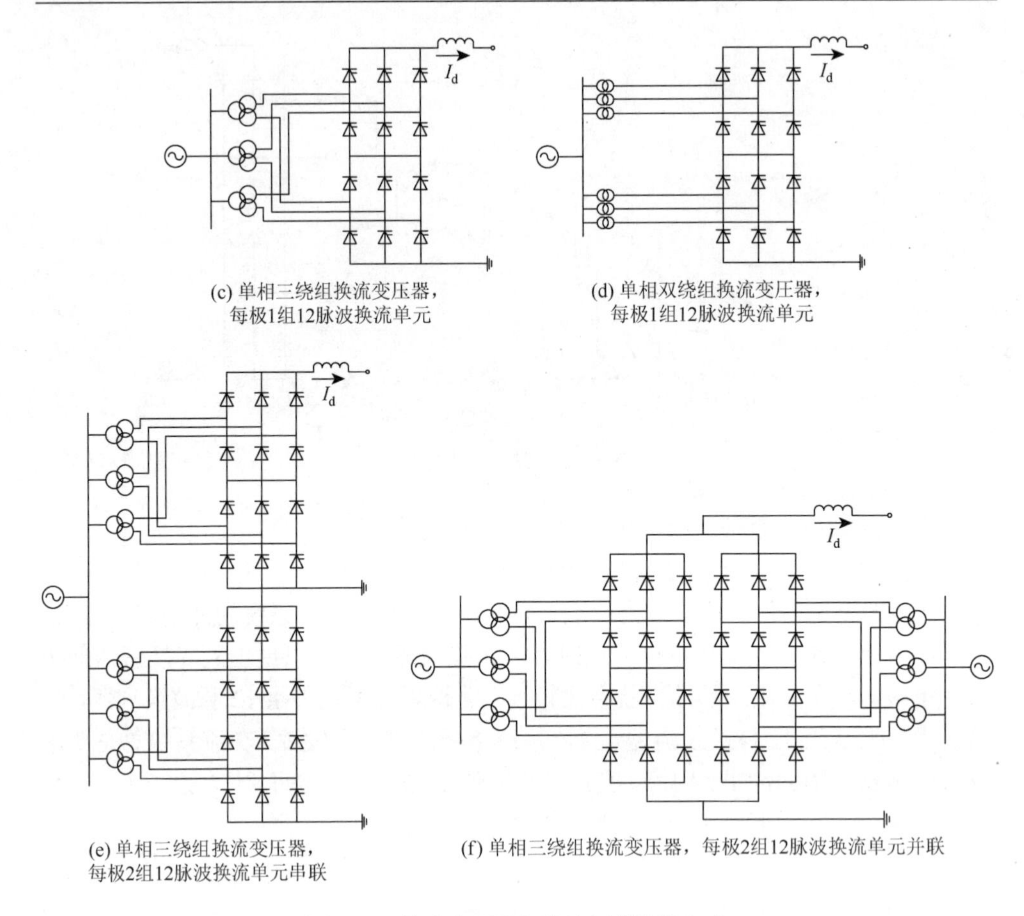

(c) 单相三绕组换流变压器，每极1组12脉波换流单元

(d) 单相双绕组换流变压器，每极1组12脉波换流单元

(e) 单相三绕组换流变压器，每极2组12脉波换流单元串联

(f) 单相三绕组换流变压器，每极2组12脉波换流单元并联

图 2-27　换流变压器与换流阀的连接方式

（1）三相三绕组换流变压器，对于每极 1 组 12 脉波换流单元，每极只用一台，多用于容量较小的直流工程，见图 2-27（a）；

（2）三相双绕组换流变压器，对于每极 1 组 12 脉波换流单元，每极需两台，多用于容量中型的直流工程，见图 2-27（b）；

（3）单相三绕组换流变压器，对于每极 1 组 12 脉波换流单元，每极需 3 台，见图 2-27（c）；

（4）单相双绕组换流变压器，对于每极 1 组 12 脉波换流单元，每极需 6 台，多用于大型直流工程，见图 2-27（d）；

（5）单相三绕组换流变压器，对于每极 2 组 12 脉波换流单元串联或并联，每极需 6 台，多用于大型直流工程，见图 2-27（e）、（f）。

在实际中采用哪一种换流器接线方式，需要根据换流器输送容量、换流阀及换流变压器的生产制造能力以及换流变压器运输尺寸的限制情况等来综合考虑。

换流阀通常布置在阀厅内，由于阀与换流变压器接线组合的差异，换流变压器与阀厅的布置有不同形式，常采用以下方式：①换流变压器单边插入阀厅的布置方式，可适用于各种接线方式；②换流变压器双边插入阀厅的布置方式，可适用于每极 2 组 12 脉波换流器的情况。

换流变压器阀侧套管插入阀厅的优点是：①可利用阀厅内良好的运行环境来减小换流变压器阀侧套管的爬距；②可防止换流变压器阀侧套管的不均匀湿闪；③可省去换流变压器至阀厅的单独穿墙套管。缺点是：①阀厅面积显著增大，增加了阀厅及其附属设施的造价及年运行费用；②增加了换流变压器的制造难度；③换流变压器的运行维护条件较差；④换流变压器的备用相更换不方便。

2.5.3　交流滤波器接入系统方式

高压直流换流站交流侧滤波器通常分成很多组,其接入系统方式如图 2-28 所示。

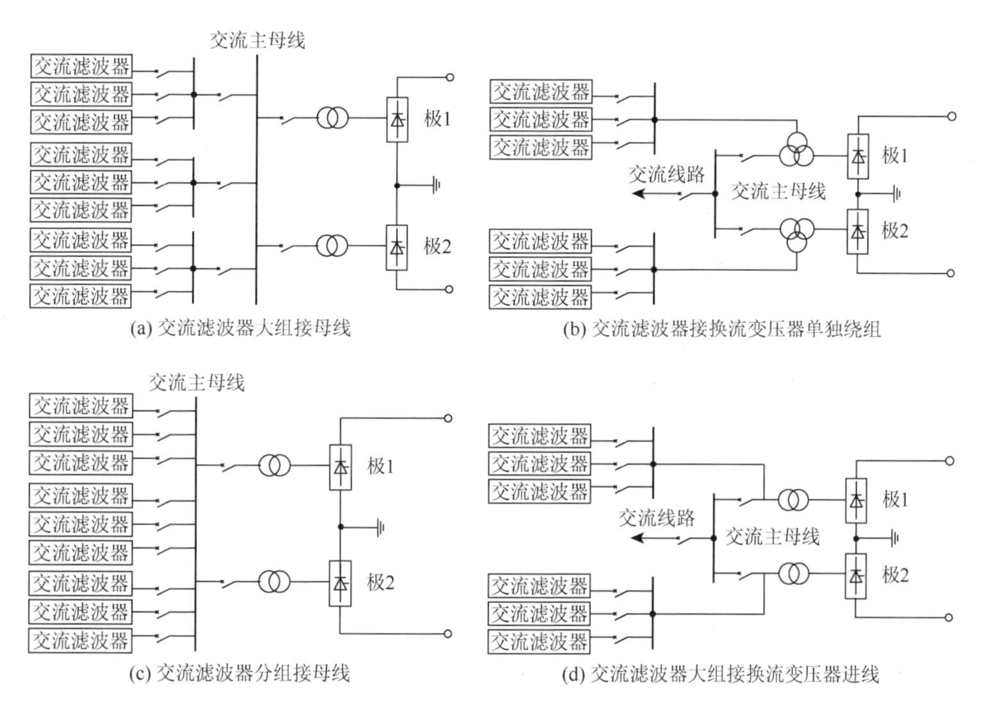

图 2-28　交流滤波器接入系统方式示意图

交流滤波器接入系统方式的特点见表 2-1。在实际工程中，交流滤波器接入系统的方式应结合交流开关场主接线的形式（双母线或 3/2 接线）及布置等综合考虑之后确定。

表 2-1 交流滤波器接入系统方式的特点

序号	接入方式	特点
1	交流滤波器大组接母线	滤波器接线及主母线可靠性高，滤波器分组开关可选用操作频繁的负荷开关；对双极直流系统，便于交流滤波器双极间的相互备用
2	交流滤波器接换流变压器单独绕组	可与无功补偿装置共用，可降低滤波器造价，但换流变压器制造较复杂
3	交流滤波器分组接母线	便于交流滤波器双极间的相互备用；由于交流滤波器投切频繁，断路器故障率较高，会直接影响母线的故障率；投资较少
4	交流滤波器大组接换流变压器进线	交流滤波器按极对应较好，但不便于两极间的相互备用

2.5.4 直流开关场接线

直流开关场的设备主要包括平波电抗器、直流滤波器（部分工程不装直流滤波器）、直流测量装置、避雷器、冲击电容器、耦合电容器、直流开关装置、母线和绝缘子等。直流开关场有双极接线和单极接线，典型的双极直流开关场接线见图 2-29。而直流开关场中性母线的接线，可有图 2-30 所示的三种接线方式。

对于双极直流输电工程，直流开关场的接线通常要适应双极运行方式、单极大地回线方式和单极金属回线方式以及双导线并联大地回线方式等多种运行方式之间的转换。因此，需要在中性线上装设相应的转换开关，以便实现各种接线方式的转换，通常可只在某一个换流站（如整流站）中装设。

2.5.5 特殊结构接线方式

当整流站主要由发电厂直接供给电源时，可以考虑将整流站建在发电厂内，与发电厂的开关站整合建设。此时可将发电机的升压变压器与换流变压器合二为一，省去一级变压。发电机可以接在一个交流母线上，也可以采用单元接线的方式，直接接在换流变压器一个绕组上。发电厂与地区电网的连接可以通过专门的联络变压器，也可以由换流变压器的专门绕组来实现。

当发电厂无地区负荷或者地区负荷很小时，也可以考虑采用发电机-变压器-换流器独立的单元接线方式。每组发电机-变压器-换流器形成一个独立的单元，这些单元在直流侧可以串联，也可以并联。这种接线方式不仅可以省去一级变压，还可以省去换流站的交流母线及其相关的开关设备，而且换流器消耗的无功可由发电机来提供。这种接线方式由于减少了很多设备，结构得到了简化，节省了投资和运行费用，同时提高了运行可靠性，但主要缺点是运行的灵活性较差。

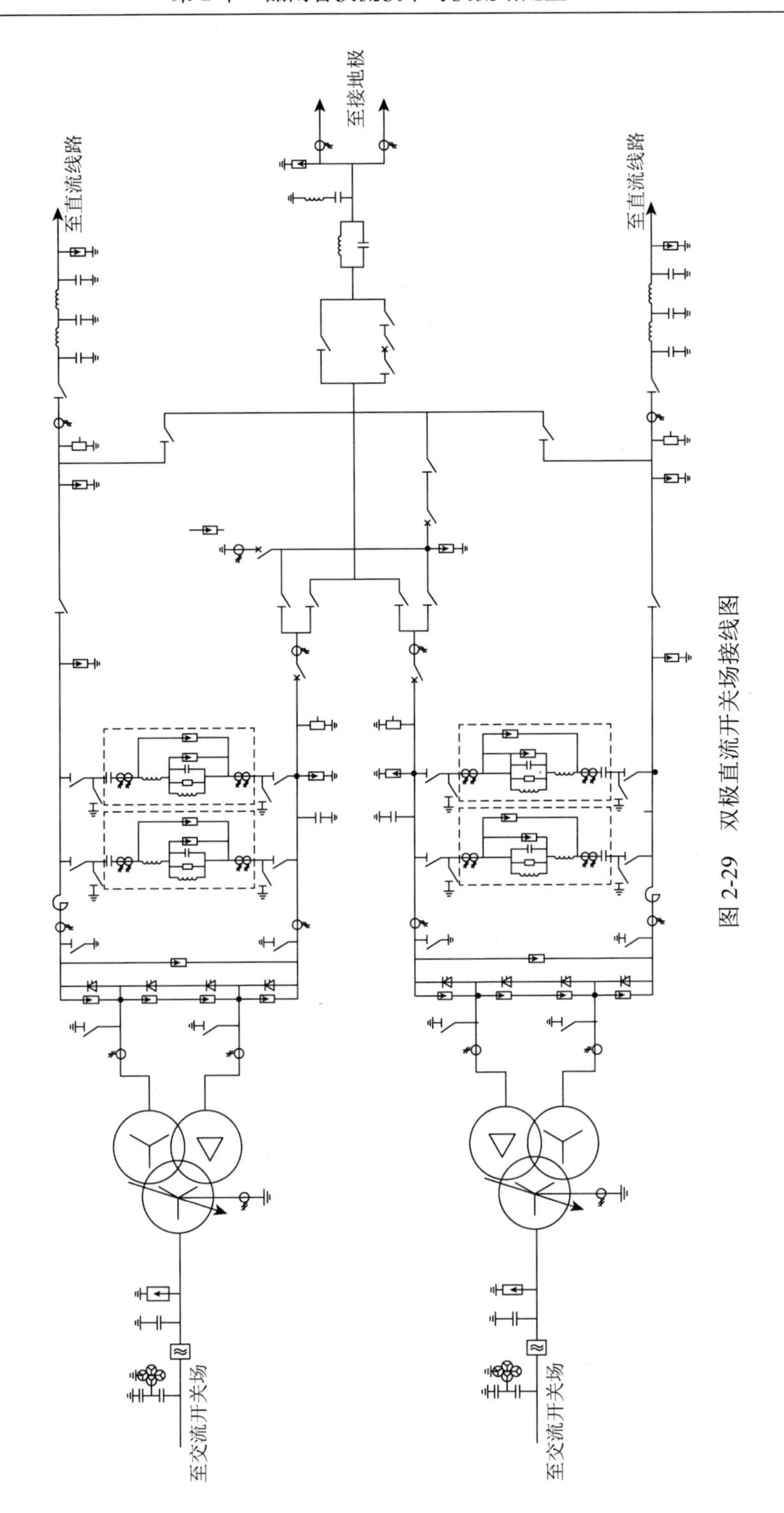

图 2-29　双极直流开关场接线图

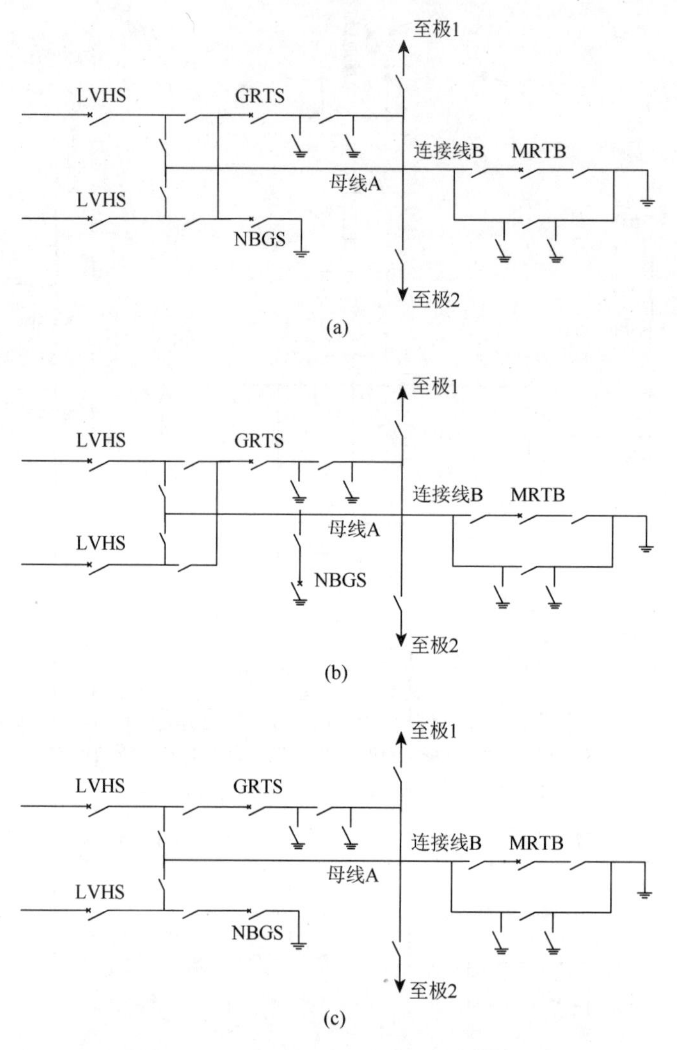

图 2-30　直流开关场中性母线接线图

2.6　换流器控制方式与配置

2.6.1　换流器的控制方式

在高压直流输电控制系统中，换流器控制是基础，它主要通过对换流器触发脉冲的控制和对换流变压器抽头位置的控制，完成对直流传输功率的控制。直流控制系统应能将直流功率、直流电压、直流电流以及换流器触发角等被控量保持在直流一次回路的稳态极限之内，还应能将暂态过电流及暂态过电压都限制在设备容许的范围之内，并保证在交流系统或直流系统故障后，能在规定的响应时间内平稳地恢复送电[10]。

通常，两端直流系统的基本控制原则是电流裕度法，其基本控制特性如图2-31（a）所示。整流侧特性由定直流电流和定最小触发角两段直线构成，而逆变侧特性由定直流电流和定关断角或定直流电压［见图2-31（a）中的虚线］两段特性构成。为了避免两端电流调节器同时工作引起调节的不稳定，逆变侧电流调节器的定值比整流侧一般小0.1p.u.①，即额定直流电流的10%，这就是电流裕度。根据电流裕度控制原则，此电流裕度无论在稳态运行还是在暂态情况下都必须保持，一旦失去电流裕度，直流系统就会崩溃。若电流裕度取得太大，当发生控制方式转换时，传输功率就会减小太多；若电流裕度太小，则可能因运行中直流电流的微小波动致使两端电流调节器都参与控制，造成运行不稳定。

正常运行时，通常以整流侧定直流电流，逆变侧定关断角或定直流电压运行，其运行工作点为图2-31（a）中的N；当整流侧交流电压降低或逆变侧交流电压升高很多时，使整流器进入定最小触发角控制状态，此时逆变器自动转为控制直流电流，其整定值比整流侧的小0.1p.u.，其运行工作点为图2-31（a）中的M。这种整流器和逆变器控制特性的组合，就是电流裕度的控制特性。

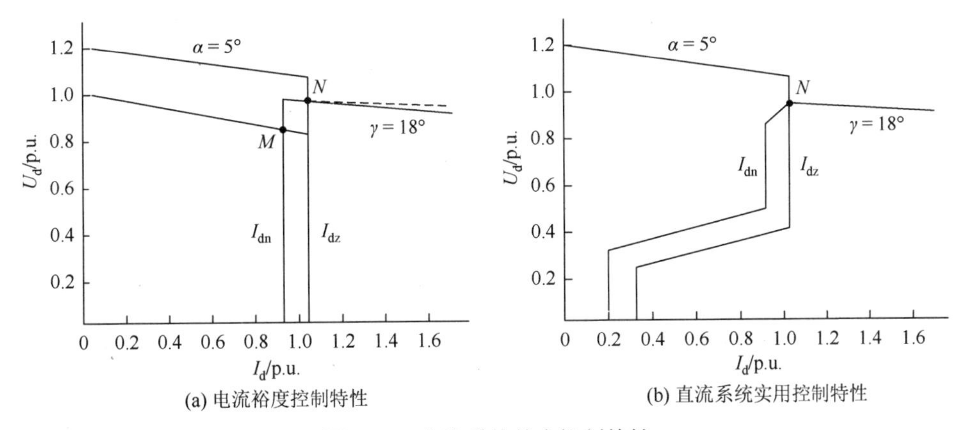

(a) 电流裕度控制特性　(b) 直流系统实用控制特性

图2-31　直流系统基本控制特性

直流输电系统的其他控制功能，如定功率控制、频率控制、阻尼控制等高层控制，都是在此基础上增设的。实际使用的直流输电控制系统，是在基本控制特性的基础上，增加了一些改善措施，其主要有以下几种。

1. 低压限流控制特性

低压限流控制特性（VDCOL）是指在某些故障情况下，当直流电压低于某一

① 英文全称per unit，表示标幺值。

值时，自动降低直流电流调节器的整定值，待直流电压恢复后，又自动恢复整定值的控制功能。

低压限流控制特性的主要作用包括如下。①避免逆变器长时间换相失败，保护换流阀。正常运行时，阀在一个工频周期内仅 1/3 时间导通。逆变侧交流系统故障或因其他原因而发生的换相失败，会造成直流电压下降、直流电流上升、换相角加大、关断角减小，某些阀会长期流过大电流而影响运行寿命，甚至损坏。因此，通过降低电流整定值来减少发生后续换相失败的概率，从而可以保护换流阀晶闸管元件。②在交流系统出现干扰或干扰消失后使系统保持稳定，有利于交流系统电压的恢复。交流系统发生故障后，如果直流电流增加，则换流器吸收的无功功率也增加，这将进一步降低交流电压而使电压不稳定。在交流系统远端故障后的电压振荡期间，可起到类似动态稳定器的作用，改善交流系统的性能。③在交流系统故障切除后，为直流输电系统的快速恢复创造条件，在交流电压恢复期内，通过平稳增大直流电流来恢复直流系统。值得注意的是，如果交流系统故障切除，直流系统功率恢复太快，换流器需要吸收较大的无功功率，将影响交流电压的恢复。因此，对于较弱的受端交流系统，通常要等交流电压恢复后，才能恢复直流的输送功率。

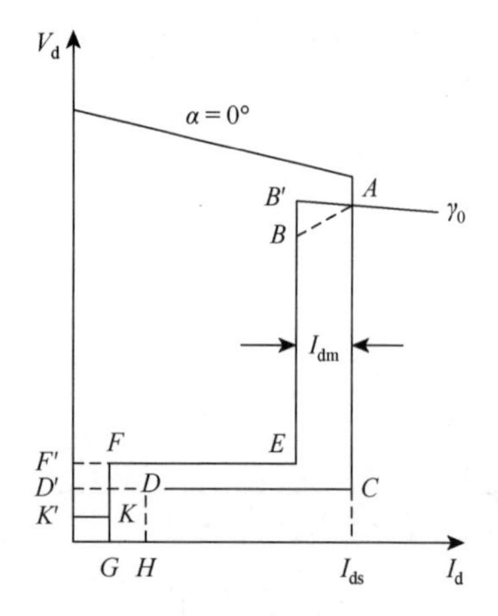

图 2-32　整流侧与逆变侧的低压限流控制特性

典型的低压限流控制特性如图 2-32 所示。图中，CD'和 EF'分别为整流侧和逆变侧的控制曲线。

2. 电流裕度平滑转换特性

如果逆变侧交流系统短路容量较小，图 2-32 的电流裕度特性中的逆变器定γ特性的斜率将大于整流器的定α特性的斜率，此时在两端电流调节器的定值之间没有稳定的运行点，直流电流将在两个定值之间振荡。为了防止上述情况的发生，在实际的控制系统中配备电流裕度平滑特性，即当直流电流在逆变侧电流定值与整流侧电流定值之间（$I_{d0}-\Delta I_d < I_d < I_{d0}$）时，按电流差值增加 γ，从而使逆变器的外特性变为正斜率的直线，即

$$\gamma = [1 + k(I_{d0}-\Delta I_d)/I_{d0}]\gamma_0 \tag{2-27}$$

式中，k 为常数，适当地选取 k 值，可使该特性为正斜率的直线，见图 2-32。

3. 电流裕度补偿控制特性

当进入逆变器定电流控制时，直流电流减小一个裕度，会使直流输送功率相应减小。为了弥补直流功率的减小，可采用电流裕度补偿控制功能。其原理是：同时提高两端电流调节器的定值。当整流侧进入最小触发角限制时，将实际电流

与原电流定值的差加到电流调节器最后的定值上，这个新的定值也将送到逆变侧，以提高逆变侧电流调节器的定值，既补偿直流功率的损失，又保持两端调节器的电流裕度。因此，在基本控制特性上，相当于两个定电流直线同时右移。

4. 双极电流平衡控制特性

直流输电系统双极运行时，其极间不平衡电流将流经两端接地极进入大地。为了尽量减小该电流对地下金属设施的腐蚀作用，一方面要使接地极地址尽可能远离地下设施多的地区，另一方面则是尽量减小极间不平衡电流。采用双极电流平衡控制，则可将不平衡电流减小到额定电流的 1%以下。

2.6.2　换流器控制配置

1. 整流站基本控制配置

1）最小触发角 α_{min} 控制

晶闸管导通必须具备两个条件：①阳极和阴极之间加有正向电压；②控制极上加有足够强度的触发脉冲。而换流阀由数十个乃至上百个晶闸管串联构成，因此换流阀的导通条件与晶闸管一样。在控制极加上触发脉冲时，晶闸管的正向电压太低，会导致各晶闸管导通的一致性变差，影响换流阀的电压分布。最小触发角控制就是为解决这一问题而设的。目前绝大多数直流输电工程采用的最小触发角都是 5°。

2）直流电流控制

直流电流控制也称定电流控制，是直流输电最基本的控制，它可以控制直流输电的稳态运行电流，也用来控制直流输送功率以及实现各种直流功率调制功能，从而改善交流系统的运行性能。当系统发生故障时，直流电流控制能快速限制暂态的故障电流值以保护晶闸管换流阀及换流站的其他设备。因此，直流电流调节器的稳态和暂态性能是决定直流输电控制系统性能的重要因素。

3）直流电压控制

直流电压控制也称定电压控制。按照电流裕度法原则，整流站不需要配备直流电压控制功能，但是为了防止直流回路开路时出现过高的直流电压等问题，通常整流站仍配备直流电压控制功能，其主要目的是限制过电压。其电压整定值通常均略高于额定直流电压值（如 1.05p.u.），当直流电压高于其定值时，将增加 α，起到限压的作用。

4）低压限流控制

关于低压限流特性的响应时间，直流电压下降方向通常取 5～40ms，直流电压上升方向取 40～200ms，个别工程达 1s。

关于低压限流特性的直流电压动作值，按照目前直流输电工程经验，整流站一般取 0.35～0.45p.u.；关于直流电流定值，整流侧通常取 0.3～0.4p.u.，个别工程取 0.1p.u.。

5）直流功率控制

高压直流输电系统往往需要按照预定计划输送功率。当两侧换流母线电压波动不大时，整流侧采用定电流控制，逆变侧采用定电压控制，便可近似地得到定功率控制特性。为了精确控制直流传输功率，通常采用功率调节器来实现定功率控制。功率调节器不直接控制换流器触发脉冲相位，而是以直流电流调节器为基础，通过改变其电流定值的办法来实现功率调节。功率调节器通常控制整流站电流调节器的电流定值，以达到控制功率的目的，但功率调节器却并非一定要装设在整流站，它的装设点往往随主导站而定。这样构成的控制系统是一个多闭环调节系统，为此必须适当选择各调节器的参数，以防止功率调节器与电流调节器之间相互干扰而产生振荡。

为了保证换流器运行在容许范围之内，控制系统还应设置以下的电流限制和 α 限制。

（1）最大电流限制。限制值的确定主要考虑以下因素：2h 过负荷能力限制、冬季过负荷能力限制、动态过负荷能力限制、直流降压运行负荷限制等。通常两端换流站各自计算出本站的最大电流限制值，选出其中较低值作为共同的最大电流限制值，并保证在任何情况下两端的最大电流限制值均相等。

（2）最小电流限制。最小电流限制是为了使直流输电系统不致运行在过低的直流电流水平，以避免直流电流发生断续而引发过电压。直流输电系统正常运行所允许的最小直流电流应当大于断续电流，并考虑留有一定的裕度，一般选为断续电流的 2 倍。通常取最小电流限制值为 10%的额定直流电流。

（3）整流站最小 α 限制。当整流站发生交流系统故障时，为降低故障对直流输送功率的影响，最小 α 限制将 α 快速降低到允许的最小值。在故障消失，交流电压恢复后，如果 α 太小，直流电流会很大。为防止这种情况的发生，整流站可配置最小 α 限制功能。

2. 逆变站基本控制配置

1）定关断角（定 γ）控制

当换流器作逆变运行时，从被换相的阀电流过零算起，到该阀重新被加上正向电压为止这段时间所对应的电角度，称为关断角。如果关断角太小，晶闸管阀来不及完全恢复其正向阻断能力，又重新被加上正向电压，它就会重新自行导通，将发生倒换相过程，出现应该导通的阀反而会关断，而应该关断的阀却会继续导通，这种现象称为换相失败。

逆变器偶尔发生单次换相失败，往往就会自行恢复正常换相，对直流输电系统的运行影响不大。若连续发生换相失败，则会严重扰乱直流功率的传输，甚至导致换流阀等设备出现故障。因此，从保证逆变器安全运行来看，逆变器的关断角应保持大些。另外，逆变侧的关断角调节控制影响直流线路电压，如式（2-28）所示：

$$U_{\mathrm{d}}=U_{\mathrm{d0}}\cos(\gamma+\mu/2)\cdot\cos(\mu/2) \tag{2-28}$$

式中，U_{d}为直流电压；U_{d0}为逆变器的空载理想直流电压；γ为关断角；μ为换相角。

由式（2-28）可见，在电流裕度控制方式下，逆变侧的关断角调节器控制直流线路电压。关断角增大，将使逆变器能维持直流电压的能力降低，从而减少可能传输的直流功率，也就降低了设备利用率。另外，逆变器的功率因数可表示为

$$\cos\varphi=[\cos\gamma+\cos(\gamma+\mu)]/2 \tag{2-29}$$

这与式（2-28）矛盾，合理解决的办法是对关断角进行适当的控制。在正常运行，以保证安全的前提下，维持尽可能小的数值。关断角这一变量可以直接测量，却不能直接控制，只能靠改变逆变器的触发角来间接调节。此外，关断角不仅与逆变器的触发角有关，还与直流系统其他变量有关，可表示为

$$\cos\gamma=\cos\beta+(\sqrt{2}\pi I_{\mathrm{d}}R_{\gamma})/(3E_{\mathrm{n}}) \tag{2-30}$$

式中，β为逆变器触发角；γ为逆变器关断角；I_{d}为直流电流；E_{n}为逆变器阀侧空载线电压；$R_{\gamma}=3X_{\mathrm{r}}/\pi$为逆变器等值换相电阻，$X_{\mathrm{r}}$为逆变器的换相电抗。

实际运行中，R_{γ}、I_{d}和E_{n}都可能发生变化，因而对关断角的控制难以准确进行。在选择关断角整定值时，除了要考虑晶闸管的关断时间外，还应考虑到换流母线电压往往不是理想的三相对称正弦电压，换相回路各相阻抗又难以做到完全相等。换流器的触发脉冲虽然可采用等间距原理，但实际上12脉波逆变器每周期产生的12个关断角不完全相等。为了防止换相失败，关断角调节器应使每个关断角都不小于关断角定值。另外，还要设计一个时间裕度。

控制系统还应考虑当交流系统或直流系统受到扰动时，具有自动增大关断角的功能，以避免发生换相失败。在直流控制系统中，为防止因交流故障而发生换相失败，在逆变侧引入一个换相失败预测的控制。换相失败预测功能包括两个并列部分：一个是检测单相交流故障；另一个是检测三相交流故障。

2）直流电流控制

根据电流裕度控制原则，逆变器也需装设电流调节器，不过逆变器定电流调节器的整定值比整流器的小，在正常工况下，逆变器定电流调节器一般不参与工作。只有当整流侧直流电压大幅度降低或逆变侧直流电压大幅度升高时，才会发生控制模式的转换，变为由整流器最小触发角控制起作用来控制直流电压，逆变

器定电流控制起作用来控制直流电流。同时，还应配备自动电流裕度补偿功能，来弥补与电流裕度定值相等的电流下降，以尽量减少直流输送功率的降低。

3）直流电压控制

逆变站采用定直流电压控制，与定关断角控制相比，定直流电压控制更有利于受端交流系统的电压稳定。在采用定关断角控制的情况下，由于换相角增大，为了保持关断角 γ 不变，关断角调节器将使逆变器 β 增大（$\beta=\gamma+\mu$），并引起逆变器消耗的无功功率增加，造成逆变站换流母线电压进一步降低，可能导致交流电压不稳定而出现换相失败。而采用定电压控制时，当受端电网交流电压下降而导致直流线路电压降低时，为了保证直流电压不变，电压调节器将减小逆变器 β，使得逆变器消耗的无功功率减小，有利于换流母线电压的恢复。此外，在轻负荷时，定电压控制可获得较大的关断角，从而进一步减小换相失败的概率。另外，由于关断角的增加，逆变器消耗的无功功率增加，这对轻负荷时换流站的无功平衡有利。因此，当受端为弱交流系统时，逆变器的正常控制方式往往采用定电压控制，而定关断角控制则作为限制器使用，以防止关断角太小时发生换相失败。

当采用定电压控制时，由于在增大直流电压方向上往往需要留有一定的调节裕量，在额定工况下，这种控制方式保持的关断角比定关断角控制时要大，因而逆变器吸收的无功功率要多些，设备利用率也要低些。

4）低压限流控制

为了保持电流裕度，并与整流侧低压限流控制特性相配合，逆变侧也需设置低压限流控制，且其电压、电流定值、时间常数都必须密切与整流侧配合。低压限流控制的直流电压动作值一般取 0.35～0.75p.u.；直流电流定值，逆变侧通常取 0.1～0.3p.u.。

5）最大触发角限制

为了防止调节器超调导致逆变器触发角 β 太大，造成逆变器关断角太小而引起换相失败故障，逆变器还需设置最大触发角限制，此限制值通常在 150°～160°。

2.6.3 换流器常用控制器模型

1. 基本控制策略

高压直流输电系统通常采用双极结构，但是正负极在控制保护方面是可以相互解耦的，换句话说，双极高压直流输电系统的每一个极就是一个完整的直流输电系统，可以以单极高压直流输电系统进行说明。图 2-33 为单极高压直流输电系统示意图。

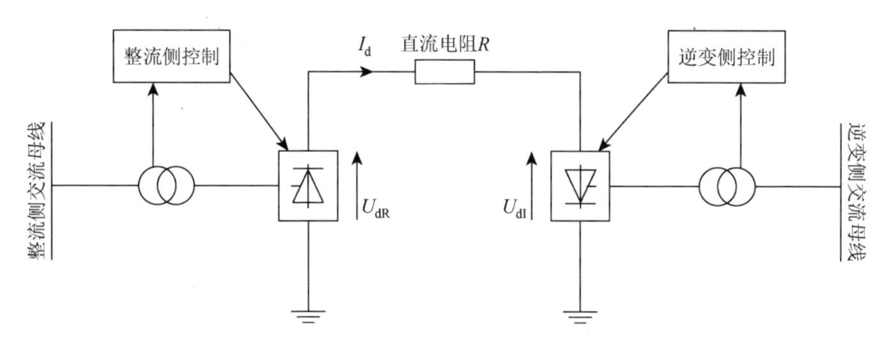

图 2-33　单极高压直流输电系统示意图

直流功率和整流侧、逆变侧直流电压的关系如下：

$$P_d = U_{dR}\frac{U_{dR} - U_{dI}}{R} \tag{2-31}$$

式中，P_d为直流功率；U_{dR}为整流侧直流电压；U_{dI}为逆变侧直流电压；R为直流输电线路电阻。

由式（2-31）可见，高压直流输电系统只要控制好整流侧的直流电压和逆变侧的直流电压，就可以控制直流电流，进而控制直流功率。一般情况下，直流输电线路的电阻较小，因此，直流输电系统任一端直流电压的微小变化将导致直流功率较大变化。高压直流输电系统通常采用以下控制方式：①整流侧通过触发角控制直流电流为指令值，换流变压器分接开关控制触发角在正常运行范围内，额定触发角通常为 15°，触发角正常运行范围通常为 12.5°～17.5°；②逆变侧通常可以采用两种控制方式，一是换流器定熄弧角控制，分接开关控制整流侧直流电压在额定直流电压附近，二是换流器采用定直流电压控制，通过熄弧角控制直流电压为额定值，分接开关控制熄弧角在指定范围内，通常为 17.5°～21.5°。通过逆变侧定熄弧角/定直流电压可实现直流回路电压的稳定，通过整流侧定电流控制可实现直流功率的恒定。

图 2-34 给出了典型极控系统主要部件的框图。

2. 电流控制器

电流控制器（CCA）逻辑框图如图 2-35 所示。CCA 的主要功能包括：①稳态时直流电流零误差；②功率升降时的平稳电流控制；③暂态故障时快速抑制直流电流。也就是说，CCA 时刻保证直流回路电流在指令值上，当直流电流偏离指令值时，可以通过 CCA 的快速控制使直流电流迅速回到指令值。CCA 通常采用高静态增益和合适的动态增益，以确保电流控制的稳定以及响应迅速。图 2-35 中的比例积分环节的比例系数 K_I 和积分时间常数 T_I 是影响电流控制的最关键参数。可以说，直流输电系统运行中，CCA 时刻动作，以保证直流系统按要求运行。

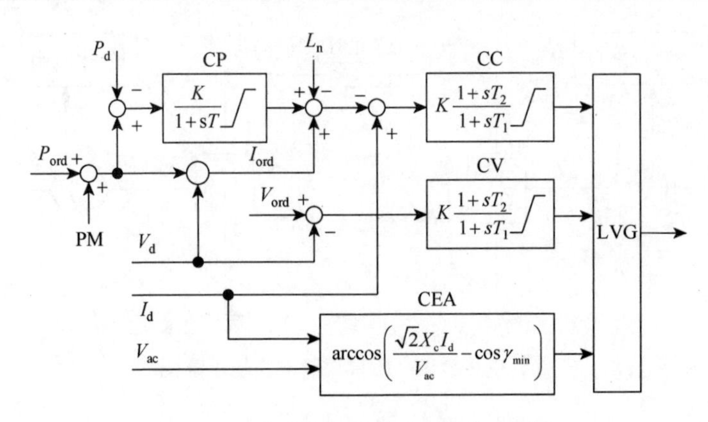

图 2-34　典型极控系统主要部件的框图

P_{ord}-功率指令；CP-定功率；CC-定电流；I_{ord}-电流指令；CV-定电压；CEA-定熄弧角；V_{ord}-电压指令；PM-功率调制；LVG-线性齿波电压发生器

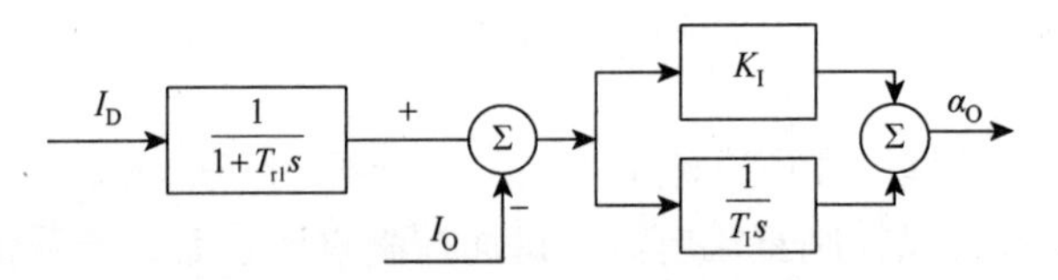

图 2-35　CCA 逻辑框图

通常，当直流系统或者逆变侧交流系统发生短路故障时，直流电流均将迅速上升，此时，CCA 就会开始增加触发角以限制直流电流，进而抑制直流电流的过度上升，防止对换流阀等设备造成不利影响。在故障清除后，CCA 将以适当的速度控制直流电流至故障前水平，保证直流输电系统具有一定的动态和暂态性能。

逆变侧电流控制器与整流侧相同。为了防止整流侧和逆变侧电流控制器同时动作，通常在逆变侧电流控制器上，电流指令值增加 0.1p.u.的裕度，即逆变侧直流电流指令值比整流侧电流指令值小 0.1p.u.，这样，正常运行时，逆变侧电流控制器将不断增大触发角以减小直流电流，当电流控制器输出的触发角大于电压控制器输出的触发角时，就会由电压控制器输出的触发角起作用，进而使得逆变侧电流控制器在正常运行时不起作用。总之，逆变侧通过在直流电流指令值上增加一定的裕度，使得电流控制器不起作用。

3. 低压限流环节

低压限流环节（VDCOL）功能框图如图 2-36 所示。图中，U_D 为直流电压；I_O 为直流电流参考值；I_{OVDCL} 为经过 VDCOL 后的直流电流参考值；U_{DHigh} 为 VDCOL 开始起作用的直流电压值，低于该值，VDCOL 开始减小直流电流参考值；

U_{DLow} 为 VDCOL 达到最小直流电流参考值输出时的直流电压；I_{OLIM} 为 VDCOL 的最小直流电流参考值限值。

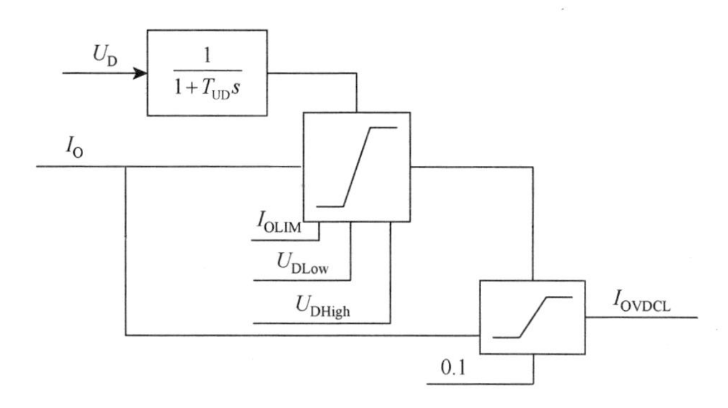

图 2-36　直流系统 VDCOL 功能框图

VDCOL 主要有如下作用：一是受端交流系统出现故障后，直流电压将快速降低，VDCOL 将降低直流电流指令值，进而减小直流电流，这有利于减小直流输电系统消耗无功功率量，进而帮助交流系统快速恢复，防止交流系统出现电压失稳；二是交直流故障后，特别是直流系统故障后，通过适当降低直流电流，促进直流电压的快速恢复，同时防止直流电流快速恢复导致换相失败的出现；三是连续换相失败时，通过降低直流电流，降低阀应力；四是避免直流系统故障恢复时的连续换相失败。VDCOL 是作用于直流电流指令的最后一个功能，CCA 执行的就是 VDCOL 输出的直流电流指令值。

如果系统出现故障导致直流电压降至 U_{DHigh} 以下，直流电流指令的最大限幅值开始下降。如果输入的直流电流指令超过了限幅水平，则输出的直流电流指令 I_{OVDCL} 将降低。直流电流指令的降低可以有效防止逆变端发生交流故障时出现的电压不稳定问题。在 VDCOL 中，直流电压的输入端经过了一个低通滤波器，低通滤波器对直流电压 U_D 降低和升高的时间常数是不一样的。而整流侧和逆变侧对 U_D 升高的时间常数也不一样。整流侧的时间常数应小于逆变侧的时间常数，进而保证整流侧在暂态过程不会失去电流裕度，掌握电流控制权。通常，在直流输电系统发生换相失败等故障时，直流电压将大幅度降低，因此 VDCOL 必然发挥作用。

4. 电压控制器

电压控制器通常在直流输电系统整流侧和逆变侧均配置，通常电压调节器是一个 PI 控制环节，如图 2-37 所示。整流侧电压调节器是电流控制器的最小限幅，即其输出是电流控制器的下限幅，当直流系统出现过电压时，电压控制器将增加触发角，进而减小直流电压。通常，整流侧电压参考值比逆变侧稍大，以保证整流侧能够控制直流电流，逆变侧则控制直流电压。

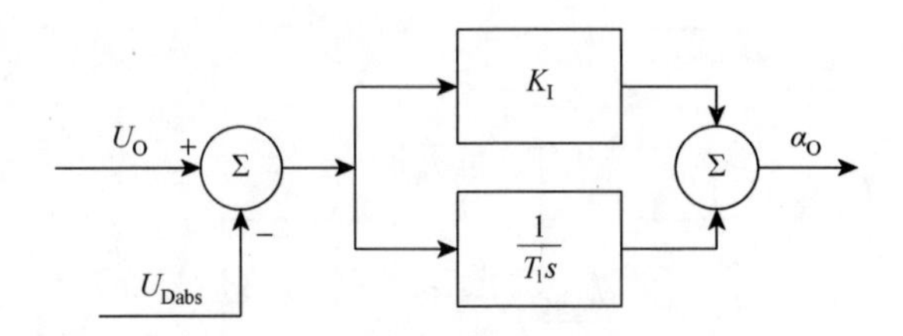

图 2-37　电压控制器功能框图

逆变侧电压控制器的功能框图同整流侧。在采用定熄弧角控制时，逆变侧电压控制器的直流电压参考值设置略高于运行电压。当降压运行时，逆变侧直流电压参考值设置为期望值，从而控制直流电压降到希望值。

5. 逆变侧正斜率控制

逆变侧换流站的直流电压为

$$U_d = U_{dio}\left[\cos\gamma - (d_x - d_r)\frac{I_o}{I_{dN}}\frac{U_{dioN}}{U_{dio}}\right] \tag{2-32}$$

式中，U_{dioN} 为额定理想空载直流电压；U_{dio} 为理想空载直流电压；d_x 为换相电抗；d_r 为换相电阻；I_{dN} 为额定直流电流；I_o 为直流电流指令值。

当直流电流增大时，逆变侧直流电压将降低，这不利于直流系统的稳定，特别是逆变侧接入弱交流系统中时，这种不稳定更加突出。为此，逆变侧通常采用正斜率控制（AMAX），如图 2-38 所示。

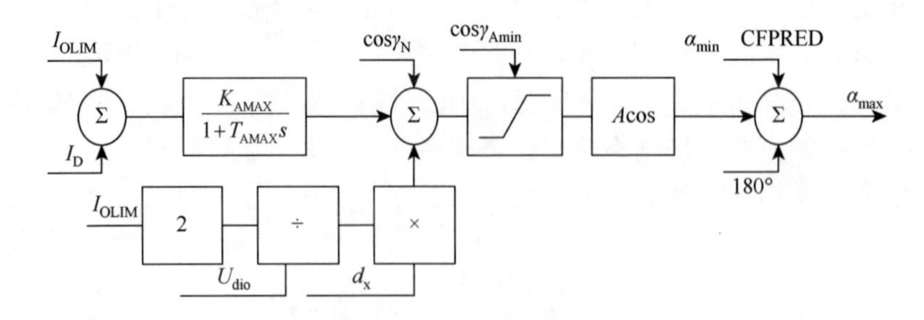

图 2-38　AMAX 控制的功能框图

图 2-38 所示的控制策略，相当于在触发角超前 β 的计算中引入了修正量，β 表示如下：

$$\beta = \arccos\left[\cos\gamma - 2d_x \frac{I_o}{I_{dN}} \frac{U_{dioN}}{U_{dio}} - K_{AMAX}(I_o - I_d)\right] \tag{2-33}$$

式中，K_{AMAX} 为正斜率系数，当直流电流指令和电流响应存在误差时，将适当改变触发超前角使直流电流更接近直流电流指令值。

6. 换相失败预测功能

换相失败预测功能（CFPRED）框图如图 2-39 所示。该功能主要检测逆变侧换流母线三相电压 U_a、U_b、U_c，通过零序分量检测，判断系统发生单相短路、相间短路等不对称故障，通过 α/β 变换检测三相对称故障，当 α/β 变换得到的电压检测量大于阈值$\Delta U_{\alpha\beta}$或者零序分量检测结果大于阈值ΔU_0时，就根据电压跌落程度适当增大逆变侧熄弧角，起到防止换相失败持续发生的作用。该功能通过动态调整时间常数 T_{CFP}，可以保证系统发生故障时快速增加熄弧角，在故障清除后，缓慢恢复熄弧角到正常水平。

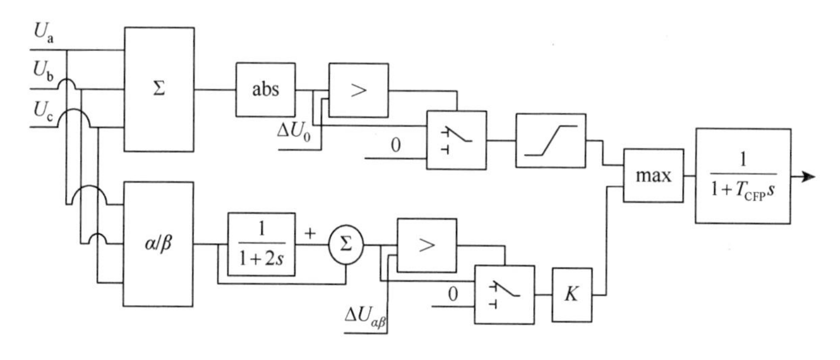

图 2-39　CFPRED 框图

第3章　直流系统运行特性与故障分析

3.1　直流系统稳态运行特性

高压直流输电工程的稳态运行特性主要包括在运行中换流器的外特性、功率特性和谐波特性[1, 10]。

3.1.1　直流系统运行外特性

换流器外特性也称伏安特性，它是指换流器的直流电压和直流电流的关系，即随着直流电流的变化换流器直流电压的变化规律，它可用数学方程式或曲线来描述。在实际工程中，直流输电两端换流站均装设有功能完善的控制保护系统。在控制保护系统的作用下，整流器和逆变器的外特性将有很大变化。在运行中，换流器可能的控制方式主要有以下几种。

（1）定触发角控制。在运行中换流器的触发角恒定不变，即无自动控制功能，整流器为定α控制，逆变器为定β控制，其外特性详见第2章。

（2）定直流电流控制。在运行中由直流电流调节器自动改变触发角α（或β）来保持直流电流等于其电流整定值。整流侧和逆变侧通常均设有电流调节器。为了保证在运行中只有一侧的电流调节器工作，两侧的电流整定值不同。整流侧的整定值比逆变侧大一个电流裕度值ΔI_m，通常ΔI_m取额定直流电流的10%。

（3）定直流功率控制。在运行中由功率调节器通过改变电流调节器的整定值，自动调节触发角，来改变直流电流，从而保持直流功率等于其功率整定值。直流功率控制通常装在整流侧。

（4）定关断角控制。由γ调节器在运行中自动改变β而保持γ等于其整定值。γ调节器只在逆变侧装设。

（5）定直流电压控制。由直流电压调节器在运行中自动改变换流器的触发角α或β，来保持直流电压等于其整定值。通常直流输电工程的直流电压由逆变侧的电压调节器来控制。

（6）无功功率控制（或交流电压控制）。由无功功率（或交流电压）调节器通过自动改变直流电压调节器（或定γ调节器）的整定值，来调节换流器的触发角α（或β），从而保持换流站和交流系统交换的无功功率（或换流站的交流母线电压）在一定的范围内变化。

除上述控制方式外，为了改善换流器或交流系统的运行性能，控制系统还可以有一些附加的控制功能，如 VDCOL、交流系统调频、对交流系统进行紧急功率支援、阻尼低频振荡或次同步振荡的功能等。

在实际运行中，两端换流站之间可有不同的控制方式组合，从而得到不同的外特性组合方式。图 3-1 给出不同控制方式组合的外特性。以下将对可能的控制方式组合进行分析。

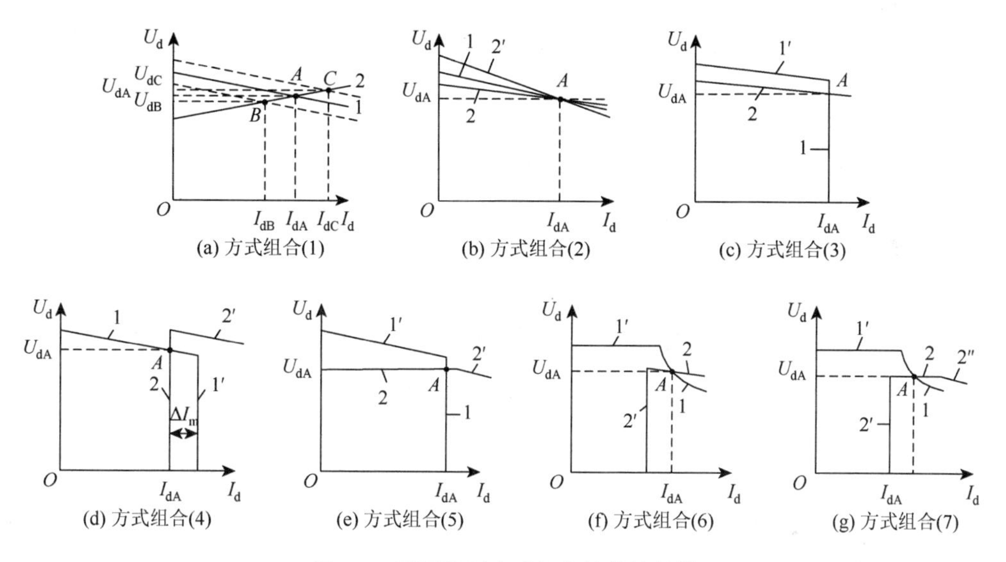

(a) 方式组合(1)　(b) 方式组合(2)　(c) 方式组合(3)　(d) 方式组合(4)　(e) 方式组合(5)　(f) 方式组合(6)　(g) 方式组合(7)

图 3-1　不同控制方式组合的外特性[1]

方式组合（1）：整流器定 α 控制，而逆变器定 β 控制。两端换流站均无自动控制功能。整流侧为定 α 控制，逆变侧为定 β 控制，其外特性方程式可用式（3-1）和式（3-2）表示：

$$U_{d1} = 1.35U_1 \cos\alpha - \frac{3}{\pi} x_{r1} I_d \tag{3-1}$$

$$U_{d2} = 1.35U_2 \cos\beta + \frac{3}{\pi} x_{r2} I_d \tag{3-2}$$

为了便于分析，假定无直流输电线路，即在运行中整流器和逆变器的直流电压相等。此时其外特性如图 3-1（a）所示。图 3-1（a）中直线 1 和 2 分别为整流器和逆变器的外特性线，其交点 A 为稳态运行点，U_{dA} 和 I_{dA} 为稳态运行状态下的直流电压和直流电流。由于换流器外特性的斜率通常均很小，两端交流系统的电压负荷很小的变化就会引起直流电流和直流输送功率大幅度的变化。由图 3-1（a）可知，当整流侧交流电压 U_1 降低或升高时，直流输电的稳态运行点将相应变为 B

点和 C 点。当逆变侧交流电压变化时，也会得到类似的结果。因此，这种控制方式组合的控制特性不好，很少有工程采用。

方式组合（2）：整流器定 α 控制，而逆变器定 γ 控制。整流器无自动控制功能，逆变器由 γ 调节器自动改变 β 而保持 γ 恒定。整流器的外特性方程式见式（3-1），逆变器的外特性方程可用式（3-3）表示：

$$U_{d2}=1.35U_2\cos\gamma-\frac{3}{\pi}x_{r2}I_d \tag{3-3}$$

其外特性见图 3-1（b）。图 3-1（b）中直线 1 和 2 分别为整流器和逆变器的外特性线，其交点 A 为稳态运行点。这种控制方式组合的控制特性与图 3-1（a）类似。

另外，当受端为弱交流系统时，逆变器外特性的斜率要大于整流器，见图 3-1（b）中直线 2′。在这种情况下，直流电流稍有增加，就会引起逆变器的直流电压降比整流器的直流电压降要高，从而使 I_d 循环增大，直流输电系统无法稳定运行。因此，一般不采用这种控制方式组合。

方式组合（3）：整流器定直流电流控制，而逆变器定 γ 控制。在这种控制方式组合下，整流器由定电流控制保持直流电流恒定，逆变器由定 γ 控制保持 γ 恒定。其外特性曲线见图 3-1（c）。整流器的外特性是以直流电流为横轴与纵轴平行的直线 1，逆变器的外特性为直线 2，其交点 A 为稳态运行点。图 3-1（c）中还给出整流器的 α 最小控制特性 1′。这种控制方式组合，是利用整流器的定电流控制来防止电流的大幅度变化，同时利用逆变器的定 γ 控制在逆变器安全运行的条件下保持直流电压最高，从而得到最好的运行经济性能。因此，这种控制方式组合既可避免上述两种方式组合的缺点，又能得到较好的运行性能，是直流输电工程经常采用的方式组合。

方式组合（4）：整流器定 α 控制，而逆变器定直流电流控制。在这种控制方式组合下，整流器无自动控制功能，逆变器由电流调节器自动改变 β 来保持直流电流恒定。图 3-1（d）给出这种方式组合的外特性。图 3-1（d）中直线 1 为整流器的 α 最小控制特性，直线 2 为逆变器的定直流电流特性，其交点 A 为稳态运行点。图 3-1（d）中还给出整流器的定直流电流特性 1′和逆变器的定 γ 最小控制特性 2′。从图 3-1（d）上可看出，整流器和逆变器的电流调节器整定值之差为 ΔI_m。也就是说，当直流输电在运行中自动从整流器定电流控制转为逆变器定电流控制时，直流电流将减小 ΔI_m，与此同时直流输送功率也相应降低。

方式组合（5）：整流器定直流电流控制，逆变器定直流电压控制。在这种控制方式组合下，整流器由定电流调节器来控制直流电流，而逆变器由定电压调节器来控制直流电压。其外特性曲线见图 3-1（e），图 3-1（e）中直线 1 为整流器的定直流电流特性，直线 2 为逆变器的定直流电压特性，其交点 A 为稳态运行点。

图 3-1（e）中还给出整流器α的最小控制特性 1′以及逆变器的γ最小控制特性 2′。在这种控制方式组合下，由于其稳态运行点的γ大于γ_{min}，其运行的安全性比图 3-1（c）要好，但经济性变差。

方式组合（6）：整流器定直流功率控制，逆变器定γ控制。在这种控制方式组合下，由整流器的定功率调节器，通过自动改变电流调节器的整定值，从而改变α，来保持直流输送功率为功率整定值；逆变器则由定γ调节器来保持γ恒定，通常此时的γ取γ_{min}。由于直流功率等于直流电压和直流电流的乘积，当保持直流功率恒定时，$P_d = U_d I_d$。此时整流器的外特性为一双曲线，见图 3-1（f）中的双曲线 1。逆变器的外特性是由式（3-3）所确定的直线，见图 3-1（f）中的直线 2。其交点A为稳态运行点。图 3-1（f）中还给出整流器的最大直流电压控制特性 1′和逆变器的定直流电流特性 2′。

方式组合（7）：整流器定直流功率控制，逆变器定直流电压控制。此时整流器的外特性与图 3-1（f）相同，为双曲线 1；逆变器的外特性为以直流电压为纵轴与横轴平行的直线 2。其交点A为稳态工作点，其外特性曲线见图 3-1（g）。图 3-1（g）中还给出整流器的最大直流电压控制特性 1′、逆变器的定直流电流特性 2′和最小γ控制特性 2″。

直流输电工程在运行中，通常是由整流器的控制方式来确定直流电流或直流输送功率，而由逆变器的控制方式来确定直流电压，只有当整流侧交流系统电压下降太多或逆变侧直流电压上升太高，使整流器失去控制能力即α调到最小时，才自动转为由逆变器的控制方式来确定直流电流，此时的直流电压则由整流侧的交流电压来确定。

图 3-2 给出某±500kV 直流输电工程的外特性图。图中整流器的外特性由 1、2、3、4、5 线段组成，逆变器的外特性由 6、7、8、9、10、11 线段组成，它们分别表示如下。

线段 1：整流器直流电压控制特性，用来限制最大直流电压，可取电压整定值为额定直流电压的 1.1 倍。

线段 2：最小α控制特性，通常取α最小为 5°。

线段 3：整流器定直流电流控制特性，电流整定值可在其最小值和最大值之间变化。最小值取额定直流电流的 10%，最大值为过负荷电流值。

线段 4：整流器的低压限流 VDCL 控制特性。当直流电压降到一定数值时，为了改善换流器的运行特性，控制系统自动降低直流电流。通常取电压降低到额定直流电压的 30%～40%时，可将直流电流降到额定直流电流值的 30%。

线段 5：低压限流 VDCL 动作后，整流器的定电流控制特性，可取额定直流电流的 30%。

线段 6：逆变器的定γ控制特性，可取γ为 15°～18°。

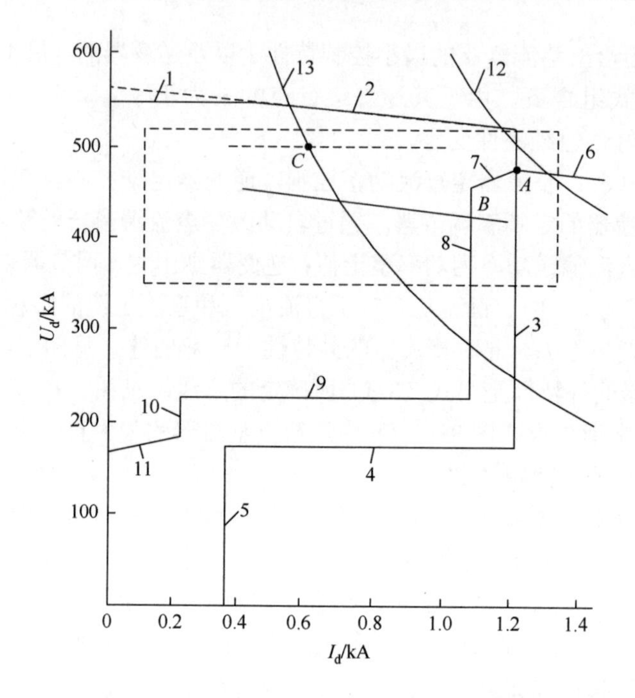

图 3-2　某±500kV 直流输电工程外特性图

线段 7：逆变器的电流差值控制特性，是为了防止在整流器定电流控制转为逆变器定电流控制的过程中产生电流振荡的不稳定情况，逆变器所采取的一种控制特性。

线段 8：逆变器的定电流特性，其电流整定值比整流器的额定直流电流小约 10%。

线段 9：逆变器的低压限流 VDCL 控制特性，当直流电压降低到额定直流电压的 40%～50%时，控制系统自动将直流电流降低到额定直流电流的 20%左右。

线段 10：逆变器在低电压限电流动作后的定电流控制特性，可取额定直流电流的 20%。

线段 11：逆变器的最大 β 限制特性，可取 $\beta=60°\sim70°$。

图 3-2 还给出了在额定直流功率和 1/2 额定直流功率时，整流器的定功率特性，见双曲线 12 和 13。整流器定电流控制而逆变器定 γ 控制时的稳态运行点为 A，当整流侧交流电压降低或逆变侧直流电压升高，而使整流器运行在 $\alpha_{\min}$ 控制，逆变器运行在定电流控制时，稳态运行点移到 B。整流器定功率控制（$P_{\rm d}$ 为 1/2 的额定值）、逆变器定直流电压控制（额定直流电压）的稳态运行点为 C。

3.1.2　换流器功率特性

1. 换流器有功功率

换流器有功功率为换流器的直流电压和直流电流的乘积，对于整流器和逆变器可分别表示为

$$P_{d1}=U_{d1}I_{d1} \tag{3-4}$$

$$P_{d2}=U_{d2}I_{d2} \tag{3-5}$$

$$I_d=\frac{U_{d1}-U_{d2}}{R_d} \tag{3-6}$$

$$U_{d1}=\frac{1}{2}U_{d01}[\cos\alpha+\cos(\alpha+\mu_1)]=U_{d01}\cos\alpha-\frac{3}{\pi}x_{r1}I_d \tag{3-7}$$

$$U_{d2}=\frac{1}{2}U_{d02}[\cos\gamma+\cos(\gamma+\mu_2)]=U_{d02}\cos\gamma-\frac{3}{\pi}x_{r2}I_d \tag{3-8}$$

在运行中可通过改变 α 或 γ 以及 U_1 或 U_2 来改变 I_d 和 U_d，从而可得到不同的 P_d。对于一个给定的交流和直流系统，当 U_1 和 U_2 为最大值，α 或 γ 为最小值，I_d 为最大值，x_{r1} 和 x_{r2} 给定时，可得到换流器的最大有功功率。以下分析在给定的系统条件下整流器和逆变器的有功功率与直流电流的关系。对于给定的系统条件，U_1、U_2、x_{r1}、x_{r2}、α 或 γ 均为常数，P_{d1} 和 P_{d2} 可表示为

$$P_{d1}=\left(U_{d01}\cos\alpha-\frac{3}{\pi}x_{r1}I_d\right)\cdot I_d=K_1I_d-K_2I_d^2 \tag{3-9}$$

$$P_{d2}=\left(U_{d02}\cos\gamma-\frac{3}{\pi}x_{r2}I_d\right)\cdot I_d=K_3I_d-K_4I_d^2 \tag{3-10}$$

式中，$K_1=U_{d01}\cos\alpha$；$K_2=\frac{3}{\pi}x_{r1}$；$K_3=U_{d02}\cos\gamma$；$K_4=\frac{3}{\pi}x_{r2}$。

图 3-3 给出整流器的有功功率与直流电流的关系曲线，对于逆变器也可以得到类似的结果。

由图 3-3 可知，对于给定的系统条件，随着 I_d 的增加，P_d 增加的速度将减慢，当 $I_d=I_{dPM}$ 时，P_d 到最大值，I_d 再继续增加，P_d 将减小。对式（3-9）和式（3-10）分别取导数，可得

$$\frac{dP_{d1}}{dI_d}=K_1-2K_2I_d \tag{3-11}$$

$$\frac{dP_{d2}}{dI_d}=K_3-2K_4I_d \tag{3-12}$$

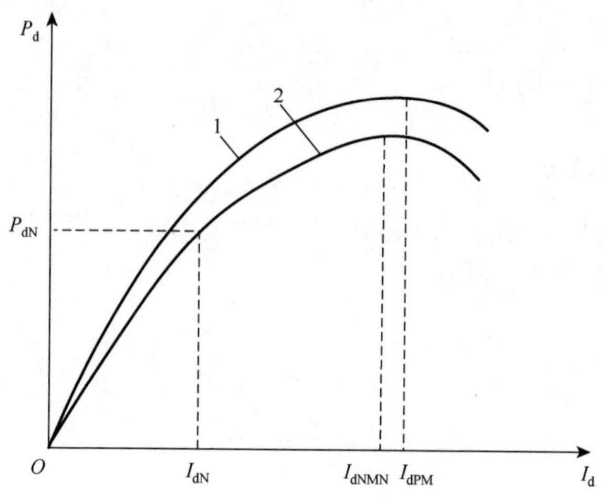

图 3-3　整流器 P_d 与 I_d 关系曲线图

1-$\alpha=\alpha_{min}$；2-$\alpha=\alpha_N$

当 $\dfrac{dP_{d1}}{dI_d}=0$ 和 $\dfrac{dP_{d2}}{dI_d}=0$ 时，可分别求得整流器和逆变器在给定的系统条件下，达到最大有功功率时的直流电流值 I_{dPM1} 和 I_{dPM2} 为

$$I_{dPM1}=\frac{K_1}{2K_2}=\frac{U_{d0}\cos\alpha}{\frac{6}{\pi}x_{r1}} \tag{3-13}$$

$$I_{dPM2}=\frac{K_3}{2K_4}=\frac{U_{d0}\cos\gamma}{\frac{6}{\pi}x_{r2}} \tag{3-14}$$

由式（3-13）和式（3-14）可知，随着 α 或 γ 和 x_{r1} 或 x_{r2} 的加大，以及 U_1 或 U_2 的减小，I_{dPM1} 和 I_{dPM2} 将相应地减小，即直流换流器达到最大有功功率的直流电流值将减小。图 3-3 中曲线 1 为 $\alpha=\alpha_{min}$ 时，换流器的最大有功功率与直流电流的关系。在曲线 1 以下的范围内，可得到对于不同 α 的一族曲线。曲线 2 为额定触发角 α_N 的情况，当直流换流器与弱交流系统相连时，x_{r1} 和 x_{r2} 均较大，从而使 I_{dPM1} 和 I_{dPM2} 减小。通常换流器的额定容量 P_{dN} 和额定电流 I_{dN} 均比其最大值要小得多。只有在故障情况下，当 I_d 大幅度增加时，换流器才有可能瞬时接近其最大有功功率。

2. 换流器功率因数

1）整流器功率因数

由于存在触发角 α 和换相角 μ_1，整流器交流侧的电流总是滞后其电压相位，即整流器在运行中需要消耗无功功率[1, 3]。当直流换流站交流母线上装有滤波器时，可认为谐波电流均被滤波器所吸收，而流入交流系统的电流为基波电流。此时，整流器的功率因数可以近似地认为是由基波电流和基波电压的相位差 φ_1 所决定的，即 $\cos\varphi_1$。在忽略整流器损耗的情况下，整流器交流侧的基波有功功率即等于其直流功率，可表示为

$$P_1 = P_{d1} = U_{d1}I_d = \sqrt{3}U_1 I_1 \cos\varphi_1 \tag{3-15}$$

$$\cos\varphi_1 = \frac{U_{d1}I_d}{\sqrt{3}U_1 I_1} \tag{3-16}$$

已知

$$U_{d1} = \frac{1}{2}U_{d01}[\cos\alpha + \cos(\alpha+\mu_1)] = \frac{\sqrt{18}}{2\pi}U_1[\cos\alpha + \cos(\alpha+\mu_1)] \tag{3-17}$$

$$I_d = \frac{\pi}{\sqrt{6}}I_1 \tag{3-18}$$

将 U_{d1} 和 I_d 代入式（3-16），可得

$$\cos\varphi_1 = \frac{1}{2}[\cos\alpha + \cos(\alpha+\mu_1)] \tag{3-19}$$

如果只将 I_d 代入式（3-16），则可得

$$\cos\varphi_1 = \frac{U_{d1}}{U_{d01}} \tag{3-20}$$

将式（3-7）代入式（3-20），则可得 $\cos\varphi_1$ 的另一种表达公式为

$$\cos\varphi_1 = \frac{U_{d1}}{U_{d01}} = \frac{U_{d01}\cos\alpha - \dfrac{3}{\pi}x_{r1}I_d}{U_{d01}} = \cos\alpha - \frac{x_{r1}I_d}{\sqrt{2}U_1} \tag{3-21}$$

图 3-4 给出整流器 U 相电压和电流的相位关系波形图，其中 U-U 和 I-I 轴线分别为相电压 u_u 和相电流 i_u 正半波的中线，它们之间的相角差即为基波功率因数角 φ_1。阀导通区的基频角度为 $120°+\mu_1$，将 i_u 正半周波近似地看作梯形，则中线

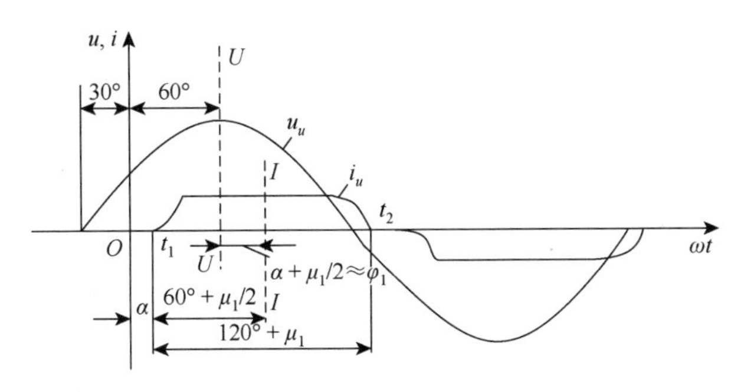

图 3-4　整流器基波功率因数角示意图

I-I 与开通时刻 t_1 和关断时刻 t_2 的相位差均为 $60° + \mu_1/2$。因此，可近似认为基波功率因数角为

$$\varphi_1 = \alpha + \frac{\mu_1}{2} \tag{3-22}$$

2）逆变器功率因数

逆变器功率因数的分析方法与整流器相同，但其表达公式不同，对逆变器而言

$$P_2 = P_{d2} = U_{d2}I_d = \sqrt{3}U_2 I_2 \cos\varphi_2 \tag{3-23}$$

$$\cos\varphi_2 = \frac{U_{d2}I_d}{\sqrt{3}U_2 I_2} \tag{3-24}$$

已知

$$U_{d2} = \frac{1}{2}U_{d02}[\cos\gamma + \cos(\gamma+\mu_2)] = \frac{\sqrt{18}}{2\pi}U_1[\cos\gamma + \cos(\gamma+\mu_2)] \tag{3-25}$$

$$I_d = \frac{\pi}{\sqrt{6}}I_2 \tag{3-26}$$

将 U_{d2} 和 I_d 代入式（3-24），可得

$$\cos\varphi_2 = \frac{1}{2}[\cos\gamma + \cos(\gamma+\mu_2)] \tag{3-27}$$

同样可得

$$\cos\varphi_2 = \frac{U_{d2}}{U_{d02}} \tag{3-28}$$

将式（3-8）代入式（3-28），则可得 $\cos\varphi_2$ 的另一种表达公式为

$$\cos\varphi_2 = \cos\gamma - \frac{x_{r2}I_d}{\sqrt{2}U_2} \tag{3-29}$$

图 3-5 给出逆变器 *U* 相电压和电流的相位关系波形图，其中 *U-U* 和 *I-I* 轴线分别为相电压 u_u 和相电流 i_u 正半波的中线，它们之间的相角差可近似用 φ_2' 表示。

从图 3-5 可知

$$\varphi_2' \approx 120° - (\mu_2 + \gamma) + \left(60° + \frac{\mu_2}{2}\right) = 180° - \left(\gamma + \frac{\mu_2}{2}\right) \tag{3-30}$$

将 $\gamma = \beta - \frac{\mu_2}{2}$ 代入式（3-30），可得

$$\varphi_2' = 180° - \left(\beta - \frac{\mu_2}{2}\right) \tag{3-31}$$

因此，在以换相电压 U_u 相量为基准的旋转坐标上，电流相量将位于第三象限。这表明交流系统向逆变器送负的有功功率和滞后的无功功率，也就是说逆变器向

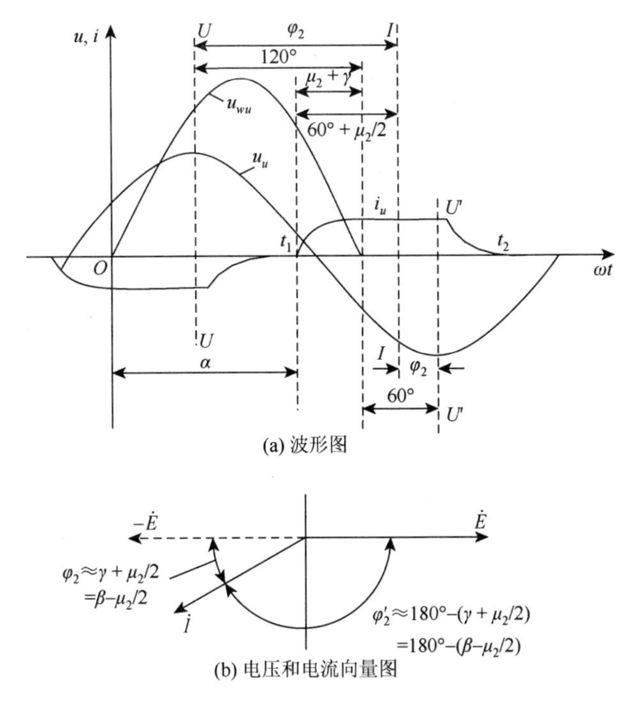

图 3-5　逆变器基波功率因数角示意图

受端交流系统输送的是正有功功率和越前的无功功率。越前的功率因数角即为电流相量越前于负的相电压相量之间的相位角 φ_2，可表示为

$$\varphi_2 = 180° - \varphi_2' = \gamma + \frac{\mu_2}{2} = \beta - \frac{\mu_2}{2} \tag{3-32}$$

3. 换流器无功功率

由以上分析可知，无论换流器运行在整流工况还是逆变工况，换流器均需要从交流系统吸取无功功率，或者说它均需要消耗无功功率。整流器和逆变器消耗的无功功率可用式（3-33）和式（3-34）来表示，其中 φ_1 和 φ_2 分别为整流器和逆变器的功率因数角：

$$Q_{C1} = P_{d1} \tan \varphi_1 \tag{3-33}$$

$$Q_{C2} = P_{d2} \tan \varphi_2 \tag{3-34}$$

式中

$$\tan \varphi_1 = \frac{\sin \varphi_1}{\cos \varphi_1} = \frac{\sqrt{1 - \cos^2 \varphi_1}}{\cos \varphi_1} = \frac{\sqrt{1 - \left(\dfrac{U_{d1}}{U_{d01}}\right)^2}}{\dfrac{U_{d1}}{U_{d01}}} = \sqrt{\left(\frac{U_{d01}}{U_{d1}}\right)^2 - 1} \tag{3-35}$$

$$\tan\varphi_2 = \sqrt{\left(\frac{U_{d02}}{U_{d2}}\right)^2 - 1} \tag{3-36}$$

因此，换流器消耗的无功功率又可表示为

$$Q_{C1} = P_{d1}\sqrt{\left(\frac{U_{d01}}{U_{d1}}\right)^2 - 1} \tag{3-37}$$

$$Q_{C2} = P_{d2}\sqrt{\left(\frac{U_{d02}}{U_{d2}}\right)^2 - 1} \tag{3-38}$$

换流器的功率特性通常是指换流器在运行中消耗的无功功率与其有功功率之间的关系。由上述公式可知，换流器消耗的无功功率与其有功功率成正比，比例系数为 $\tan\varphi$。在给定的系统条件下，换流器的功率特性与其控制方式有关。图 3-6 给出了当换流器交流侧电压恒定（即 U_{d0} = 常数）时，在不同的控制方式下，换流器功率特性示意图。

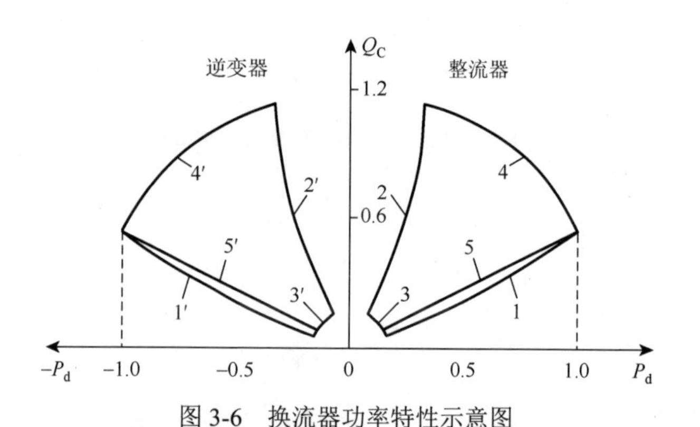

图 3-6　换流器功率特性示意图

1 和 2-整流器的 α_{min} 和 α_{max} 特性；3 和 4-整流器的 I_{min} 和 I_{max} 特性；1′和 2′-逆变器的 γ_{min} 和 γ_{max} 特性；3′和 4′-逆变器的 I_{min} 和 I_{max} 特性；5 和 5′-整流器和逆变器的定直流电压的功率特性

在定电流控制方式下，其功率特性是以圆心为原点的一段圆弧，其半径与直流电流成正比，如图 3-6 所给的曲线 3 和 4 以及 3′和 4′所示，其中 3 和 3′分别对应整流器和逆变器的 I_{min}；4 和 4′分别对应整流器和逆变器的 I_{max}。对于定直流电压控制方式，由于 U_d = 常数，U_{d0} = 常数，从而使 $\tan\varphi$ = 常数。因此，其功率特性为通过原点的直线，其斜率为 $\tan\varphi$。图 3-6 给出的直线 5 为整流器定直流电压的功率特性，直线 5′为逆变器定直流电压的功率特性。当直流电压降低时，φ 将加大，直线的斜率则随之加大。对于整流器定 α 控制方式和逆变器定 γ 控制方式，其功率特性如图 3-6 中的 1 和 2 以及 1′和 2′所示，其中 1 和 2 对应整流器的 α_{min} 和 α_{max}，1′和 2′对应逆变器的 γ_{min} 和 γ_{max}。

对于一个给定的直流输电工程，换流器在运行中将受到工程设计时所规定的I_{min}、I_{max}、α_{min}、α_{max}、γ_{min}、γ_{max}的限制。因此，其功率特性只能在一定的范围内变化。图3-6中由1、3、2和4曲线所包围的区域为整流器功率特性的变化范围；由1′、3′、2′和4′所包围的区域为逆变器功率特性的变化范围。通常I_{min}取额定直流电流的10%；I_{max}则由换流站的过负荷能力所决定。α_{min}一般取5°；α_{max}则按照工程对无功功率调节的要求在设计时确定，若无特殊要求，通常α_{max}均小于60°。对于直流背靠背工程，当需要利用直流输电进行大幅度的无功功率调节时，α_{max}可增大到接近90°。这将使换流站主要设备的运行条件变坏，因此它将增加设备的投资，使换流站投资增加。γ_{min}通常取15°～18°；γ_{max}与α_{max}类似。

3.1.3 换流器谐波特性

1. 交流侧谐波

任何形式的换流器在换流的同时都会产生谐波，对于电网换相换流器，在交流侧产生的谐波有特征谐波、非特征谐波和其他因素产生的谐波三种主要类型[1, 3]。

1）特征谐波

在分析换流器所产生的特征谐波时，常常假设换流器处于理想的换流状态，即交流母线电压为恒定频率的理想正弦波，换流变压器各相的阻抗和变比完全相等，同一个12脉波换流器的Y, y和Y, d换流变压器组的阻抗和变比完全相等，每周期的12个脉冲严格按电角度30°等距触发，直流回路的电流为理想的直流。在这些理想状态下，换流变压器绕组电流波形如图3-7所示。

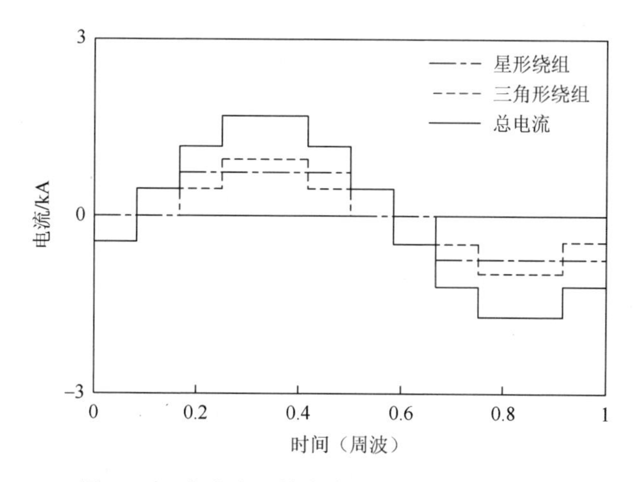

图3-7 理想状态下换流变压器绕组电流波形图

由图 3-7 可知，换流变压器绕组电流谐波分量具有 6 脉波特征谐波，$6K-1$ 次谐波为负序，$6K+1$ 次谐波为正序；Y, y 和 Y, d 换流变压器绕组中各次谐波分量的幅值相等，且 $12K\pm1$ 次谐波的相位相同，相互叠加，而 $6\times(2K-1)\pm1$ 次谐波的相位相反，相互抵消。因此，在三绕组换流变压器系统侧绕组或 12 脉波换流器两组对应两绕组换流变压器连接处的系统侧，只有 $12K\pm1$ 次谐波。

在理想条件下，可以推导出换流变压器绕组中每段电流波形的数学表达式，利用傅里叶分析可以推导出各次谐波的正弦和余弦分量。对于直流工程设计，可按式（3-39）计算特征谐波电流的幅值：

$$I_{\mathrm{n}}=F_{\mathrm{n}}\frac{U_{\mathrm{v}}}{U_{1}}N_{\mathrm{b}}\frac{1}{n}\frac{\sqrt{6}}{\pi}I_{\mathrm{d}} \tag{3-39}$$

式中，I_{n} 为交流侧谐波电流幅值；n 为谐波次数；N_{b} 为 6 脉波换流器数；U_{v} 为换流变压器实际抽头位置阀侧电压；U_1 为换流变压器实际抽头位置系统侧电压；

$$F_{\mathrm{n}}=\frac{1}{2\varepsilon}\sqrt{A^2+B^2-2AB\cos(\alpha+\mu)}$$

其中，

$$A=\frac{1}{n+1}\sin(n+1)\frac{\mu}{2}$$

$$B=\frac{1}{n-1}\sin(n-1)\frac{\mu}{2}$$

$$\varepsilon=d_{\mathrm{xN}}\frac{I_{\mathrm{d}}U_{\mathrm{dioN}}}{I_{\mathrm{dN}}U_{\mathrm{dio}}}$$

U_{dioN} 为额定空载直流电压；U_{dio} 为实际空载直流电压；I_{dN} 为额定直流电流；I_{d} 为实际直流电流；F_{n} 为由换相角的存在造成的谐波减少系数；ε 为由换相引起的相对电压降；d_{xN} 为由换相引起的额定相对电压降；α 为实际触发角或关断角；μ 为实际换相角。

由式（3-39）可以看出，各次谐波电流的幅值不仅与直流电流相关，而且受换相角的影响，其典型特征谐波电流幅值随直流电流的变化规律如图 3-8 所示。对于低次谐波，主要是 11 次和 13 次，谐波幅值基本上随直流电流的增加而增加，最大的谐波幅值出现在额定直流电流附近。对于较高次数的谐波，其幅值随直流电流的变化要复杂得多，最大幅值一般不会出现在额定直流电流时，而是在额定直流电流的 50%～80%处。

2）非特征谐波

实际直流输电工程的运行工况不可能是理想的，如直流电流中存在纹波，交流电压中存在谐波，交流存在负序电压，换流变压器阻抗相间差异，触发脉

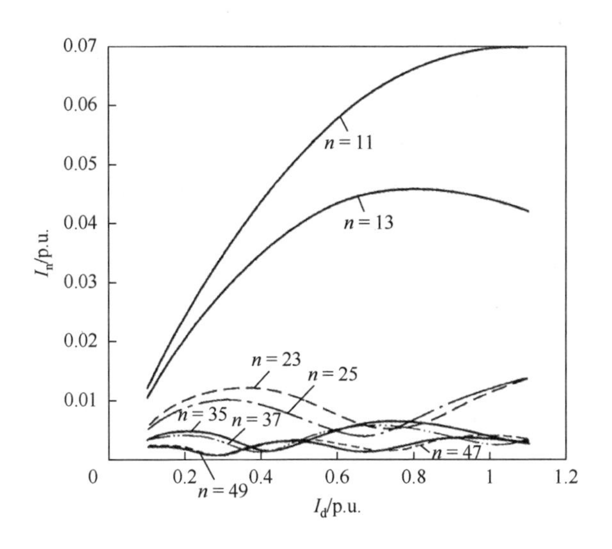

图 3-8　典型特征谐波电流幅值随直流电流的变化规律

冲不完全等距，等等。图 3-9 为非理想交流电压下换流桥中出现的持续不平衡电压。

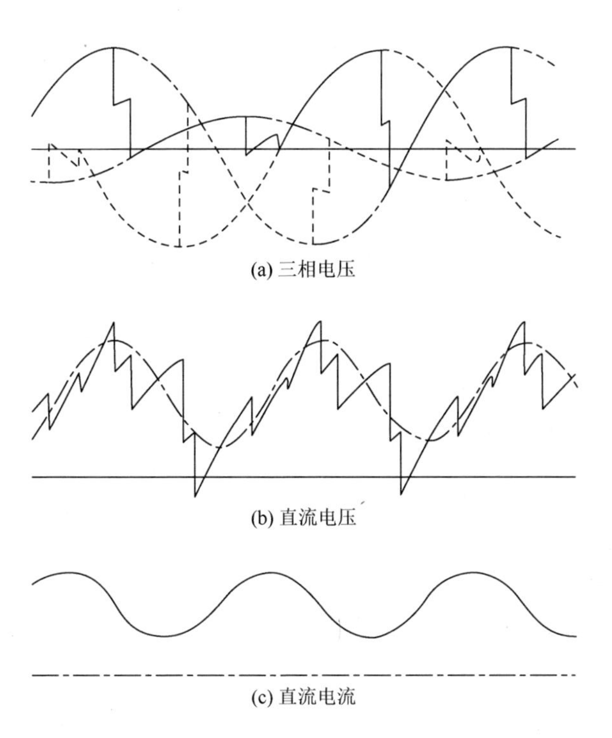

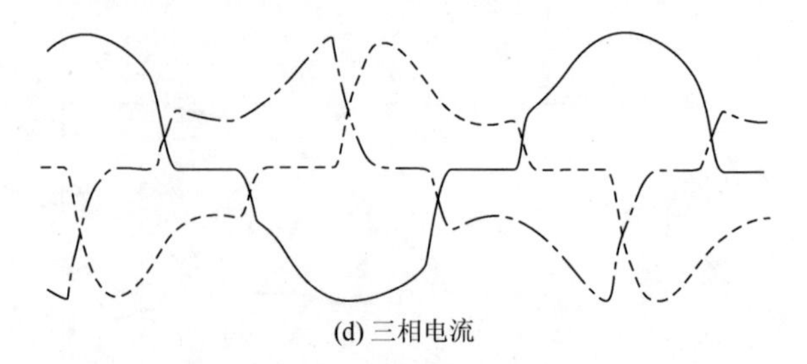

(d) 三相电流

图 3-9　非理想交流电压下换流桥中出现的持续不平衡电压

由于持续不平衡电压的影响，换流变压器绕组中流过的实际电流会发生畸变，典型波形如图 3-10 所示。在此电流波形中除包含上述特征谐波以外，还包含其他次数的谐波，称为非特征谐波。

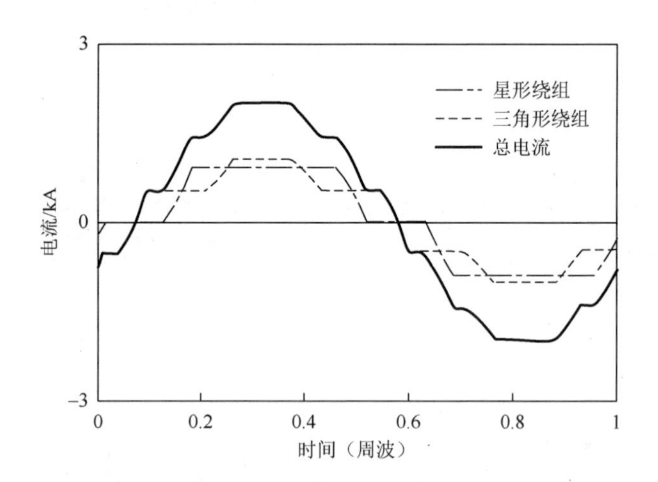

图 3-10　换流变压器绕组中流过实际电流波形图

在交流系统谐波分析中，直流电流是指流过换流器和平波电抗器的电流，而低次谐波对交流系统影响较大。当低次谐波电流流过直流换流器时，考虑在谐波电流与交流电压相对相位最不利的情况下，将在交流侧某些相中产生最大的谐波电流幅值，其谐波次数和幅值的对应关系如表 3-1 所示。

表 3-1　交流侧谐波电流与直流侧纹波电流的次数和幅值的关系

直流侧纹波电流次数和幅值		交流侧谐波电流次数和幅值	
纹波次数	纹波幅值	谐波次数	最大可能的谐波幅值
1	$I_1 I_d$	0 直流分量	$0.707 \times I_1 I_{ac}$
		+2 二次正序分量	$0.707 \times I_1 I_{ac}$

续表

直流侧纹波电流次数和幅值		交流侧谐波电流次数和幅值	
纹波次数	纹波幅值	谐波次数	最大可能的谐波幅值
2	$I_2 I_d$	−1 基波负序分量	$0.707\times I_2 I_{ac}$
		+3 三次正序分量	$0.707\times I_2 I_{ac}$
3	$I_3 I_d$	−2 二次负序分量	$0.707\times I_3 I_{ac}$
4	$I_4 I_d$	−3 三次负序分量	$0.707\times I_4 I_{ac}$
		+5 五次正序分量	$0.707\times I_4 I_{ac}$

注：I_d 是直流电流；I_{ac} 是对应 I_d 的交流基波有效值电流。

直流侧的纹波除基波有可能是沿线路附近的交流线路感应所得外，其他都是由两侧换流器的直流电势中含有相应次数的谐波分量所造成的。

当交流电压中存在谐波，或交流存在负序电压时，将在换流器直流电势中产生低次谐波电势，在工程实际应用中常常只需考虑低次非特征谐波，其次数和幅值对应关系如表 3-2 所示。

表 3-2　直流侧谐波电压与交流侧谐波电压的次数和幅值的关系

交流侧谐波电压次数和幅值		直流侧谐波电压次数和幅值	
谐波次数	谐波幅值	谐波次数	最大可能的谐波幅值
−1 基波负序电压	$U_{-1}U_{ac}$	2	$0.707\times U_{-1}U_{dc}$
+2 二次正序电压	$U_{+2}U_{ac}$	1	$0.707\times U_{+2}U_{dc}$
−2 二次负序电压	$U_{-2}U_{ac}$	3	$0.707\times U_{-2}U_{dc}$
+3 三次正序电压	$U_{+3}U_{ac}$	2	$0.707\times U_{+3}U_{dc}$
−3 三次负序电压	$U_{-3}U_{ac}$	4	$0.707\times U_{-3}U_{dc}$
−4 四次负序电压	$U_{-4}U_{ac}$	5	$0.707\times U_{-4}U_{dc}$
−5 五次负序电压	$U_{-5}U_{ac}$	6	$0.707\times U_{-5}U_{dc}$

注：U_{ac} 是交流母线基波电压幅值；U_{dc} 是对应 U_{ac} 的直流电压。

当换流变压器阻抗相间存在差异时，换流变压器各相的标幺值电抗可表示为

$$X_u = X_0(1+g_u),\quad X_v = X_0(1+g_v),\quad X_w = X_0(1+g_w)$$

式中，X_0 为标称电抗；g_u、g_v 和 g_w 为制造公差。

根据电抗的变化方向，可出现两种谐波特性情况。

（1）将产生奇数次的三的倍数次谐波，如 3 次、9 次、15 次等。其谐波的幅值为

$$I_{\mathrm{n}}=\frac{I_1 g_0}{n(n^2-1)I_{\mathrm{d}}X_0\sqrt{3}}\{n^4[\cos(\alpha+\mu)-\cos\alpha]^2+2n^3\sin\alpha\sin n\mu[\cos(\alpha+\mu)-\cos\alpha]$$
$$+n^2[\sin^2\alpha+\sin^2(\alpha+\mu)+2\cos n\mu(\cos^2\alpha-\cos\mu)+2\cos\alpha\cos(\alpha+\mu)-\cos\alpha]$$
$$+2n\cos\alpha\sin n\mu[\sin\alpha+\sin(\alpha+\mu)]+2\cos^2\alpha(1-\cos n\mu)\}^{1/2} \tag{3-40}$$

（2）将产生奇数次的非三的倍数次谐波如 5 次、7 次、11 次、13 次等。其谐波的幅值为式（3-40）表示的一半。

换流器触发角差异或 Y, d 组换流变压器阻抗差异等条件下，都会使 Y, y 组 6 脉波换流器和 Y, d 组 6 脉波换流器的运行不完全对称，原有的 6 脉波特征谐波中的 $6\times(2K-1)\pm1$ 次谐波不能彻底抵消，构成了 12 脉波换流器的一类特殊非特征谐波。

触发脉冲不完全等距时，会产生广谱的非特征谐波。假如一个换流器的正极性端 3 个阀比正常早触发 ε 电角度，而负极性端 3 个阀晚触发 ε，其他所有条件均为理想条件，则换流器将产生所有偶次谐波，偶次谐波的幅值与基波电流的幅值比为

$$I_{\mathrm{n}}=\frac{2\sin(n\varepsilon)}{2n\cos\varepsilon}I_1\approx\varepsilon I_1 \tag{3-41}$$

假设 ε 为 0.1°，则所产生的偶次谐波幅值为基波电流幅值的 0.174%。如果只有一相中的两个阀触发有上述不平衡，而其他四个阀都按正常角度触发，则产生三的倍数次谐波，当 ε 很小时，非特征谐波的幅值为

$$I_{3\mathrm{n}}=\frac{1.5n\varepsilon}{3n\sqrt{3}/2}I_1\approx0.577\varepsilon I_1 \tag{3-42}$$

若 ε 为 0.1°，则所有三的倍数次谐波的幅值约为基波电流幅值的 0.1%。在实际系统中，不能确定触发不对称的模式，因此可假定这两种模式同时存在，根据控制系统的最大可能误差 2ε，可求得偶次谐波和三倍数次谐波的幅值。

3）其他谐波源

对于换流站交流滤波器，除上述谐波外，还存在以下几类谐波源，影响着滤波性能和滤波器额定值。

第一类是背景谐波。一个主要原因是电气化铁道、工业拖动负荷、整流负荷、和静补工程等。另一个主要原因是交流系统变压器饱和引起的低次谐波，可通过合理选择变压器额定抽头位置和优化调度交流系统运行电压水平来解决。

第二类是换流站换流变压器或其他变压器饱和所产生的谐波。变压器投入和短路故障切除后恢复、交流母线电压升高、换流变压器中存在直流分量会造成换流变压器或其他变压器饱和而产生谐波。由此产生的谐波电流可能形成交流滤波器的长期负载，在滤波器的额定值设计中需适当考虑。

2. 直流侧谐波

各种换流器在直流侧都会产生谐波，包括常用的桥式换流器。直流侧谐波主要是换流引起的谐波，即所谓特征谐波；以及换流器参数和控制的各种不对称产生的谐波、交流电网中谐波通过换流器转移到直流侧的谐波，即所谓非特征谐波。

1）特征谐波

特征谐波是指在理想的条件下，单纯由于换流而产生的谐波，特征谐波是直流侧谐波的主体。在正常情况下直流换流器一般运行在接近理想状态，如换流器交流母线电压为理想的三相对称正弦波，流过换流器的电流为理想的直流电流，换流器本身的参数三相绝对对称，换流器的控制产生绝对等距的触发脉冲等。在此理想条件下，直流侧的电压波形见图 2-5 和图 2-6。在一个周波的每一阶段中，直流电压都是正弦波的某一部分。通过傅里叶变换，可以确定各次谐波电压的有效值为

$$U_{\mathrm{m}} = \frac{1}{\sqrt{2}}(A^2 + B^2)^{1/2} \tag{3-43}$$

谐波电压的相位为

$$\varphi = \arctan(B/A) \tag{3-44}$$

式中

$$A = [\cos(n+1)\alpha + \cos(n+1)(\alpha+\mu)]/(n+1) - [\cos(n-1)\alpha + \cos(n-1)(\alpha+\mu)]/(n-1)$$

$$B = [\sin(n+1)\alpha + \sin(n+1)(\alpha+\mu)]/(n+1) - [\sin(n-1)\alpha + \sin(n-1)(\alpha+\mu)]/(n-1)$$

对于 6 脉波换流器，$n = 6k$，其中 $k = 1, 2, \cdots$，即 6 的整数倍。对于 12 脉波换流器，$n = 12k$，即 12 的整数倍。

2）非特征谐波

产生直流侧非特征谐波的因素有如下几方面。

（1）交流母线电压中含有谐波电压 U_n（以基波电压为基值的标幺值表示），直流侧将产生非特征谐波电压 U_k（以理想空载直流电压为基值的标幺值表示）。根据 n 和 k 的关系，可以分为如下 4 类。

① $n + k = 12p_1 + 1$，$n - k = 12p_2 + 1$，其中，k、p_1 和 p_2 为整数。

当 $n^2 > k^2$ 时：

$$U_k = U_n\left(\frac{n\sqrt{2}}{n^2 - k^2}\right) \tag{3-45}$$

当 $n^2 < k^2$ 时：

$$U_k = U_n\left(\frac{k\sqrt{2}}{k^2 - n^2}\right) \tag{3-46}$$

②$n+k=12p_1+1$，但$n-k\neq 12p_2+1$：

$$U_k=\frac{U_n}{\sqrt{2}(n+k)} \tag{3-47}$$

③$n+k\neq 12p_1+1$，但$n-k=12p_2+1$：

$$U_k=\frac{U_n}{\sqrt{2}(n-k)} \tag{3-48}$$

④$n+k\neq 12p_1+1$，且$n-k\neq 12p_2+1$：

$$U_k=0 \tag{3-49}$$

(2)构成 12 脉波换流器的两个 6 脉波换流器的换流变压器漏抗不相等和变比不相等会产生谐波。两个 6 脉波换流器 6（$2k+1$）次谐波的差值为非特征谐波值。

（3）一个换流站两极换流器的任何运行参数不相等将会产生谐波。谐波特性要根据实际情况进行计算，并考虑各次谐波幅值和相位的差异。

（4）换流变压器三相漏抗不平衡。直流侧最大的各次谐波分量为

$$U_n=\frac{I_{\mathrm{d}}X_0g_0U_{\mathrm{dio}}}{2\sqrt{6}} \tag{3-50}$$

式中，I_{d} 为标幺值直流电流；g_0 为换流变压器相间阻抗公差的绝对值；U_{dio} 为换流器理想空载直流电压。

由于谐波电压的高度不确定性，为了确保工程的安全，多采用非同时最大谐波组的方法。所谓非同时最大谐波组，是指在感兴趣的运行方式范围内，计算所有可能的运行方式，得到一系列谐波电压的组合，并在这些组合中选择幅值最大的一个作为谐波电压幅值，由此产生的一组谐波电压源。由于运行方式的无限性，实际工程计算中常计算有限的运行方式，从最小运行功率到感兴趣的最大功率，逐点计算一组谐波电压，取各种工况中各次谐波幅值最大的一个，所得的谐波组合就是运行方式下的非同时最大谐波电压组。

3.2　直流系统中的无功平衡

高压直流输电系统的换流器，无论运行在整流还是逆变状态都将消耗大量的无功功率。增加网损，改变母线电压，直接影响电网的经济安全运行，因此必须在站内或交流母线上安装相应的无功功率补偿装置，使其平衡。

无功补偿的主要目的是补偿直流换流站所需的无功，提供电压支持稳定换流母线电压，调节近区无功，改善电能质量，提高系统暂态动态电压稳定性，兼作谐波滤波装置。

换流站的无功功率控制是直流输电系统中对换流站无功功率进行控制的策略，其方法主要是通过调整无功补偿设备投入切除的无功容量或改变换流器的无

功功率消耗，将换流站与交流侧交换的无功功率（及交流电压波动）控制在规定范围内。

换流器无论工作在整流还是逆变状态，都从交流系统吸收无功功率，即换流器总是交流系统的无功负荷。通常，正常运行的整流器、逆变器吸收的无功功率为直流传输功率的 50%以上。换流器消耗的无功功率为

$$Q_{\mathrm{dc}} = 2U_{\mathrm{dio}} I_{\mathrm{d}} \chi \tag{3-51}$$

式中，Q_{dc} 为换流器消耗的无功功率，Mvar[①]；U_{dio} 为理想空载电压，kV；I_{d} 为直流线路电流，kA；

$$\chi = \frac{2\mu + \sin 2\alpha - \sin 2(\alpha + \mu)}{4[\cos\alpha - \cos(\alpha + \mu)]} \tag{3-52}$$

式中，α 为整流站换流器的触发角，rad；当换流站以逆变方式运行时，以 γ 代替 α，γ 为逆变站换流器的熄弧角，rad；μ 为换流器的换相重叠角，rad。

其中，换相重叠角如下：

$$\mu = \arccos\left(\cos\alpha - \frac{2d_{\mathrm{x}} I_{\mathrm{d}} U_{\mathrm{dioN}}}{I_{\mathrm{dN}} U_{\mathrm{dio}}}\right) - \alpha \tag{3-53}$$

式中，d_{x} 为换流器内部感性压降，标幺值；U_{dioN} 为换流器额定理想空载电压，kV；I_{dN} 为直流线路额定电流，kA。由式（3-53）可知，影响无功功率消耗的因子可分为 5 个，即 U_{dio}、α/γ、I_{d}、d_{x} 和 μ。其中

$$U_{\mathrm{dio}} = \frac{\dfrac{U_{\mathrm{d}}}{n} + U_{\mathrm{T}} + (d_{\mathrm{x}} + d_{\mathrm{r}})\dfrac{U_{\mathrm{dioN}} I_{\mathrm{d}}}{I_{\mathrm{dN}}}}{\cos\alpha} \tag{3-54}$$

式中，n 为 6 脉波换流器个数；U_{d} 为直流传送电压，kV；U_{T} 为换流器内部压降，kV；d_{r} 为换流器内部阻性压降，标幺值。

故在影响无功功率的 5 个因子中，系统直接可控参量有 3 个：触发角 α，直流电流 I_{d}，理想空载电压 U_{dio}。间接可控量 μ。不可控因子为换流器内部感性压降 d_{x}，其随着运行工况的不同会有上下波动。

滤波器是为了滤除系统中高次谐波而安装的设备，滤波器分为串联滤波器和并联滤波器，通常并联滤波器参与投切，串联滤波器始终投入。滤波器本身为容性设备，投入时除了滤波功能，还会给系统提供无功功率。当换流器无功功率消耗小于投入的滤波器等设备提供的无功功率时，就产生了过剩的无功功率。直流系统特定的滤波要求会直接影响滤波器的投切点。在投入和切除滤波器时，需考虑滤波器的滤波性能。滤波性能的衡量标准为谐波畸变率，如式（3-55）所示：

$$D_k = \frac{U_k}{U_n} \times 100\% = \frac{I_k Z_{\mathrm{p}}}{U_n} \times 100\% \tag{3-55}$$

① 1var = 1W。

式中，D_k为第 k 次谐波的畸变率，%；U_k为交流母线上第 k 次的谐波电压，kV；I_k为交流母线上第 k 次的谐波电流，kA；Z_p为第 k 次谐波下滤波器与交流系统的并联谐波阻抗，Ω；U_n为基波电压，kV。

由式（3-55）可知，谐波电流越大且交流电压越低，谐波畸变率越高。为使谐波电压畸变率不超出标准只能投入滤波器以减小并联谐波阻抗。因此，在相同的运行方式和传输功率下，随着交流系统电压的降低，为满足滤波性能要求，要求滤波器提前投入。

电容器是为了补充系统中的无功功率而安装的设备，参与投切。通常电容器在系统配备的滤波器已全部投入，无功功率仍不平衡的情况下使用。一般在系统承载大负荷或过负荷时，需投入电容器平衡换流器消耗的无功功率。滤波器、电容器的容量大小直接影响投入切除滤波器、电容器的功率点。判别滤波器、电容器是否投切的计算公式为

$$Q_{\text{fcmax}}=\left(\frac{U_{1\text{max}}}{U_{1\text{N}}}\right)^2\times\frac{(f_\text{N}+\Delta f)}{f_\text{N}}\times(1+\Delta C_{\text{max}})\times Q_{\text{fc}} \tag{3-56}$$

式中，f_N为额定频率，Hz；Δf为最大频率偏移，Hz；ΔC_{max}为 ACF 电容最大偏移；Q_{fc}为系统所配最大滤波器或电容器的容量，Mvar；U_{lmax}为最大交流电压，kV；U_{lN}为额定交流电压；Q_{fcmax}为考虑所有偏移量的最大滤波器或电容器的容量，Mvar。

取最大容量的 1.0～1.6 倍作为滤波器、电容器投切参考值 Q_{ref}（一般默认取 1.0），可以得到一个比较合理的死区范围。当系统无功交换量大于上限时，切除无功补偿设备，小于下限时投入无功补偿设备。

$$Q_{\text{deadband}}=\pm\frac{1}{2}Q_{\text{ref}} \tag{3-57}$$

式中，Q_{ref}为人为设定的无功功率参考值，Mvar。

串联电抗器的主要作用是抑制谐波、限制涌流和滤除谐波。并联电抗器的主要作用是降低长线路空载或轻载时的线路末端升高电压，同时起到消耗无功功率的作用。一般工程中会接入低压电抗器，系统没有地方配备低压电抗器时才考虑配备高压电抗器，此时电抗器对系统的无功功率影响需要乘以变比的平方。电抗器一般在低负荷、小功率时投入，在功率到达解锁点后，可人工或由自动控制装置切除。

若系统只考虑电抗器的投切给系统带来的无功功率变化，忽略电抗器的其他作用，可将电抗器看作反作用的电容器：切除一组电抗器，相当于投入一组小容量电容器，而投入一组电抗器相当于切除一组小容量电容器。

3.3　直流输电系统运行方式

直流输电工程的运行方式是指在运行中可供运行人员进行选择的、稳态运行

的状态，运行方式与工程的直流侧接线方式、直流功率输送方向、直流电压方式以及直流输电系统的控制方式有关。对于单极直流输电工程只可以有单极方式运行，而对于双极直流输电工程，除了有双极方式运行以外，还可以有单极方式运行。在双极方式中有双极两端中性点接地方式、双极一端中性点接地方式和双极金属中线方式；在单极方式中有单极大地回线方式和单极金属回线方式等。对于具体的直流输电工程，其接线方式是在工程设计时确定的。双极直流输电工程在设计时通常考虑有几种可能的接线方式在运行中可供选择，如双极方式、单极大地回线方式、单极金属回线方式、单极双导线并联大地回线方式。直流输电工程还可以有全压（指额定电压）运行方式和降压运行方式、功率正送方式和功率反送方式等。对于双极直流输电工程，除正常运行时的双极对称运行方式以外，还可能有双极不对称运行方式。直流输电工程在稳态运行中的控制方式主要是指对直流输送的有功功率以及换流站与交流系统交换的无功功率的控制。控制方式主要有定功率控制、定电流控制、无功功率控制或交流电压控制等。

直流输电工程的运行方式是灵活多样的，运行人员可利用这一特点，根据工程的具体情况以及两端交流系统的需要，在运行中对运行方式进行选择，使工程在系统运行中发挥更大的作用。合理地选择运行方式，也可有效地提高工程运行的可靠性和经济性。直流输电工程的接线方式和控制方式分别在第 1 章和第 4 章中有详细的论述，本节主要从运行角度讲述经常采用的运行方式。

3.3.1　运行接线方式

1. 单极直流输电工程

单极直流输电工程直流侧的接线方式有单极大地回线方式和单极金属回线方式两种，见图 1-2（a）和（b）[1]。这两种接线方式的线路结构不同，对于具体的直流工程选择何种接线方式是在设计时确定的。单极大地回线方式只有一根极导线，利用大地作为返回线，构成直流侧的闭环回路。两端换流站需要有可长期连续流过额定直流电流的接地极系统。接地极系统是此类工程不可分割的一部分，接地极系统故障，则直流输电工程停运。单极金属回线方式，除布一根极导线以外，还布一根低绝缘的金属返回线，运行时地中无直流电流流过。金属返回线的一端接地是为了固定直流侧的电位，属安全接地的性质。因此，单极直流输电工程，按一种直流侧接线方式设计和建设以后，在运行中则没有采用另一种接线方式运行的可能性。对于单极大地回线方式的海底电缆直流工程，为了提高运行的可靠性，有时配备有两根极电缆，其中一根为备用电缆。对于此类直流工程，当一根电缆故障时，可更换备用电缆进行正常送电；当接地极系统故障时，可利用备用电缆作为金属返回线，构成单极金属回线方式运行，接地极系统可退出工作进行检修。

2. 双极直流输电工程

1）双极两端中性点接地的直流输电工程

双极两端中性点接地的直流输电工程直流侧接线是由两个可独立运行的单极大地回线方式所组成，两极在地回路中的电流方向相反，见图 1-3（a）。这种接线方式运行灵活方便，可靠性高，是大多数直流输电工程所采用的接线方式。正常运行时，两极的电流相等，地回路中的电流为零；当一极故障停运时，非故障极的电流则自动从大地返回，自动转为单极大地回线方式运行，可至少能输送单极的额定功率，必要时可按单极的过负荷能力输送。为了降低单极故障停运对两端交流系统的冲击和影响，通常当单极停运时，非故障极则自动将其输送功率升至其最大允许值，然后可根据具体情况逐步降低。由于双极两端中性点接地方式在正常运行时地中无电流流过（只有小于额定直流电流 1%的不平衡电流），此类工程对接地极的要求不高。当一极停运后工程转为单极大地回线方式运行时，地回路中才有大的直流电流流过（最大为单极的过负荷电流值）。此类工程的接地极是根据工程所需要的单极大地回线方式运行时间的长短和运行电流的大小来进行设计的，运行人员在选择单极大地回线方式的运行时间和输送功率时，必须考虑在接地极设计所允许的范围内，否则将会缩短接地极的寿命。

对于双极两端中性点接地的直流输电工程，当一极停运后，可供选择的单极接线方式有三种，即：①单极大地回线方式；②单极金属回线方式；③单极双导线并联大地回线方式。以上三种接线方式的运行性能和对设备的要求各有不同。

（1）单极大地回线方式。

要求非故障极两端换流站的设备和直流输电极线完好，两端接地极系统完好；两端换流站的故障极或直流线路的故障极可退出工作进行检修。运行电流的大小和运行时间的长短受单极过负荷能力和接地极设计条件的限制。这种运行方式的线路损耗，比双极方式一个极的损耗略大，其直流回路电阻增加了两端接地极引线和接地极电阻。

（2）单极金属回线方式。

要求非故障极两端换流站的设备及直流输电极线完好，故障极的直流输电极线能承受金属返回线绝缘水平的要求；两端换流站的故障极和接地极系统可退出工作进行检修。其运行电流只受单极过负荷能力的限制而与接地极系统无关。运行中的线路损耗约为双极运行时一个极损耗的两倍，其直流回路的电阻约为正、负两极线电阻之和［式（2-29）］。当接地极系统故障需要检修或进行计划检修时，可选择这种接线方式，因其线路损耗和运行费用最大，一般应尽量避免采取这种方式长期运行。

（3）单极双导线并联大地回线方式。

要求非故障极两端换流站的设备完好，两极直流输电线路均完好，两端接地极系统完好；两端换流站的故障极可退出工作进行检修。因此，这种接线方式只有当两端换流站只有一个极设备故障，而其余的直流输电系统设备均完好时，才有选择的可能性，其运行电流的大小和运行时间的长短受单极过负荷能力和接地极设计条件的限制。这种接线方式是此类工程单极运行时最经济的接线方式。其线路损耗约为双极运行时一个极损耗的1/2，其直流回路的电阻略大于单极电阻的1/2［式（2-30）］。

为了减少双极两端中性点接地直流输电工程的双极停运次数，提高双极运行的可用率，当一端接地极系统故障时，可通过快速接地开关将故障端的中性点接到换流站的安全接地网上，然后断开故障的接地极，以便进行检查和检修，从而可避免在这种情况下的双极停运。此时，一端换流站的中性点接在常规的接地极上，而另一端的中性点则接在不允许通过大电流的换流站接地网上。因此，这种特殊的接线方式，只允许在双极完全对称的运行方式下采用，此时两极的直流电流相等，地中只有很小的不平衡电流流过。当两极的直流电流相差较大时，地回路中的电流增大，这将引起换流站接地网的电位升高，给换流站的安全运行造成威胁。因此，如果工程允许考虑采取这种特殊的接线方式运行，必须配备可靠的保护措施，当出现双极电流不对称时，保护系统则自动停运整个双极直流输电工程。

双极两端中性点接地的直流输电工程，当一极故障停运而转为单极运行时，有时需要进行单极大地回线和金属回线方式的相互转换。为了减少直流输电工程停运对两端交流系统的影响，提高运行的可靠性和可用率，这种接线方式的相互转换，可通过GRTS和MRTB，在直流输电不停运的状况下带负荷进行。图3-11给出单极大地回线和金属回线方式带负荷相互转换示意图。

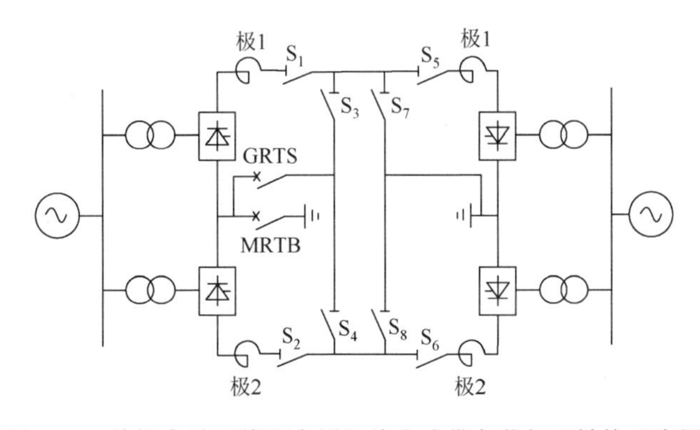

图3-11　单极大地回线和金属回线方式带负荷相互转换示意图

图 3-11 中 MRTB 是当需要从大地回线方式转为金属回线方式时，用来断开大地回线中直流电流的开关；GRTS 是当需要从金属回线方式转为木地回线方式时，用来断开金属回线中直流电流的开关。通常 MRTB 和 GRTS 只在一端换流站中配备，并且两个极采用一个公用的 GRTS。为了便于说明，图 3-11 中还给出了 S_1～S_8，代表接线状态和在方式转换中有用的离开关。

以下以极 1 从大地回线方式转为金属回线方式以及又转回大地回线方式为例来加以说明，极 2 的方式转换与极 1 类同。

①极 1 大地回线方式的接线状态。S_1、S_5 和 MRTB 为闭合状态；S_2、S_3、S_4、S_6、S_7、S_8 和 GRTS 为断开状态。

②极 2 大地回线方式转为金属回线方式的步骤。

（a）合上 S_4、S_8 和 GRTS，使极 2 导线（金属返回线）和大地回线并联连接。此时两并联回线中的电流与其回线的电阻成反比，当大地回线中的电阻为 1Ω、金属回线的电阻为 9Ω 时，大地回线中的电流为运行电流的 9/10，而金属回线中的电流则为运行电流的 1/10。

（b）断开 MRTB，将大地回线中的电流转移到金属回线中去。当 MRTB 完全断开时，方式转换过程结束，形成单极金属回线运行方式。

（c）极 1 金属回线方式接线状态。S_1、S_5、S_4、S_8 和 GRTS 为闭合状态；S_2、S_3、S_6、S_7 和 MRTB 为断开状态。

③极 1 金属回线方式转为大地回线方式的步骤。

（a）合上 MRTB，使大地回线与金属回线并联连接。同样，两并联回路中的电流与其回路电阻成反比。

（b）断开 GRTS，将金属回线中的电流转移到大地回线中去。当 GRTS 完全断开后，将 S_4、S_8 断开。极 1 则又回到大地回线方式运行。

MRTB 和 GRTS 均为直流开关，但它与通常直流开关的运行条件有所不同，它断开直流电流的过程是在两个导线的并联回路中，将一个回路断开，使其电流全部转移到另一回路的过程。通常大地回线的电阻很小（仅为两端接地极和接地极引线电阻之和），而金属回线的电阻取决于输电线路导线的截面和线路长度。因此，MRTB 由于其回路电阻小而需要断开较大的直流电流，而 GRTS 因其回路电阻大，需要断开的直流电流则较小。

2）双极一端中性点接地的直流输电工程

这种直流输电工程的直流侧回路由正负两根极线构成，见图 1-3（b），只有一端换流站的中性点进行安全接地。由于大地在直流侧不能构成回路，在运行中可以保证大地中无直流电流流过。这种接线方式的直流输电工程，在运行中不可能有单极大地回线运行方式，当一极故障需要停运时，必须将整个直流输电工程的两个极同时停运。在工程停运状态下，进行必要的转换操作，有可能形成一端接地的单极金属回线方式运行。由于这种接线方式的运行灵活性和可靠性均不如两端中性点接地方式，在实际工程中很少采用。只有在大地或海水中不允许通过直流电流的情况时才考虑采用。

3）双极金属中线接地的直流输电工程

此类直流输电工程的直流侧回路由三根导线组成，其中两根为正负两个极线，第三根为专门设置的低绝缘金属返回线，一端换流站的中性点进行安全接地，见图 1-3（c）。这种接线方式在运行中既可以避免大地或海水中有直流电流流过，又具有灵活可靠的运行方式。由于它只有一点接地，同样不可能构成单极大地回线的运行方式。当一极故障需要停运时，可自动转为单极金属回线方式运行，故障极可退出工作进行检查和检修。当故障极修复后可投入运行，重新又恢复了双极运行方式。如果换流站的设备需要进行长时间的检修，同时正负两根极线均完好时，为了降低线路损耗和运行费用，也可在直流输电工程停运的状态下，将直流侧改接为双导线并联金属回线方式运行。此时直流回路的电阻为 1/2 极导线电阻与金属返回线电阻之和。

3.3.2　全压运行与降压运行方式

直流输电工程的直流电压，在运行中可以选择全压运行方式（即额定直流电压方式）或降压运行方式。在运行中对全压方式和降压方式的选择原则是，能全压运行时则不选择降压方式运行。因为在输送同样功率的条件下，直流电压的降低则使直流电流按比例相应地增加，这将使输电系统的损耗和运行费用升高。因此，为了使直流输电工程在最经济状态下运行，其直流电压应尽可能高。

在降压方式下，直流输电系统的最大输送功率将降低。当工程设计为降压方式的额定电流与全压方式相同时，降压方式的额定功率降低的幅度与直流电压降低的幅度相同。如果降压方式要求相应地降低直流额定电流，则直流输送功率会降低得更多。例如，降压方式的直流电压选择为额定直流电压的 70%，而额定直流电流不变，则降压方式的额定输送功率为全压方式的 70%。如果在直流电压降低到 70%时，还要求直流电流也相应降低到其额定值的 70%，则此时的直流输送功率仅为全压方式的 49%，即输送功率将降低 50%以上。如果工程只需要在短时间内（1～2h）降压运行，可利用工程的短时过负荷能力，直流电流最大可按降压时短时过负荷电流运行，此时的输送功率则稍有增加。

在降压方式下换流器的触发角 α 加大，这将使换流站的主要设备（如换流阀、换流变压器、平波电抗器、交流和直流滤波器等）的运行条件变坏。如果长时间在降压方式下大电流运行，换流站主要设备的寿命将会受到影响。通常在工程设计时，对降压方式的额定值（如额定直流电压、额定直流电流、过负荷额定值等）

应作出规定。在降压方式运行时，需特别注意监视的是：换流器冷却系统的温度、换流站消耗的无功功率与换流站交流母线电压、换流器交流侧和直流侧的谐波分量，以及换流变压器和平波电抗器温升等。

3.3.3 功率正送与功率反送方式

直流输电工程也具有双向送电的功能，它可以正向送电，也可以反向送电。在工程设计时确定某一方向为正向送电，另一方向则为反向送电。正在运行的直流输电工程进行功率输送方向的改变称为潮流反转。利用直流控制系统可方便地进行潮流反转，其潮流反转分为正常潮流反转、紧急潮流反转，潮流反转控制分为手动潮流反转控制与自动潮流反转控制。通常紧急潮流反转均是由控制系统自动进行，而正常潮流反转可以手动进行也可以自动进行。

直流输电工程启动前，需要确定其功率与方向是正送还是反送，并将功率传输方向置入控制系统后，才能进行工程启动。工程启动后，则会按所规定的送电方向送电。在运行中，如果需要进行潮流反转，通常由运行人员手动操作潮流反转按钮，控制系统则按所规定的程序进行正常潮流反转。正常情况下，直流输电工程正送和反送的时间以及输送功率的大小，均由调度或通过合同作出规定，由运行人员来执行。在特殊情况下，也可以进行一定的改变。在市场经济条件下，应充分利用直流输电功率输送方向和输送功率大小的可控性，来提高电力系统运行的经济性和可靠性。

3.3.4 双极对称与不对称运行方式

双极对称运行方式是指双极直流输电工程在运行中，两个极的直流电压和直流电流均相等的运行方式，此时两极的输送功率也相等。双极直流输电工程在运行中两个极的直流电压或直流电流不相等时，均为双极不对称运行方式。双极不对称运行方式有：①双极电压不对称方式；②双极电流不对称方式；③双极电压和电流均不对称方式。

1. 双极对称运行方式

双极对称运行方式有双极全压对称运行方式和双极降压对称运行方式，前者双极的电压均为额定直流电压，而后者双极均降压运行。全压运行比降压运行输电系统的损耗小，换流器的触发角 α 小，换流站设备的运行条件好，直流输电系统的运行性能也好。因此能全压运行时，则不选择降压方式。双极对称运行方式两极的直流电流相等，接地极中的电流最小（通常均小于额定直流电流的 1%），其运行条件也最好。长期在此条件下运行，可延长接地极的寿命。因此，双极直流输电工程，在正常情况下均选择双极全压对称运行方式。这种运行方式可充分利用工程的设计能力，直流输电系统设备的运行条件好，系统的损耗小，运行费用小，运行可靠性高。只有当一极输电线路或换流站一极的设备有问题，需要降低直流电压或直流电流运行时，才会选择双极不对称运行方式。

2. 双极不对称运行方式

双极不对称运行方式有双极电压不对称方式、双极电流不对称方式、双极电压和电流均不对称方式。

双极电压不对称方式是指一极全压运行另一极降压运行的方式，如降压的额定电压选择为工程额定电压的 70%，对于±500kV 的直流输电工程，一极运行在500kV，而另一极则为 350kV。在电压不对称的运行方式下，最好能保持两极的直流电流相等，这样可使接地极中的电流最小。由于两极的电压不等，其输送功率也不相等。当降压运行不要求降低额定直流电流时，其输送功率将按降压的比例相应降低。如对于±500kV、双极额定功率为 1200MW 的直流输电工程，每极的额定功率 600MW，当降压方式的额定电压为 70%时，降压运行的极的额定功率为 420MW。此时，在电压不对称方式的双极额定功率为 1020MW。如果直流输电工程在一极降压运行之前，其直流电流低于额定直流电流，则由一极降压引起的输送功率的降低，可用加大直流电流的办法来进行补偿，但最多只能加到直流电流的最大值。

如果降压方式还要求降低直流电流，当一极降压时其直流电流也需相应降低。此时，可供选择的运行方式有以下两种。

（1）为保证直流输电工程在这种条件下具有最大的输送能力，则两极分别按其额定输送能力运行。全压运行的极可在其额定电压和额定电流下输送额定功率。降压运行的极在电压降到 70%时，如果要求电流也降到 70%，其输送功率则降到全压运行时的 49%。仍以上述工程为例，此时双极的输送能力为 600 + 294 = 894（MW）。两极的直流电流不等，一极为 1200A，另一极为 840A，从而形成两极电压和电流均不对称的运行方式。全压运行的极为 500kV、1200A、600MW；降压运行的极为 350kV、840A、294MW；接地极中的电流为 360A。

（2）为保证接地极中的电流最小，当一极降压运行需要同时降低直流电流时，两极的电流需同时降低，这将使双极直流输电工程的输送能力进一步降低。以上述工程为例，此时全压运行的极为 500kV、840A、420MW；降压运行的极为 350kV、840A、294MW。双极的输送能力为 714MW，占双极额定功率的 59%。由于两极的电流相等，接地极中的电流最小。此时，运行方式为双极电压不对称方式。

双极直流输电工程在运行中如某一极的冷却系统有问题，需要降低直流电流运行时，可考虑选择双极电流不对称运行方式。电流降低的幅度视冷却系统的具体情况而定。此时接地极中的电流为两极电流之差值，电流降低的幅度越大，则接地极中的电流也越大；因此电流降低的幅度以及运行时间的长短，还需要考虑接地极的设计条件。如果在此条件下，工程不要求输送最大功率，也可以在一极要求降低直流电流时，另一极也同时降低，此时可保证接地极中的电流最小，但输送功率将相应降低。

表 3-3 给出双极直流输电工程在各种主要运行方式下的输送能力。由表 3-3 可知，双极全压对称方式的输送能力最大，单极降压对称方式（同时降低直流电流）的输送能力最小。

表 3-3　双极直流输电工程各主要运行方式的输送能力

序号		双极直流输电工程运行方式	直流电压/kV	直流电流/A	直流功率/MW
双极运行	1	双极全压对称方式	$\pm U_{dH}$	I_{dH}	$2P_{dH}$
	2	双极降压对称方式（不降低直流电流）	$\pm K_U U_{dH}$	I_{dH}	$2K_U P_{dH}$
	3	双极降压对称方式（同时降低直流电流）	$\pm K_U U_{dH}$	$K_I I_{dH}$	$2K_U K_I P_{dH}$
	4	双极电压不对称方式（不降低直流电流）	U_{dH}，$K_U U_{dH}$	I_{dH}	$(1+K_U)\ P_{dH}$
	5	双极电压不对称方式（同时降低直流电流）	U_{dH}，$K_U U_{dH}$	$K_I I_{dH}$	$K_I\ (1+K_U)\ P_{dH}$
	6	双极电压和电流均不对称方式	U_{dH}，$K_U U_{dH}$	I_{dH}，$K_I I_{dH}$	$(1+K_I K_U)\ P_{dH}$
	7	双极全压电流不对称方式	$\pm U_{dH}$	I_{dH}，$K_I I_{dH}$	$(1+K_I)\ P_{dH}$
	8	双极降压电流不对称方式	$\pm K_U U_{dH}$	I_{dH}，$K_I I_{dH}$	$K_U\ (1+K_I)\ P_{dH}$
单极运行	1	单极全压对称方式	U_{dH}	I_{dH}	I_{dH}
	2	单极降压对称方式（不降低直流电流）	$K_U U_{dH}$	I_{dH}	$K_U P_{dH}$
	3	单极降压对称方式（同时降低直流电流）	$K_U U_{dH}$	$K_I I_{dH}$	$K_U K_I P_{dH}$

注：U_{dH}、I_{dH}、P_{dH} 分别为每极的额定直流电压、额定直流电流和额定直流功率；K_U、K_I 分别为电压降低系数和电流降低系数，均小于 1。

3.4　直流输电系统故障分析

直流输电系统主要由两端换流站和直流线路所组成，换流站内主要有换流器、直流开关场和交流开关场中的一次设备，以及控制保护二次设备。此外，影响直流系统运行的还有与两端换流站相连的交流系统。直流输电系统故障分为直流侧故障和交流侧故障[1, 3]。交流系统故障以及故障清除操作、雷击和甩负荷等，这些事件一般不会导致直流系统停运，但是部分故障除了直接产生过电压外还会导致直流系统出现大幅波动，引发直流系统过电压而造成系统故障，如逆变侧交流系统单相短路故障导致直流系统换相失败，逆变侧交流出线全部退出运行等。直流系统内的接地故障、短路以及控制故障，这些故障部分会导致直流系统闭锁。

图 3-12 给出了直流输电系统相关故障的位置。另外，不同区域设备的故障，有其各自的特点，对直流系统的影响有所不同。

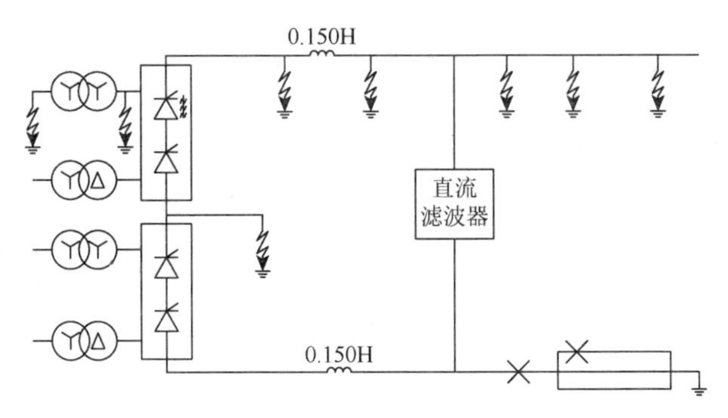

图 3-12　直流输电系统相关故障位置

3.4.1　换流器故障

换流器是直流输电系统中最为重要的部分，可以比作直流输电系统的心脏，其故障形式和机理与交流系统中的一般元件有很大差别，保护动作后果也是根据故障形式和机理的不同而有所差异。目前高压直流输电通常采用 12 脉波换流器，它由两个交流侧电压相位差 30°的 6 脉波换流器组成。图 3-13（a）以 6 脉波换流器为例，对换流器故障进行分析。

换流器的故障可分成主回路故障和控制系统故障两类，主回路故障是换流器交流侧和直流侧各个接线端间短路（如阀短路）、换流器载流元件及接线对地短路（如交流侧单相对地短路）[11-13]。图 3-13（b）为 12 脉波换流器主要故障点示意图。

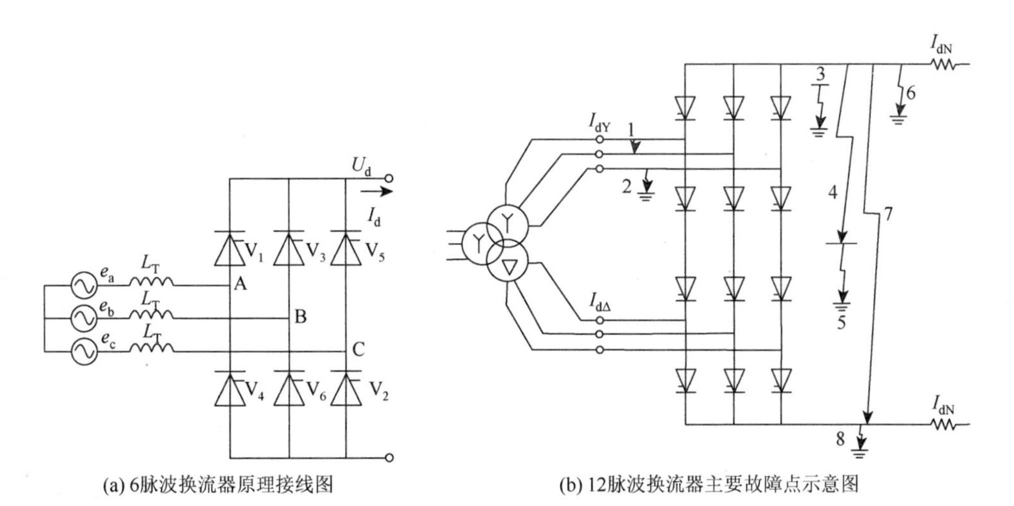

(a) 6脉波换流器原理接线图　　(b) 12脉波换流器主要故障点示意图

图 3-13　换流器原理接线与故障点示意图

1. 换流器阀短路故障

1）整流器阀短路

阀短路是换流器阀内部或外部绝缘损坏或被短接造成的故障，这是换流器最为严重的一种故障，其故障点见图 3-13（b）中的 3。整流器的阀在阻断状态时，大部分时间承受反向电压。当经历反向电压峰值大幅度的跃变或阀出现冷却水系统漏水汽化等可能绝缘损坏时，将使阀短路。这时阀相当于在正反向电压作用下均能导通。图 3-14 为 6 脉波换流器发生阀短路时造成的两相短路和三相短路等值电路图。

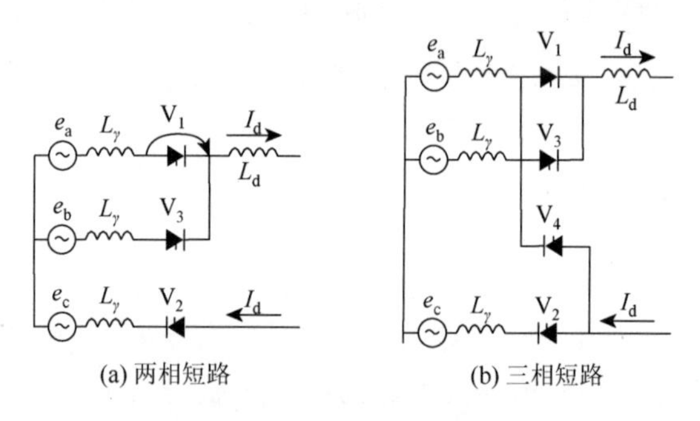

图 3-14　阀短路时等值电路图

假设 $\alpha = 0°$、$I_d = 0$ 时阀短路，将产生最大的故障电流，以阀 V_1 向阀 V_3 换相结束后阀 V_1 立即发生短路为例说明故障过程，其短路电流波形如图 3-15 所示。在 P_3 脉冲发出后，阀 V_3 开始导通，等值电路如图 3-14（a）所示形成的两相短路，由此可算出阀 V_3 的短路电流；换相结束后阀 V_1 立即发生短路，相当于反向导通，电流继续按两相短路电流的规律发展，i_3 继续增大，i_1 开始向负方向增大；在 P_4 脉冲发出时刻，因阀 V_4 的阳极对阴极电压为负而不能导通，当 C 相电压变正时刻，阀 V_4 阳极对阴极电压开始为正，阀 V_4 导通，阀 V_2 开始向 V_4 换相，形成三相短路和直流短路，i_3 电流按三相短路计算，其等值电路如图 3-14（b）所示；阀 V_2 向阀 V_4 换相结束后，又形成两相短路；当 P_5 脉冲发出时刻，在阀 V_3 向阀 V_5 换相时，又形成三相短路，从而交替发生两相短路、三相短路和直流短路。

经分析，阀 V_3 的电流 i_3 在进行到 150°附近达到最大值 $1.433I_{S3}$，而当进行到 265.7°时，降为零；此时阀 V_5 的电流 i_5 达到其最大值 $1.863I_{S3}$。在此过程中，阀 V_1 的电流 $i_1 = -(i_3 + i_5)$，在 210°左右达到最大值 $2.299I_{S3}$。i_1、i_3 及 i_5 电流变化如图 3-15（b）所示。两相短路电流与三相短路电流的幅值分别可表示为

$$I_{S2} = \frac{\sqrt{2}E}{2\omega L_\gamma},\quad I_{S3} = \frac{\sqrt{2}E}{\sqrt{3}\omega L_\gamma} \tag{3-58}$$

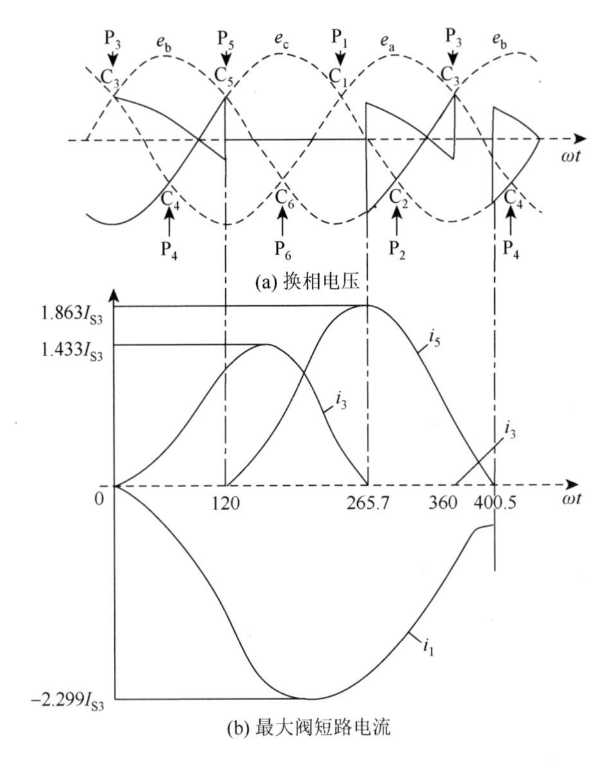

图 3-15　整流阀短路电流波形图

式中，E 为换相电压；L_γ 为换相电感的电感值；ω 为角频率，$\omega=2\pi f$，f 为交流系统频率。

额定运行工况的直流电流可表示为

$$I_{\mathrm{d}}=\frac{\sqrt{2}E}{2\omega L_\gamma}[\cos\alpha-\cos(\alpha+\mu)] \tag{3-59}$$

假定额定工况下，触发角 $\alpha=15°$，换相角 $\mu=20°$，则可得出 I_{S2} 和 I_{S3} 与额定直流电流的关系为

$$I_{\mathrm{S2}}=\frac{\sqrt{2}E}{2\omega L_\gamma}=\frac{I_{\mathrm{d}}}{[\cos\alpha-\cos(\alpha+\mu)]}\approx 6.8132\times I_{\mathrm{d}} \tag{3-60}$$

$$I_{\mathrm{S3}}=\frac{\sqrt{2}E}{3\omega L_\gamma}=\frac{2I_{\mathrm{d}}}{3[\cos\alpha-\cos(\alpha+\mu)]}\approx 7.8672\times I_{\mathrm{d}} \tag{3-61}$$

因此，可得到在上述条件下，流过阀 V_1、V_3 和 V_5 的故障电流最大值分别为

$$I_{1\max}=2.299I_{\mathrm{S3}}=18.087I_{\mathrm{d}} \tag{3-62}$$

$$I_{3\max}=1.433I_{\mathrm{S3}}=11.274I_{\mathrm{d}} \tag{3-63}$$

$$I_{5\max}=1.863I_{\mathrm{S3}}=14.674I_{\mathrm{d}} \tag{3-64}$$

可以看出，阀短路的特征有：①交流侧交替地发生两相短路和三相短路；②通过故障阀的电流反向，并剧烈增大；③交流侧电流激增，使换流阀和换流变压器承受比正常运行时大得多的电流；④换流桥直流母线电压下降；⑤换流桥直流侧电流下降。

12 脉波整流器是由两个 6 脉波整流器串联组成，当一个 6 脉波整流器发生阀短路时，交流侧短路电流将使换相电压减小，从而影响到另一个 6 脉波整流器，因此 12 脉波整流器电流将减小，导致直流输送功率的降低。因为仅一个换流阀短路，交流侧短路电流与 6 脉波整流器相似。

2）逆变器阀短路

逆变器的阀在阻断状态，大部分时间是承受着正向电压，当电压过高或电压上升率太快时，容易因阀绝缘损坏而发生短路。例如，当逆变器的阀 V_1 关断，加上正向电压后发生短路，相当于阀 V_1 重新开通，同样与阀 V_3 发生倒换相，而在阀 V_4 导通时，V_1 与 V_4 形成直流侧短路，与换相失败过程相同。不同的是，由于阀 V_1 短路，双向导通，换相失败将周期性地发生。另外，在直流电流被控制后，阀 V_1 与阀 V_3 换相时的交流两相短路电流将大于直流电流。

2. 逆变器换相失败

换相失败是逆变器常见的故障，它是由逆变器多种故障所造成的结果，如逆变器换流阀短路、逆变器丢失触发脉冲、逆变侧交流系统故障等均会引起换相失败。当逆变器两个阀进行换相时，因换相过程未能进行完毕，或者预计关断的阀关断后，在反向电压期间未能恢复阻断能力，当加在该阀上的电压为正时，立即重新导通，则发生了倒换相，使预计开通的阀重新关断，这种现象称为换相失败。

以阀 V_1 对阀 V_3 的换相过程（图 3-16）为例，若阀 V_3 触发，换相角较大，在阀电压过零点后，阀 V_1 上还有剩余截流子，在正向电压作用下，不加触发脉冲也会重新导通，使阀 V_3 倒换相至阀 V_1，到 A 时刻阀 V_3 关断。有时由于换相角过大，甚至到 C_6 时刻阀 V_1 向阀 V_3 换相过程尚未完成，而阀 V_3 已经倒换相到阀 V_1。倒换相结束后，阀 V_1 和阀 V_2 继续导通。若无故障控制，则按原来次序触发以后各阀，在阀 V_4 触发导通时，通过 V_4 和 V_1 形成直流侧短路。在 P_5 时刻，阀 V_5 承受反向电压不能开通，直到阀 V_4 换相至阀 V_6 后，直流短路消失。若不再产生换相失败，则可以自行恢复正常运行。在此故障过程中，逆变器反电压下降历时 240° 约 13.3ms，直流侧短路为 $120° + \mu$。

逆变器在发生换相失败直流侧短路后，直流系统的逆变侧失去反电动势。假设整流器在故障瞬间定触发角运行，则相当于电压源。当发生换相失败时，通过逆变器的故障电流可按式（3-65）计算：

$$i_{\mathrm{dn}}=I_{\mathrm{d0}}+\frac{U_{\mathrm{dn}}}{2R}(1-\mathrm{e}^{-2\sigma t})+\frac{U_{\mathrm{dn}}}{2\omega_1 L}\mathrm{e}^{-\sigma t}\sin\omega_1 t \tag{3-65}$$

式中，$\sigma=\frac{R}{2L}$；$\omega_1=\sqrt{\frac{2}{LC}-\sigma^2}$，$C$ 为直流线路等值电容；I_{d0}为故障前输电线路电流；U_{dn}为故障前逆变器直流电压；假设 $L=L_1=L_2$，$R=(R_1+R_2+d)/2$。

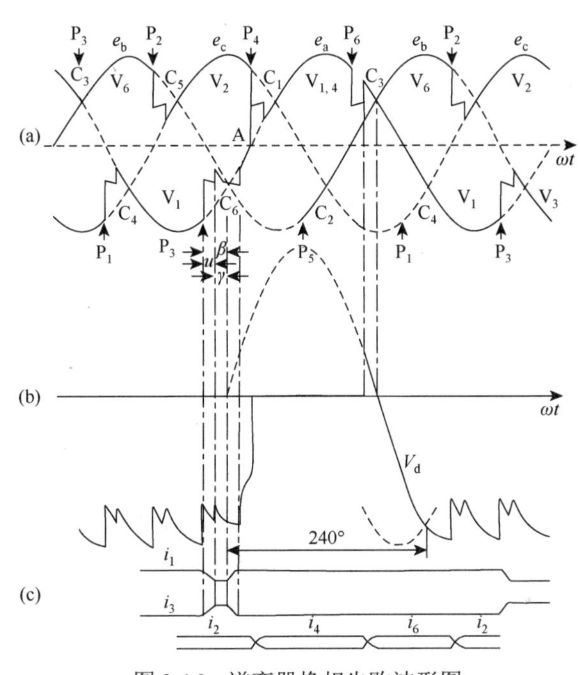

图 3-16　逆变器换相失败波形图

（a）换相电压；（b）直流电压；（c）阀电流

如果整流器的定电流调节器是理想的，则可认为它是电流源［图 3-17（b）］，保持输出的直流电流不变，因此通过逆变器的故障电流将按式（3-66）计算：

$$i_{\mathrm{dn}}=I_{\mathrm{d0}}+\frac{U_{\mathrm{dn}}}{\omega_2 L}\mathrm{e}^{-\sigma t}\sin\omega_2 t \tag{3-66}$$

式中，$\omega_2=\sqrt{\omega_0^2-\sigma^2}$，$\omega_0=1/\sqrt{LC}$。

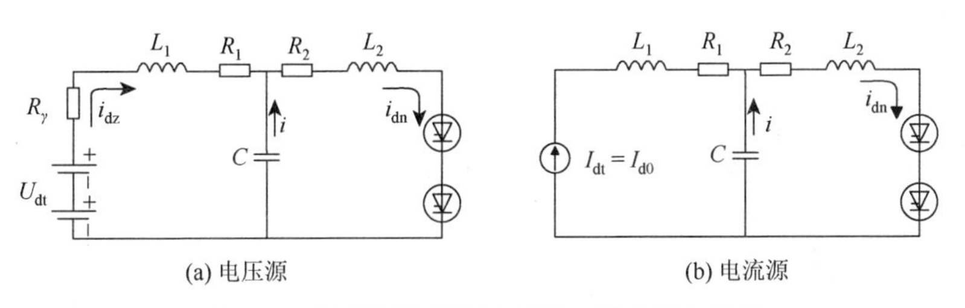

图 3-17　逆变器换相失败故障电流计算电路图

图 3-18 是采用某±500kV 直流工程参数，逆变器发生换相失败时直流侧故障电流的计算结果。曲线 1 是按照式（3-65）计算的，曲线 2 是按照式（3-66）计算的，工程实测的最大直流短路电流在两条曲线之间，更接近曲线 2，其振荡频率也在 ω_1 与 ω_2 之间。

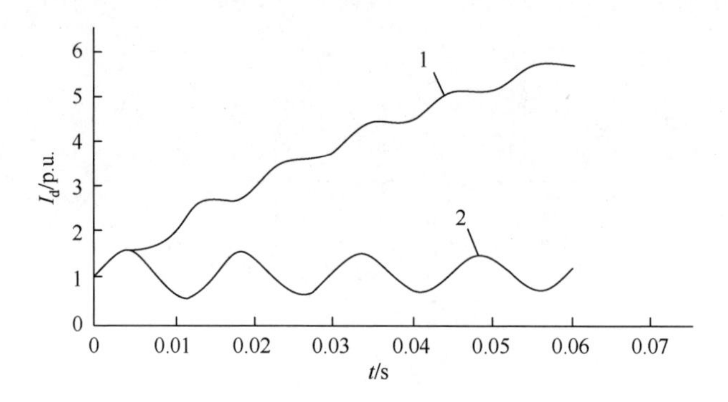

图 3-18　逆变器换相失败直流侧故障电流计算结果

对于目前的直流控制系统，一般在逆变器直流侧短路后 120°（约 6.7ms），不能完全控制住短路电流，因此逆变器换相角仍很大，使 V_4 向 V_6 换相仍不成功，直流侧短路继续存在；通常，最大短路电流出现在换相失败后 20ms 时，约 2 倍的额定电流；在直流侧短路 50ms 左右，整流侧的电流调节器才能将直流电流控制在整定值。此后，V_6 或 V_3 换相成功，解除直流侧短路。

若在阀 V_3 换相失败之后，阀 V_4 也换相失败，则称为两次连续换相失败，阀 V_1 和阀 V_2 连续导通近一个周波，直流反电压 180°（约 10ms），换流变压器持续流过直流电流产生偏磁，工频分量将进入直流系统。

换相失败的特征是：①关断角小于换流阀恢复阻断能力的时间（大功率晶闸管约 0.4ms）；②6 脉波逆变器的直流电压在一定时间下降到零；③直流电流短时增大；④交流侧短时开路，电流减小；⑤基波分量进入直流系统。

对于 12 脉波逆变器，一个 6 脉波逆变器发生换相失败，由于换相失败反向电压减小一半，直流电流又增大，串联的另一个 6 脉波逆变器的换相角增大，也可能发生换相失败。其直流电压和电流的变化趋势与 6 脉波逆变器相同。

3. 换流器直流侧出口间短路

直流侧出口间短路是指整流站或逆变站换流器直流端子之间发生的短路故障，其故障点如图 3-13（b）所示的 4 和 7。

1）整流器直流侧出口间短路

整流器直流侧出口间短路与阀短路的最大不同是换流器的阀仍可保持单向导

通的特性，以 6 脉波换流器为例，如果在整流器两个阀正常工作期间，发生直流出口短路，相当于发生了交流两相短路；当下一个阀开通换相时，将形成交流三相短路。如果在换流阀进行换相期间，发生直流出口短路，就相当于发生了交流三相短路。

在整流站，整流器的直流侧出口短路时，其换相过程如图 3-19 所示。设整流器运行在理想空载状态（即 $\alpha=0$，$I_d=0$），在阀 V_1 和阀 V_3 换相结束后，阀 V_2 和阀 V_3 导通时发生短路，此时交流侧 B、C 两相短路，阀 V_2 及阀 V_3 的电流 i_2 和 i_3 按两相短路计算；当 $\omega t=60°$时阀 V_4 开通，形成交流三相短路，i_2 和 i_3 按三相短路计算；当 $\omega t=120°$时发 P_5 脉冲，但由于直流短路，阀 V_5 处于反向电压作用下而不能开通，要等阀 V_2 关断后 $i_2=0$ 时阀 V_5 才开通，仍形成三相短路，阀 V_3 的电流继续按上阶段变化；在 $\omega t=180°$时发 P_6 脉冲，但阀 V_6 也要等阀 V_3 关闭后才能导通，而阀 V_3 要在 $\omega t=300°$时才能关断，而 P_6 的宽度最多只有 120°，因此实际上阀 V_6 是不能开通的，在 $\omega t=300°$时阀 V_3 关断，只剩下阀 V_4、阀 V_5 导通，转为 A、C 两相短路。在 $\omega t=360°$时 $i_4=i_5=0$，阀短路电流均为零，若故障继续存在，整流器重新转入阀 V_2、阀 V_3 导通情况下的两相短路状态，因此上述过程则成为周期性的循环。此时，V_3 和 V_4 中的最大电流为 $1.866I_{S3}$，V_2 和 V_5 中的最大电流为 I_{S3}。

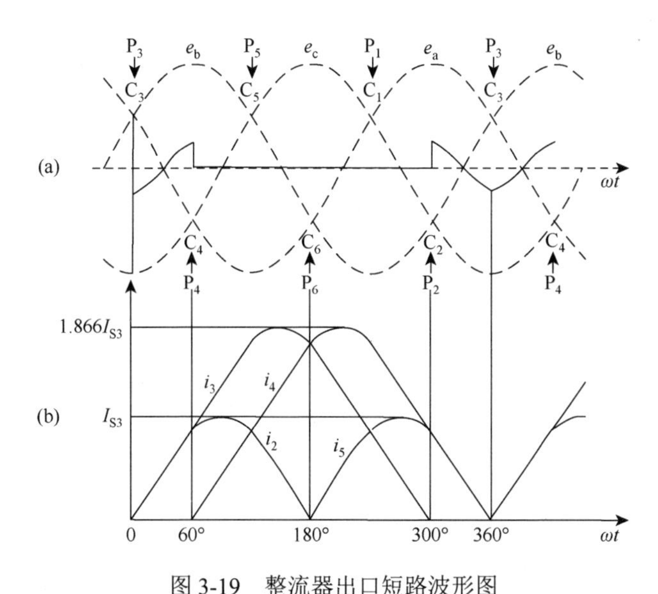

图 3-19　整流器出口短路波形图

（a）换相电压波形图；（b）最大阀短路电流波形图

整流器直流出口短路的特征是：交流侧通过换流器形成交替发生的两相短路

和三相短路；导通的阀电流和交流侧电流激增，比正常值大许多倍；因短路直流线路侧电流下降，换流阀保持正向导通状态。

对于12脉波整流器，两个相差30°的6脉波整流器串联，直流侧出口短路，短路通过两个6脉波整流器形成，其故障过程与6脉波整流器相似。

2）逆变器直流出口间短路

逆变器直流侧出口短路，其故障点见图3-13（b）的4和7，直流线路电流增大，与直流线路末端短路类似，但是由于直流平波电抗器的作用，其故障电流上升速度较慢，短路电流较小。当逆变器发生直流侧短路时，流经逆变器阀的电流将很快降到零，对逆变器和换流变压器均不构成威胁。实际上，在逆变器触发脉冲的作用下，当每个阀触发时，仍有瞬时充电电流存在。通常在整流站电流调节器的作用下，故障电流可以得到控制，但是短路不能被溃除。

对于12脉波逆变器，两个相差30°的6脉波逆变器串联，直流侧出口短路，换流器直流侧电流增大，交流侧电流减小的现象与6脉波逆变器相同。

4. 换流器直流侧对地短路

直流侧对地短路是指整流站或逆变站换流器直流侧对地短路。包括12脉波换流器中点、直流高压端、直流中性端对地形成的短路故障，其故障点见图3-13（b）的5、6、8，故障机理与直流端短路类似，仅短路的路径不同。

1）整流器直流侧对地短路

12脉波整流器直流高压端对地短路，其故障点见图3-13（b）的6，通过站接地网及直流接地极（在站内接地开关闭合时不通过接地极），到达直流中性端，形成12脉波换流器直流端短路。短路使直流回路电阻减小，阀及交流侧电流增加；而直流侧极线电流很快下降到零。

12脉波整流器直流侧中点对地短路，其故障点见图3-13（b）的5，使低压端6脉波换流器通过站接地网及直流接地极（在站内接地开关闭合时不通过接地极），到达直流中性点形成低压端6脉波换流器直流端短路。短路使直流回路电阻减小，低压端6脉波换流器阀电流及交流侧电流、直流中性点电流增加，直流极线电流下降。

12脉波整流器直流中性端对地短路，其故障点见图3-13（b）的8，因中性端一般处于地电位，对换流器正常运行影响不大。但是，短路电阻与接地极电阻并联，重新分配通过中性点的直流电流。

2）逆变器直流侧对地短路

12脉波逆变器直流高压端对地短路，其故障点见图3-13（b）的6，直流端直接接地，通过换流站接地网及直流接地极，形成逆变器直流端短路，其故障过程与逆变器直流侧出口短路类似。故障使直流侧电流增加，而流经逆变器的电流很快下降到零，中性端电流也下降。

12 脉波逆变器直流侧中点对地短路，其故障点见图 3-13（b）的 5。对地短路发生时，会造成低压端 6 脉波换流器短路，使直流极线电流增加，可能引起高压端 6 脉波换流器换相失败。同样，中性端电流下降。

12 脉波逆变器直流中性端对地短路，其故障点见图 3-13（b）的 8，因中性端一般处于地电位，对逆变器正常运行影响不大。但是，由于短路电阻与接地极电阻并联，会重新分配通过的直流电流。

5. 控制系统故障

高压直流输电系统中的换流器是由控制系统的触发脉冲控制的，以实现直流系统的正常运行。控制系统故障主要体现在触发脉冲不正常，从而使换流器工作不正常，其故障形式主要有以下两种。

1）误开通故障

换流阀整流器关断期间，大部分时间承受着反向电压，发生误开通的机会较少，即使发生误开通也仅相当于提早开通，这对于正常运行扰动不大。逆变器的阀在阻断期间的大部分时间内承受着正向电压，若此时受到过大的正向电压作用，或阀的控制极触发回路发生故障，都可能会造成桥阀的误开通故障。逆变器的误开通故障发展过程与一次换相失败相似，只要加以控制，能够使其恢复正常。

误开通的特征是：整流侧发生误开通时，因直流电压稍有上升，直流电流也会稍有增加；逆变侧发生误开通时，会发生直流电压下降或换相失败，直流电流增加。

2）不开通故障

阀不开通故障是由触发脉冲丢失或门极控制回路的故障所引起的。整流器发生不开通时，如阀 V_3 发生不开通故障时，阀 V_1 会继续导通，整流器直流电压下降；当阀 V_4 导通后，由于 V_4 和 V_1 形成整流器旁路，使直流电压下降为零，一直到阀 V_5 开通，直流电压才逐步恢复。若采取一定的控制措施，直流电压将会提早恢复；直流电压的变化，使直流系统的电流也跟随变化；当直流电压中的工频分量接近直流回路的自振频率时，则可能会引起工频谐振。逆变器不开通使先前导通的阀继续导通，与换相失败相似，差别在于不存在倒换相。同理，采用控制的方法可使其恢复正常。

不开通的特征是：整流侧发生不开通故障时，直流电压和电流下降；逆变侧发生不开通故障时，直流电压下降，直流电流上升。

3.4.2　换流站直流侧故障

1. 直流极母线故障

直流极母线故障主要指与母线相连的直流场设备发生对地闪络故障。其故障形式是：在整流站，类似于换流器直流出口对地短路；在逆变站，类似于直流线路末端对地短路。在换流站直流开关场中，通常极母线两端设置有直流电流检测装置，其中的极母线对地短路，将反映在两端测量的电流差值中。极母线上连接的各种装置，一般都有各自的专门保护装置。对于一些对直流系统运行没有直接影响的辅助设备，如发生非接地性故障时，其直流电压和电流基本不变，如何保护需要具体研究。

2. 直流滤波器故障

直流输电使用的直流滤波器主要由电容、电感和电阻等元件组成，一般接在直流极母线与中性线母线之间。如果直流滤波器出现接地故障，除了直流极线或中性线上两端的电流出现差值外，故障滤波器极线端与中性端的电流也会出现差值。另外，通过滤波器的电流也会增加。

由于电容元件一般由多台容量相等的电容器串联、并联组成，可以将它们分成两组或四组容量相等的部分，通过测量其不平衡电流，判断电容器故障。从直流输电工程运行中发现，如果发生电容器对称性故障，则上述的测量将不起作用。为此，根据滤波器的特性，可以检测流过滤波器的几种特征谐波电流，并计算出滤波器的失谐度，以用来判断电容器故障情况。

3. 直流接线方式转换开关故障

为构成直流系统不同的接线方式进行带电转换和极隔离，直流开关场具有一些断路器和隔离开关。这些设备发生对地短路故障可由所在地域的电流测量装置测出差动电流。对于主要的断路器，如极隔离断路器（NBS）、金属回线转换断路器、大地回线转换开关等，可以通过相应的直流运行参量，判断是否具备这些断路器断开的条件以及断路器动作是否正确，以便采取重合断路器等保护措施。

3.4.3 换流站交流侧故障

1. 换流器交流侧相间短路

换流器交流侧相间短路，直接造成交流系统的两相短路。这对交流系统来说将产生两相短路电流，对整流器和逆变器来说将有所不同。

1）整流器交流侧相间短路

整流器交流侧相间短路，交流侧形成两相短路电流，使整流器失去两相换相电压，其直流电流和电压以及输送功率将迅速下降。对于 12 脉波整流器，非故障的 6 脉波换流器尽管由于换流变压器电抗的作用，交流电压下降的较少，但其直流电压和电流也下降。

2）逆变器交流侧相间短路

逆变器交流侧相间短路，由于逆变器失去两相换相电压，以及相位的不正常，逆变器发生换相失败，其直流回路电流升高，交流侧电流降低。另外，对于受端交流系统相当于发生了两相短路故障，将产生两相短路电流；在直流故障电流被整流侧电流调节器控制后，每周瞬间交流侧两相短路电流将大于直流侧电流。对于 12 脉波逆变器，非故障的 6 脉波逆变器受到换相电压下降和故障的 6 脉波换流器发生换相失败使直流电流增加的影响，使其换相角增大，因而也发生换相失败。

2. 换流器交流侧相对地短路

对于 6 脉波换流器，换流器交流侧相对地短路的故障与阀短路相似。对于 12 脉波换流器，高压端 6 脉波换流器交流侧相对地短路是通过低压端 6 脉波换流器形成回路的，其故障点见图 3-13（b）的 2。

1）整流器交流侧相对地短路

整流器交流侧相对地短路，通过站接地网及直流接地极（在站内接地开关闭合时不通过接地极），到达直流中性端，也会造成相应的阀短路。相对地短路时，短路回路电阻相应增加，其短路电流比阀短路略有减小。此时，直流中性端电流基本与交流端相同，但直流另一端电流基本不变。

对于 12 脉波整流器，无论哪个 6 脉波换流器发生单相对地短路，直流中性母线都是短路回路的一部分。高压端 6 脉波换流器的交流短路回路需要通过低压端 6 脉波换流器构成，因此交流侧短路电流相对较小。

必须注意的是，在整流器交流侧发生相对地短路期间，二次谐波分量将进入直流侧，如果直流回路的固有频率接近此频率，则可能会引起直流回路的谐振。

2）逆变器交流侧相对地短路

逆变器交流侧相对地短路，同样通过站接地网及直流接地极（在站内接地开关闭合时不通过接地极），到达直流中性端，形成相应的阀短路。其故障过程与阀短路类似，使逆变器发生换相失败。在故障初期，直流电流增加，交流电流减小。当直流电流被整流侧电流调节器所控制、逆变站换相解除直流短路时，反向电压突然建立，使换流器高压端的直流电流瞬间减小（甚至为零），通过对地短路回路形成的两相短路的交流侧电流和直流中性端电流增加。最后，由相应的保护动作，闭锁换流器，跳开交流侧断路器。

对于 12 脉波逆变器，故障的 6 脉波逆变器发生换相失败，直流电流增加，可能使非故障的 6 脉波换流器也发生换相失败。同样，无论哪个 6 脉波换流器发生单相对地短路，通过大地回路形成的两相短路使交流侧电流和直流中性端电流增加，而换流器另一端的直流电流瞬间由大变到小，然后由整流侧电流调节器控制，恢复到其整定值。

3. 换流站交流侧三相短路故障

交流系统故障对直流系统的影响是通过加在换流器上的换相电压的变化而起作用的。当交流系统发生故障时，交流电压下降的速率、幅值以及相位的变化都会对直流系统的运行造成影响[14, 15]。

1）整流侧交流系统三相短路故障

交流系统发生三相对称性故障，整流器的换相电压变化与故障点距换流站的电气距离有关，根据理论分析可知

$$U_{\mathrm{d1}} = 1.35E_1\cos\alpha - (3/\pi)X_{\gamma 1}I_{\mathrm{d}} \tag{3-67}$$

式中，U_{d1}为整流器的直流电压；α为触发角；$X_{\gamma 1}$为整流器的等值换相电抗；E_1为整流器的换相线电压有效值；I_{d}为直流电流。

由式（3-67）可见，故障点离换流器越近，E_1下降越大，U_{d1}下降也越大，这对换流器的影响就越大，直至换相电压下降为零。直流系统受换相电压下降的影响，首先是直流电压下降而引起的直流电流下降，定电流控制从整流侧转到逆变侧，从而导致直流输送功率下降。由于没有危及直流设备的过电压和过电流产生，所以不需直流系统停运。在交流系统故障被切除后，随着交流系统电压的恢复，直流功率则快速恢复。

2）逆变侧交流系统三相短路故障

逆变侧交流系统三相短路故障，逆变站交流母线电压会降低，从而使逆变器的反电动势降低，直流电流增大，可能会引起换相失败。交流电压的下降速度和幅值与交流系统的强弱、故障点离逆变站的远近等有关。当故障点较近及交流系统较弱时，换相电压下降的幅值大且速度也快，最容易引起换相失败。图3-20是逆变侧换相母线三相短路故障时阀控系统5个周波的响应曲线。

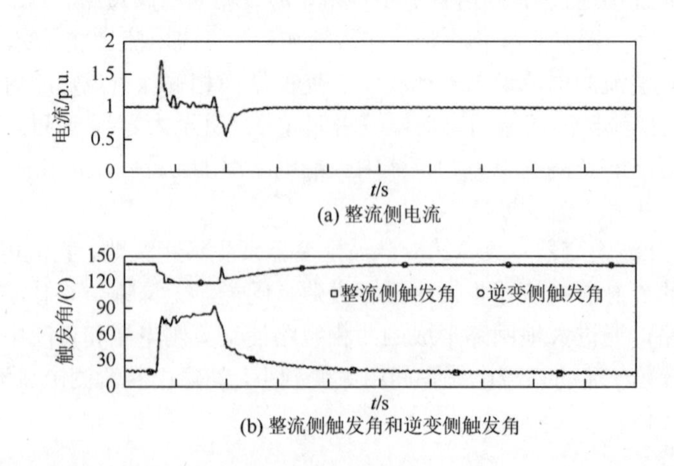

(a) 整流侧电流

(b) 整流侧触发角和逆变侧触发角

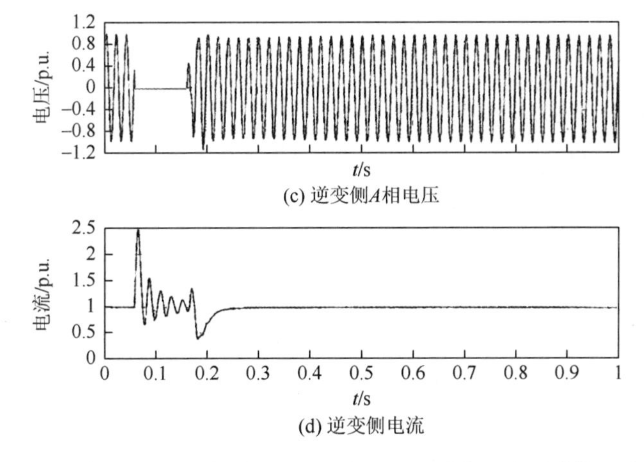

(c) 逆变侧A相电压

(d) 逆变侧电流

图3-20　逆变侧换相母线三相短路故障时阀控系统5个周波的响应曲线

以下将对交流系统发生三相短路故障可能引起换相失败的机理进行分析。

由换流原理可知，逆变器的触发角α、换相角μ_2、关断角γ以及超前触发角β之间有如下关系：

$$\alpha = 180° - \beta \tag{3-68}$$

$$\beta = \gamma + \mu_2 \tag{3-69}$$

逆变器的直流电压、换相角和关断角可分别由以下公式表示：

$$U_{d2} = 1.35E_2 \cos\gamma - (3/\pi)X_{\gamma 2}I_d \tag{3-70}$$

$$\mu_2 = \arccos[\cos\gamma - 6X_{\gamma 2}I_d/(1.35\pi E_2)] - \gamma \tag{3-71}$$

$$\gamma = \arccos\left[\left(U_{d2} + \frac{3}{\pi}X_{\gamma 2}I_d\right)\bigg/(1.35E_2)\right] \tag{3-72}$$

式中，$X_{\gamma 2}$为逆变器的等值换相电抗；E_2为逆变器的换相线电压有效值；U_{d2}为逆变器的直流电压；I_d为直流电流。

通常，在额定工况下μ_2为15°～20°，γ为16°～18°。对于逆变器，α的工作范围为90°<α<180°，而β的工作范围为0°<β<90°。假定γ_{min}为晶闸管换流阀恢复阻断能力所需的时间，则根据目前晶阀管的制造水平约为400μs（约为7.2°）。这意味着，逆变器在运行中，如果γ角小于7°，则会发生换相失败。

当交流系统发生三相短路时，换相电压E_2将降低，由式（3-70）可知，这将使逆变器的直流电压U_{d2}降低，从而使直流电流I_d升高。同时，由式（3-71）和式（3-72）可知，E_2的降低和I_d的升高都会引起运行的换相角μ_2加大和γ角变小。当γ小于γ_{min}时，逆变器将发生换相失败。因此，逆变侧交流系统发生三相短路故障，逆变器是否会发生换相失败，与E_2下降的幅值和速度、I_d上升的速度、γ

角调节器的增益和时间常数等因素有关。其中，E_2下降的幅值和速度取决于故障点距离换流站的远近以及交流系统的强弱；I_d上升的速度取决于直流回路的参数（主要是平波电抗器的电感和直流线路的电感和电容等）及整流侧电流调节器的增益和时间常数。一般地，电流调节器与γ角调节器的响应越快、调节量越大，对抑制换相失败越有利。但需要注意的是，γ角调节器的调节量不能太大，响应时间也不能太快，必须与电流调节器的动态参数相配合，才能得到较好的结果。因为γ角的加大，将使得逆变器的反电动势降低，从而加快了I_d的上升，致使μ_2增大，这对抑制换相失败是不利的。因此，对于一个已运行的直流输电工程（其直流系统参数和交流系统结构和参数已定），合理调整电流调节器和γ角调节器的动态参数也可以降低换相失败率。

对于不同直流输电工程，其直流回路参数、控制系统功能配置、动态参数和两端交流系统的强弱及参数等是不相同的。在工程设计阶段，需要对整个交直流系统进行物理模拟和数字仿真，并对直流控制系统的参数进行优化选择，使其有利于降低逆变器换相失败的概率。

当交流系统故障，换相电压会大幅度下降，将造成换相角μ_2显著增加，致使阀的实际关断角将受到下一个换相过程的影响而变小，此时的关断角与换相角的关系则为：$\gamma = 60° - \mu_2$。即使直流系统运行在整流站定直流电流、逆变站定关断角的理想方式，逆变器也可能发生换相失败。在这种情况下，交流系统发生三相短路时，产生换相失败的临界电压下降系数K可由式（3-73）表示：

$$K = X_{\gamma 2*} / [\cos\gamma - \cos(\gamma - \gamma_{\min} + 60°)] \tag{3-73}$$

式中，$X_{\gamma 2*}$为标幺值。假定$X_{\gamma 2*} = 0.15$、$\gamma = 17°$、$\gamma_{\min} = 7°$。代入式（3-73）得$K = 0.244$，即逆变器的三相电压对称下降到24.4%以下时，即使定关断角调节器起作用，换流器仍将发生换相失败。

需要注意的是，逆变器触发角α不能小于90°，即关断角与换相角之和不能大于90°；所以，当换相电压瞬时变化幅值过大，逆变器的触发角被限制在最小值（100°左右）时，将很难避免发生换相失败。因此，在三相换相母线电压为零的极端情况下，逆变器必然发生换相失败。

考虑到12脉波换流器实测的关断角调节器最快只能在1.667ms完成换相电压变化对应的角度调节，在这个时间，如果相应于换相电压下降减小的关断角大于调节器增加的角度，将会发生换相失败。如果换相电压波形畸变或下面叙述的不对称故障造成的相位变化速度大于调节器的调节速度，那么也将发生换相失败。但是，换相失败发生后，如果在调节器作用下的关断角大于相对稳矩的换相电压对应的关断角，那么逆变器将恢复正常换相。

在实际直流输电工程中，逆变器换相失败通常在 50ms 之内就可以恢复正常换相（与整流器的电流调节器的性能有关），一般交流系统三相故障在 100ms 内清除，随后 120ms 直流系统就可以恢复正常运行。

4. 换流站交流侧单相短路故障

单相故障是交流系统常见故障，一般形式为对地闪络[14, 15]。单相故障是不对称性故障，可以分离出正序、负序、零序对于不同换流变压器的接线方式，对换相电压的影响也有所不同，其中零序分量通过换流变压器中性点，需要考虑换相线电压过零点相位变化的影响。例如，换流母线单相接地故障，换流变压器网侧故障相电压为零，对 Y, y 接线阀侧换相电压与网侧一致；对于 Y, d 接线，阀侧两相电压下降到 0.577p.u.，三相都有换相电压。如果交流线路一相断路，换流变压器存在三角接线，有互感作用，因此使换流变压器不同接线的换流器都有三相换相电压，仅相位发生变化。

1）整流侧交流系统单相故障

整流侧交流系统发生单相故障，由于不平衡换相电压的影响，在直流系统将产生 2 次谐波。在故障期间，直流系统除了出现 2 次谐波外，与三相故障一样，直流电流和电压也相对减小，但直流输送功率下降比三相故障小。在交流系统单相故障清除后，直流输送功率将快速恢复。

2）逆变侧交流系统单相故障

以变压器为 Y, y 接线的逆变器为例，在一相换相电压为零的极端情况下，如果触发脉冲相位不变（即不考虑控制作用），随着相电压幅值的下降，线电压过零点将发生变化。当相电压为零时，C_1 和 C_4 滞后 30°、C_3 和 C_6 超前 30°、C_2 和 C_5 不变（图 3-21）；线电压过零点的变化使应开通的阀（V_6 和 V_3）没有开通条件，应关断的阀（V_4 和 V_1）没有足够的关断角，逆变器则发生连续换相失败。

在考虑关断角调节器作用的情况下，为保证足够的关断角，触发角被立即减小，换相失败在几十毫秒内就能恢复正常换相。图 3-21 是一相换相电压为零时，触发角减小到 120°，假定换相角为 15°，关断角也为 15°的换相过程图。由图 3-21 可以看出，在失去一相换相电压时，减小触发角（增大关断角），可以使逆变器所有关断角都大于 15°，以正常顺序换相，不会再发生换相失败；此时逆变器的直流电压平均值将低于正常值，并且出现较大的 100Hz 分量，而触发角的减小将受到逆变器最小触发角的限制。

5. 交流单相重合闸

单相重合闸是指在交流线路发生单相对地闪络故障时所采取的清除故障、恢复线路运行的措施[16]。在 220kV 系统中，单相重合闸时序是：0ms 单相对地短路故障；150ms 切除故障相，两相不平衡运行；1000ms 重合故障相，重合后 150ms 不成功跳三相。

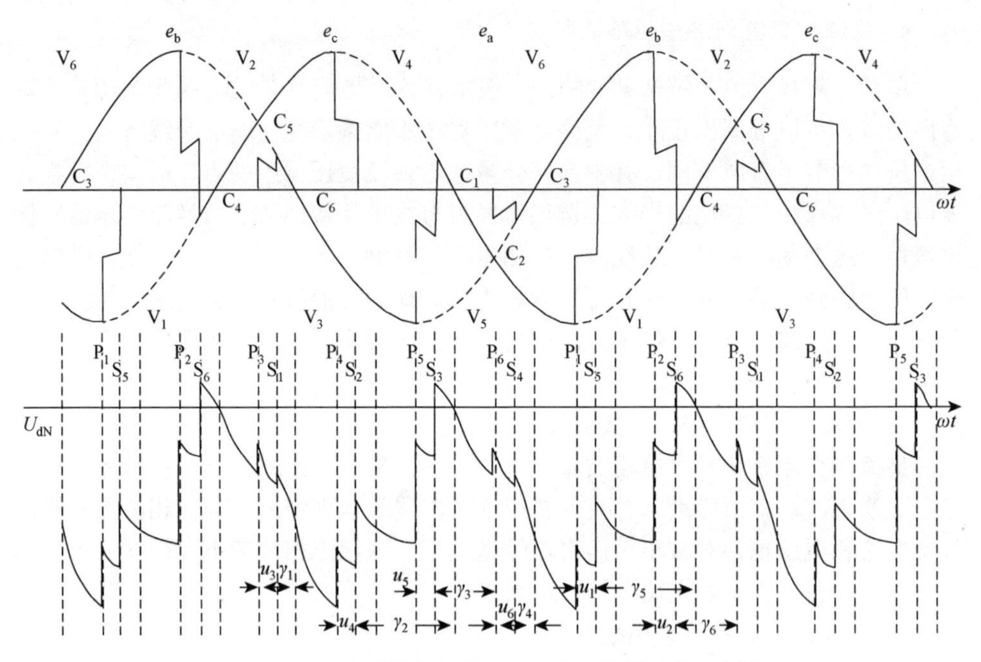

图 3-21　交流系统单相故障对逆变器换相影响示意图

根据前面交流系统单相故障的分析，整流侧交流系统单相重合闸，仅因交流故障清除时间的增长，增加了直流扰动的时间，其他机理基本相同。

对于逆变侧，如果逆变站有多回交流线路送出，其中一回发生单相对地闪络故障，尽管故障瞬间逆变器会发生换相失败，但在几十毫秒内即可恢复正常。在故障相切除后两相运行期间，由于换流变压器的三角接线互感作用以及其他正常交流线路的支撑，换流器各相换相电压仍可保持一定的幅值，维持正常换相顺序，逆变器可以逐步恢复正常运行。在重合时，如果单相故障未被清除，相当于又发生一次单相短路故障，逆变器又发生换相失败，再逐渐恢复正常。故障线路跳三相切除后或重合成功，换相电压将恢复正常，逆变器也恢复正常运行。当单相故障不能清除（开关拒动）时，需要交流后备保护动作切除故障，从而不再执行重合闸措施，因此随着交流电压的恢复，直流系统即可恢复正常运行。

6. 交流滤波器故障

通常，交流滤波器由电容器、电感器、电阻器和避雷器等元件组成。如果这些部件出现接地故障，则在高压和接地两端的电流将出现差值，另外通过滤波器的电流也会增大。电容元件一般由多台容量相等的电容器串联、并联组成，因此可以将它们分成两组或四组容量相等的几个部分，并通过测量其不平衡电流，也可判断出电容器故障；在发生不平衡电流和测量不能感知的对称故障时，可以检测流过滤波器的特征谐波电流和计算滤波器的失谐度，以达到判断电容器故障的目的。

3.4.4　直流线路与接地极故障

直流线路故障，主要是以遭受雷击、污秽或树枝等环境因素所造成线路绝缘水平降低而产生的对地闪络为主。直流线路对地短路瞬间，从整流侧可检测到直流电压下降和直流电流上升，而从逆变侧可检测到直流电压和直流电流均下降。其主要故障机理如下。

1. 直流线路故障

1）雷击

直流输电线路遭受雷击的机理与交流输电线路有所不同。直流输电线路，两个极线的电压极性是相反的。根据异性相吸、同性相斥的原则，带电雷云容易向不同极性的直流极线放电。因此对于双极直流输电线路，两个极在同一地点同时遭受雷击的概率几乎为零。一般直流线路遭受雷击时间很短，雷击使直流电压瞬时升高后会迅速下降，放电电流使直流电流瞬时上升。如果瞬时的电压上升，使直流线路某处绝缘不能承受，将发生直流线路对地闪络放电现象。

2）对地闪络

除了上述雷电原因外，当直流线路绝缘子受污秽、雾、雪、冰等环境影响变坏时，也会发生对地闪络。直流线路发生对地闪络，如果不采取措施切除直流电流源，则熄弧很难实现。

当发生对地闪络后，电压的突然变化（如接地故障）将造成线路突然放电，因此对输电系统将产生涌流，并产生暂态的电压波和电流波。电压波和电流波沿线路传播，并不断产生反射，会在线路上产生高频的暂态电压和电流。通过对瞬时电压和电流进行采样，以及已知的直流线路波阻抗，可以计算出行波值，还可检测出直流线路接地故障位置。

3）高阻接地

当直流输电线路发生树木碰线等高阻接地短路故障时，直流电压、电流的变化不能被行波等保护装置检测到。但由于部分直流电流被短路，两端的直流电流将出现差异。

4）直流线路与交流线路碰线

对于长距离架空直流输电线路，会与许多不同电压等级的交流线路相交，在长期的运行中，可能发生交直流线路碰线故障。交直流线路碰线，在直流线路电流中会出现工频交流分量。

5）直流线路断线

当发生直流线路杆塔倒塔等严重故障时，可能会伴随着直流线路的断线。直流线路断线将造成直流系统开路，直流电流下降到零，整流器电压上升到最大限值。

2. 中性母线与接地极故障

1）中性母线故障

直流中性母线故障主要指接在中性线上的直流设备发生的对地短路，其故障机理与换流器直流中性点对地短路相似，双极中性母线故障机理与接地极引线对地短路相似。

同样，在换流站直流开关场中，所有中性母线两端都应设置直流电流检测装置，根据这些电流可以判断出中性母线设备是否发生对地短路故障。另外，中性母线的电压，根据不同的直流接线方式，应在一定的范围内变化。例如，单极金属回线，直流系统唯一的接地点，一般设在逆变站；此时，整流站中性母线的电压等于金属回线上的压降。如果接地设备发生开路，中性线电压将发生异常现象。

由于中性母线处于地电位，短路支路与原接地线并联来分配直流电流，如果直流电流较小或短路阻抗较大，那么电流差值可能很小。中性母线上连接的重要装置，一般都有自己的专门保护。同样，对于一些直流系统运行没有直接影响的辅助设备，发生非接地性故障时，直流电压和电流基本不变，因此如何保护将需要具体研究。

2）直流接地极及引线故障

为了避免直流地电流对站接地网和换流变压器的影响，接地极通常建在离换流站几十公里的地方，因此换流站与接地极之间需要接地极引线进行连接。当接地极引线发生断路故障时，则流过接地极的电流为零，站内因失去参考电位，中性母线电压将会升高。

接地极引线一般采用两根平行导线，比较两根导线的电流差可以判断出一定距离的引线故障。由于接地极本身处于地电位，对于接地故障，直流电流是按短路电阻和接地电阻分配的；对于接近接地极的短路故障，短路电阻远大于接地电阻，在换流站内测量接地极电流，很难反映出故障的实际情况。

第4章　高压直流换流站的暂时与操作过电压

高压直流换流站的交直流场中，故障或操作都将引起暂时过电压和操作过电压，而交流侧故障或操作产生的过电压会通过换流变压器传递到直流侧，高压直流换流站的绝缘配合需确定直流侧避雷器在故障或操作下最大电流和最大能量[17-19]。暂时过电压是指持续时间为数个周波到数百个周波的过电压。最典型的暂时过电压发生在换流站交流母线，直接影响着交流母线避雷器，并通过换流变压器传至阀侧，影响阀避雷器。暂时过电压除了引起避雷器能量增加外，还会成为其他操作或故障引起操作过电压的起始条件。而操作过电压的持续时间通常在0.1s以内（即5个工频周波），且具有幅值高、振荡频率高等特点[20]。

4.1　来自换流站交流侧的过电压

高压直流换流站交流母线上的缓波前操作过电压，主要由换流站交流母线上的变压器、电抗器、静态无功补偿、交流滤波器和电容器组的操作，以及故障出现和清除、线路合闸和重合闸操作等引起。缓波前操作过电压仅在瞬态的前半个周期具有高幅值，随后几个周期幅值明显降低。远离高压直流换流站的交流网络上产生的缓波前过电压通常低于发生在换流站母线附近的过电压。

在设备的运行期间，换流站交流母线上的设备可能出现多次操作。常规的开断操作引起的过电压一般比故障引起的缓波前过电压要低。但是在极少的情况下，断路器开断时会产生重燃现象而使过电压升高。

交流侧故障产生的操作冲击可通过换流变压器传到直流侧，此时换流阀承受较大的操作过电压，考虑到只有相间的操作过电压才能从交流系统以全幅值传递到换流变压器阀侧，再通过导通相的换流阀加到另一相换流阀的两端，在其两端产生过电压。该过电压出现在换流阀两端，其影响是通过换流变压器（按变比）出现在不导通的阀上，模型如图4-1所示[21]。

交流侧产生操作冲击过电压主要包括：交流侧接地故障、交流侧接地故障消失、换流站交流侧操作线路、滤波器操作等产生的过电压，换流变压器合闸过电压，以及交流线路操作过电压等。交流网络的动态特性、阻抗及对主要瞬态振荡频

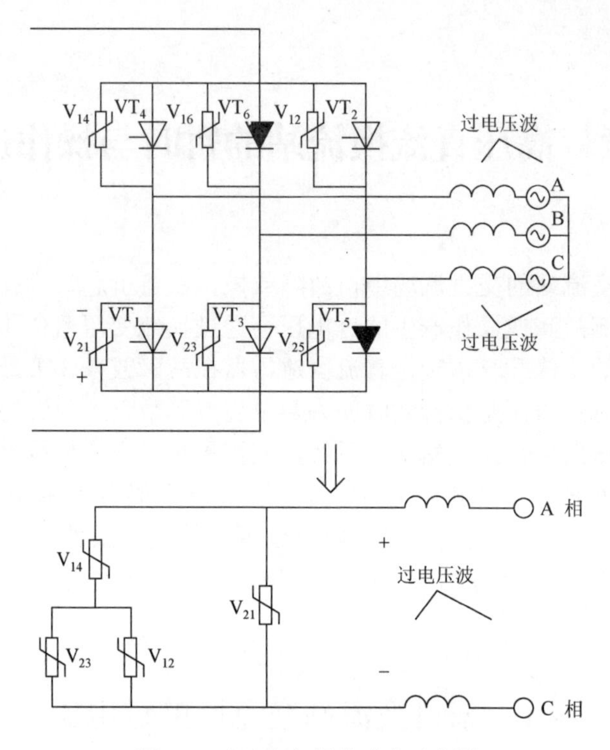

图 4-1　交流相间操作冲击示意图

率的有效阻尼、换流变压器的模型，以及静态同步补偿和滤波器组件的模型对过电压的计算都很重要。

4.1.1　交流侧接地故障

一般地，当发生交流系统单相接地故障时，在故障发生期间，换流器不会闭锁，此时，换流器传送的功率有限，换流站仍然保持运行。交流侧的故障，会引起直流侧的暂态过程。当交流侧发生不对称接地故障时，换流变压器其余正常工作的两相同时反极性进波，此时未导通的单阀承受最大的操作冲击电压。故障模型如图 4-2 所示，其中故障点为图中所示的交流母线单相接地故障点。另外，在交流电网单相接地故障期间，二次谐波电压将馈入中性母线。在这种情况下，12 脉波整流桥可以被看作具有二次谐波以及其他谐波频率的电压源。该电压的一部分被中性母线占用。在大多数工程项目中，接地极引线往往并联有中性母线电容。如果中性母线电容和接地极引线围绕二次谐波具有谐振点，中性母线上的电压将更高，中性母线避雷器上的应力也将增大。

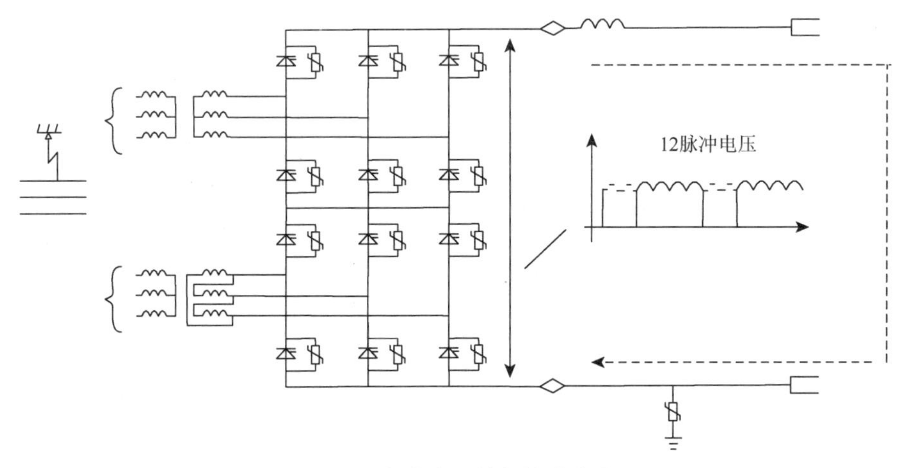

图 4-2　交流电网单相接地故障

当在空载线路上出现单相或两相接地故障时，一方面由于长线的电容效应，另一方面由于短路电流的零序分量，此时健全相上工频电压暂时升高。一般两相接地的概率很小，而以单相接地最为常见，这里只讨论单相接地的情况。

单相接地时，故障点各相电压、电流不对称，可应用对称分量法序网图进行分析，计算时还应计及长线的分布特性。当 A 相接地时，可求得健全相 B、C 的电压为

$$\left.\begin{aligned}\dot{U}_{\mathrm{B}}&=\frac{(\alpha^2-1)Z_0+(\alpha^2-\alpha)Z_2}{Z_0+Z_1+Z_2}\dot{E}_{\mathrm{A}}\\\dot{U}_{\mathrm{C}}&=\frac{(\alpha-1)Z_0+(\alpha^2-\alpha)Z_2}{Z_0+Z_1+Z_2}\dot{E}_{\mathrm{A}}\end{aligned}\right\}\tag{4-1}$$

式中，$\dot{E}_{\mathrm{A}}$ 为正常运行时故障点处 A 相的电压；Z_1、Z_2、Z_0 为从故障点看进去的电网正序、负序、零序阻抗；$\alpha=\mathrm{e}^{\mathrm{j}2\pi/3}$。

对于较大容量的系统，$Z_1\approx Z_2$，同时可忽略各序阻抗中的电阻分量 R_0、R_1、R_2，则式（4-1）可改写为

$$\left.\begin{aligned}\dot{U}_{\mathrm{B}}&=\left(-\frac{1.5\dfrac{X_0}{X_1}}{2+\dfrac{X_0}{X_1}}-\mathrm{j}\frac{\sqrt{3}}{2}\right)\dot{E}_{\mathrm{A}}\\\dot{U}_{\mathrm{C}}&=\left(-\frac{1.5\dfrac{X_0}{X_1}}{2+\dfrac{X_0}{X_1}}+\mathrm{j}\frac{\sqrt{3}}{2}\right)\dot{E}_{\mathrm{A}}\end{aligned}\right\}\tag{4-2}$$

由式（4-2）可求出 $\dot{U}_{\mathrm{B}}$、$\dot{U}_{\mathrm{C}}$ 的模值为

$$U_{\mathrm{B}}=U_{\mathrm{C}}$$
$$=\sqrt{3}\frac{\sqrt{\left(\frac{X_0}{X_1}\right)^2+\left(\frac{X_0}{X_1}\right)+1}}{\left(\frac{X_0}{X_1}\right)+2}E$$
$$=K^{(1)}E \tag{4-3}$$

式中

$$K^{(1)}=\sqrt{3}\frac{\sqrt{\left(\frac{X_0}{X_1}\right)^2+\left(\frac{X_0}{X_1}\right)+1}}{\left(\frac{X_0}{X_1}\right)+2} \tag{4-4}$$

$K^{(1)}$称为单相接地系数，它说明单相接地故障时，健全相的对地最高工频暂时电压有效值与故障前故障相对地电压有效值之比。

在不计损耗的前提下，一相接地，两健全相电压升高是相等的；若计及损耗，由式（4-1）可知 U_{B} 不等于 U_{C}。

利用式（4-4）可以画出健全相电压升高 $K^{(1)}$与 X_0/X_1 值的关系曲线，如图 4-3 所示。从图中可以看出损耗对 B、C 两相电压升高的影响。

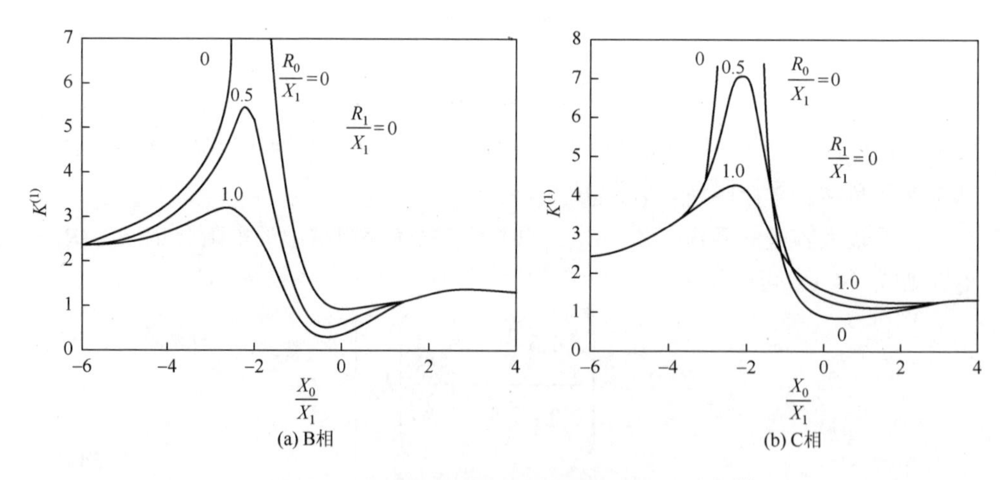

图 4-3　A 相接地故障时健全相的工频电压升高[1]

X_0 和 X_1 是由故障点交流系统侧得到的数值，既包含分布的线路参数，也包含电机的暂态电抗、变压器的漏感等，而且零序和系统中性点运行方式有很大的关系。X_0/X_1 的值越大，健全相上电压升高越严重。

对于同一系统，存在“大”“中”“小”三种运行方式。一般地，从“小方式”到“大方式”运行时，电源的正序阻抗下降很快；相反地，由于继电保护的原因，零序阻抗不是成比例下降。也就是说，该电网某一点发生单相接地时，从该点可以看出零序阻抗与正序阻抗比值 X_0/X_1 不是定值，因此单相接地系数 $K^{(1)}$也不是定值。一般情况下，“大方式”运行时单相接地系数大。

最高的暂时过电压通常发生在三相突然短路并完全甩负荷时。根据磁链守恒原理，甩负荷后发电机中通过激磁绕组的磁通来不及变化，与其对应的电源电势 E_d' 维持不变。原来负荷电感电流对发电机主磁通的去磁效应突然消失，而空载线路电容电流对发电机主磁通起助磁作用，使 E_d' 上升，加剧了暂时电压的升高。

另外，发电机突然甩掉一部分有功负荷，而原动机的调速器有一定惯性，在短时间内输入给原动机的功率来不及减少，主轴上有多余功率，这将使发电机转速增加。转速增加时，电源频率上升，不但发电机的电势随转速的增加而增加，而且加剧了线路的电容效应。如果此时换流器因故障闭锁而滤波器又没有及时退出，滤波器和电容器组与交流系统可能形成低频谐振。从故障引起的过电压及对避雷器能耗要求观点讲，此种暂时过电压更为苛刻。

4.1.2　交流侧接地故障消除

换流站交流侧单相接地、三相接地故障可能发生在离换流站或远或近的地方，交流滤波器组会经故障点放电。如果故障发生在换流站其中的一回交流进线上，那么外部的交流线路保护将会清除故障。故障清除会造成暂态过电压。滤波器组和变压器通过系统阻抗充电引起暂态过电压，其等值电路如图 4-4 所示[13, 21]。交流系统的电感和交流滤波器组构成振荡回路，当故障在电流为零时清除，等值

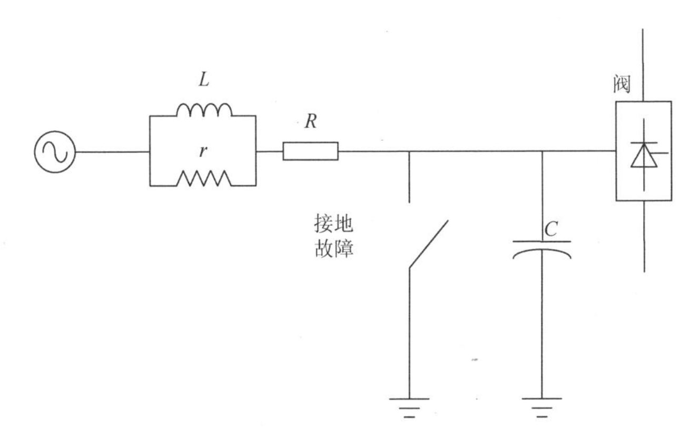

图 4-4　交流侧接地故障清除时暂态过程的等效电路

电压源几乎达到其峰值。换流站母线的暂态电压在忽略阻尼时可达到电压源峰值的两倍，振荡频率为基本元件中的回路电感和总的交流滤波器电容和并联电容的固有频率。

故障清除过程中，滤波器组和换流变压器通过系统阻抗充电引起暂态过程，在换流站交流侧产生过电压。这种故障消失时出现的过电压与故障远近、消失时刻、换流变压器的剩磁和过电压下的换流变压器励磁饱和特性、交流母线避雷器的保护水平等相关，尤其与换流站是否处于闭锁状态等因素有关。如果若干故障线路切除后，滤波器电容与交流系统阻抗并联回路形成很高的基波、二次或三次谐波阻抗，可能产生工频或谐波谐振过电压。

由于换流变压器的存在，故障时磁通限制在换流变压器中。因此，故障清除电压会由故障清除时刻、变压器的饱和特性决定，此饱和特性会在网路阻抗中注入谐波电流。故障造成变压器严重剩磁，饱和将是不对称的，饱和电流中有很大的二次谐波分量。如果滤波器电容与交流系统的并联回路形成很高的二次谐波阻抗，则注入的饱和电流可能产生谐波过电压。如果剩磁为零，变压器饱和对称，那么饱和电流具有很大的三次谐波分量（如果饱和相位相等，电流具有零序性质）。较大的三次谐波阻抗与滤波器电容、交流系统的零序阻抗并联，同样会产生谐波过电压，这时的过电压也具有零序性质。大多数系统中清除三相故障会产生较高过电压，但是，如果零序阻抗较高，单相接地故障可能会更严重。在直接由发电站供电的换流站，有时单相接地故障会产生比三相故障更高的过电压，这与发电机的励磁系统有关。

交流电网发生故障时，由于零序网络的影响，健全相上将产生过电压。与换流站连接的交流系统通常为中性点直接接地系统。这种系统内暂时过电压（相对地）一般低于 1.4 倍，持续过电压低于 1.2 倍[12, 13]。由于断路器操作时间的影响，从故障发生到故障清除所用的典型操作时间为 150ms。如果故障位于交流母线上的保护区内，交流母线差动保护可使换流器闭锁并释放中性点避雷器的应力。这种情况不是决定性的，因为差动保护时间远小于 150ms。

在换流站交流母线附近发生单相或三相短路，交流母线电压降低到零，避雷器典型过电压如图 4-5 和图 4-6 所示。

在故障期间，换流变压器磁通将保持在故障前水平。当故障清除后，交流母线电压恢复，电压相位与剩磁通的相位不匹配。变压器中含有残磁，残磁的大小取决于故障的时刻。当故障切除后，电压恢复时，变压器可能饱和，像投变压器时一样，电网中满足谐振条件的谐波电流将产生过电压。在电网接线条件不利的情况下，这些过电压可能达到 2 倍及以上，它的衰减比变压器投入时快，这将使得该相变压器发生偏磁性饱和。不同于变压器投入时引起的饱和过电压，这种饱和过电压不能通过加装合闸电阻来解决，因而成为确定换流站交流母线避雷器能

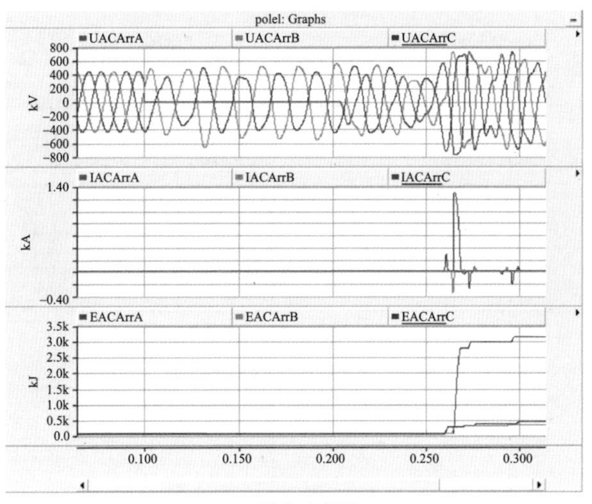

(a) 额定功率下

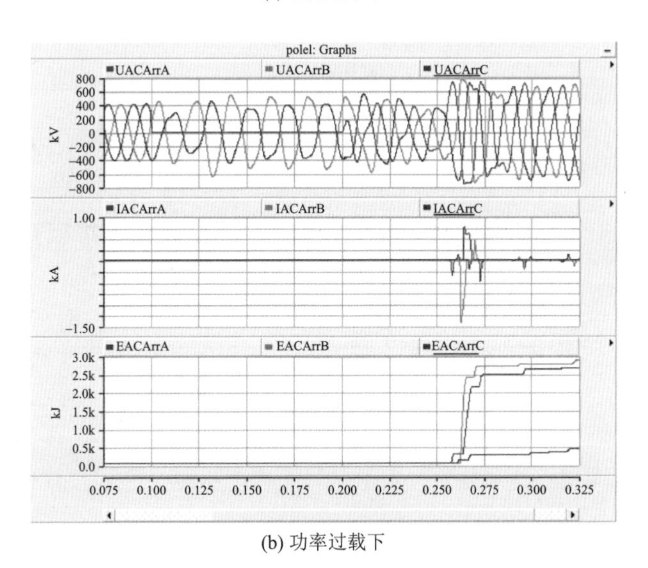

(b) 功率过载下

图 4-5　单相故障及清除时避雷器过电压

量要求的基本工况之一。这类过电压只有改变电网接线才能消除，因此应仔细研究，在换流站绝缘配合中，对限制这种过电压的避雷器必须选择适当的参数。为了避免或降低饱和过电压，还应考虑换流器的运行方式，如在系统故障期间维持直流电流，或在故障切除后阀立即解锁的控制方式等都是十分必要的。

在交流电网中切除故障时产生的过电压一般小于 1.6 倍。在低阻尼的电网中，当切除靠近换流站母线的故障时，换流变压器的饱和，可能引起更高幅值的过电压。交流侧相间过电压通过换流变压器传递到阀侧，对阀侧绝缘强度有很大影响。

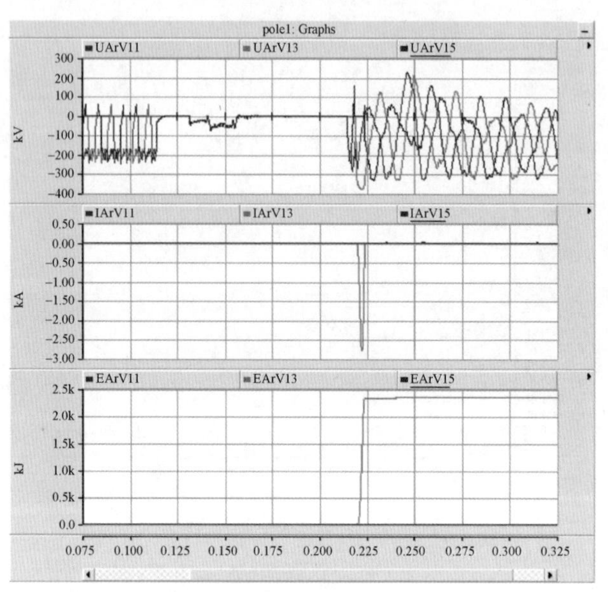

(a) 额定功率下

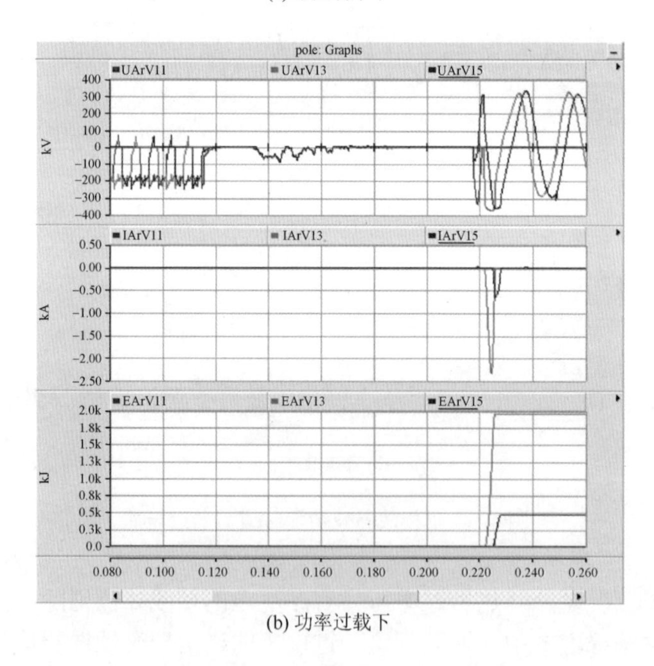

(b) 功率过载下

图 4-6　三相接地故障及清除时避雷器过电压

对于高压及超高压系统，避雷器不动作时，最大相间过电压约为相对地过电压的 1.5 倍；避雷器动作时，相间过电压理论上可达到避雷器保护水平的 2 倍。故障时，可能会尝试多次重合闸，因此避雷器上的能量会根据重合闸次数累加。

4.1.3 换流变压器的投切

1. 换流变压器的投入

与常规交流变电站所不同的是，换流站一般装设有大量的滤波器和容性无功补偿设备。换流变压器在投切时会产生励磁涌流。励磁涌流是变压器全电压充电时在其绕组中所产生的暂态电流，由变压器铁心饱和造成。它随变压器投入系统时电压的相角、变压器铁心的剩余磁通和电源系统的阻抗等因素而变化，如果在电压为零的瞬间投入变压器，将出现最大涌流，峰值甚至可达到变压器额定电流的 6～8 倍[22]。励磁涌流随时间衰减，其衰减时间取决于回路电阻和电抗，小型变压器几个周期后即达稳定状态，大型变压器衰减较慢，有的甚至延续到 20s。励磁涌流的主要特点有：①含有大量非周期分量，即含有多个谐波分量，导致涌流偏于时间轴的一侧；②含有大量的高次谐波，且以 2 次为主；③波形间存在间断。

如果在低阻尼的网络中满足其中一个或几个谐波的谐振条件，可能在由滤波器和系统电抗形成的并联回路中引起谐波谐振，造成较高的综合阻抗，使得换流变压器投入时饱和引起的励磁涌流在交流母线上产生较高的谐波电压，并叠加到基波电压上，造成长时间的饱和过电压。这种由饱和引起的过电压能够维持数秒。换流站交流滤波器和电容器组的存在，使得在投入换流变压器时容易达到 2～4 次谐波谐振的条件。由于换流站一般有多个换流器，当其他换流器运行时，不可避免地要投入滤波器和容性无功补偿设备，当最后一台换流变压器投入时，必将发生这类情况，如图 4-7 所示。

在最不利的电网条件下，这种形式的过电压可达到 1.6～1.8 倍。因为这些过电压持续时间长，会使避雷器吸收的能量达到很大的值，所以对这种情况进行计算是很重要的。限制这种过电压的措施应首先考虑在操作顺序上采取先投换流变压器，后投滤波器和电容器组的办法，以避免谐振条件。为了降低这类过电压的幅值，几乎所有换流变压器的断路器都加装合闸电阻，合闸电阻对降低换流变压器投入时的铁磁谐振过电压十分有效。在设计简单的直流站中，例如，只有一个 12 脉波的换流阀单元，过电压也可以通过操作顺序予以避免。

2. 换流变压器的切除

切除空载换流变压器也是电网中常见的操作之一。在正常运行时，空载换流变压器可等效为一个铁心电感。因此，切除空载变压器相当于切除一个小容量的电感负荷。与其类似，切除消弧线圈、并联电抗器、大型电动机等也属于切除电感性负荷[22]。

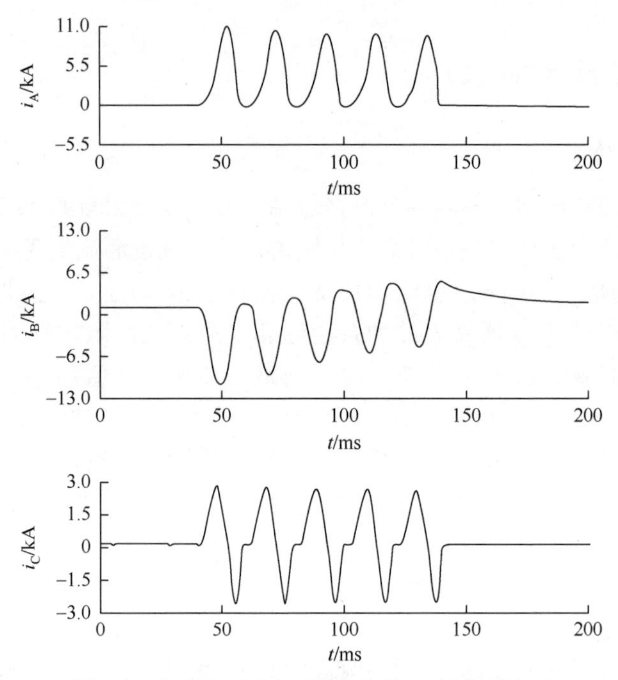

图 4-7　换流变压器充电瞬间网侧三相电流波形

在切断小电感电流时，由于能量小，通常弧道中的电离并不强烈，电弧很不稳定；加之断路器去电离作用很强，可能在工频电流过零前，电弧电流会发生截断而强制熄弧。弧道中电流被突然截断的现象称为截流。由于截流，留在电感中的磁场能量转化为电容上的电场能量，从而产生了过电压。

图 4-8 是切除空载变压器的等效电路。L 为变压器的激磁电抗；C 为变压器本身及连接母线等的对地电容，其数值视具体情况而定，约为几百至几千皮法，$e(t)$ 为电源电势；L_S 为电源电感。

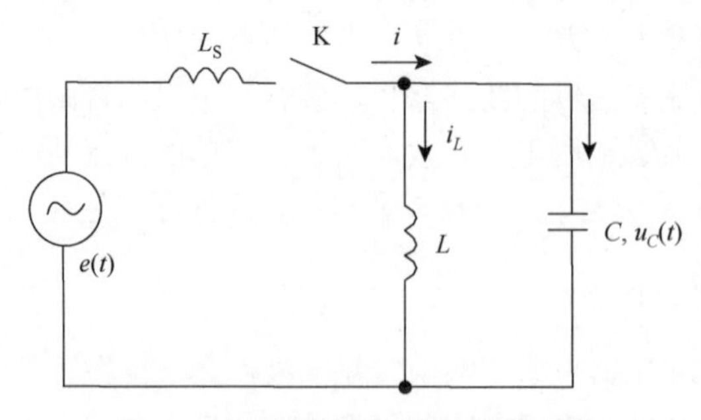

图 4-8　切除空载变压器的等效电路

在断路器未断开前，工频电压作用下回路电流 i 为变压器空载电流 i_L 与电容

电流 i_C 的相量和。由于电容 C 很小，或者说工频下 C 的容抗很大，故 i_C 可以略去，则

$$i = i_L + i_C \approx i_L \tag{4-5}$$

设被截断时 i_L 的瞬时值为 I_0，而电感与电容上的电压相等，$u_L = u_C = U_0$。断路器开断后在电感与电容中储存的能量分别为

$$W_L = \frac{1}{2} L I_0^2 \tag{4-6}$$

$$W_C = \frac{1}{2} C U_0^2 \tag{4-7}$$

回路 L、C 构成振荡。当全部电磁能量转变为电场能时，电容 C 上的电压最大值 $U_{C\max}$ 可按照式（4-8）求得

$$\frac{1}{2} C U_{C\max}^2 = \frac{1}{2} L I_0^2 + \frac{1}{2} C U_0^2 \tag{4-8}$$

$$U_{C\max} = \sqrt{\frac{L}{C} I_0^2 + U_0^2} \tag{4-9}$$

若略去截流时电容上的能量，则式（4-9）为

$$U_{C\max} = I_0 \sqrt{\frac{L}{C}} = I_0 Z_{\mathrm{m}} \tag{4-10}$$

式中，Z_{m} 为变压器的特征阻抗。

由此可见，截流瞬间的 I_0 越大，变压器激磁电感越大，则磁场能量越大；寄生电容越小，同样磁场能量转化到电容上，产生的过电压越高。一般情况下，I_0 并不大，极限值为激磁电流的最大值，只有几安到几十安，但是变压器的特征阻抗 Z_{m} 很大，可达 10^4 欧姆，故能产生很高的过电压。

4.1.4　交流侧线路操作

交流母线操作过电压是由交流侧操作和故障引起的，具有较大幅值的操作过电压一般只维持半个周波。除影响交流母线设备绝缘水平和交流侧避雷器能量外，还可以通过换流变压器传导至换流阀侧，而成为阀内故障的初始条件[1, 23, 24]。

1. 空载线路合闸

空载线路的合闸有两种情况，即正常合闸和自动重合闸。由于两者初始条件的差异，如电源电势的幅值及线路上的残余电荷，上述两种合闸方式产生的过电压幅值有较大的差异。一般情况下，自动重合闸过电压较为严重。

空载线路合闸时，其集中参数单相模型如图 4-9（a）所示。设电源电势为 $E_{\mathrm{m}}\cos\omega t$。为简化分析，线路用 T 型电路来等值，$L_{\mathrm{T}}$、$C_{\mathrm{T}}$ 分别为线路总的电感、

电容，电源电感为 L_S，并忽略线路及电源的电阻。简化后的等值电路变为图 4-9（b），其中 $L = L_S + L_T/2$。

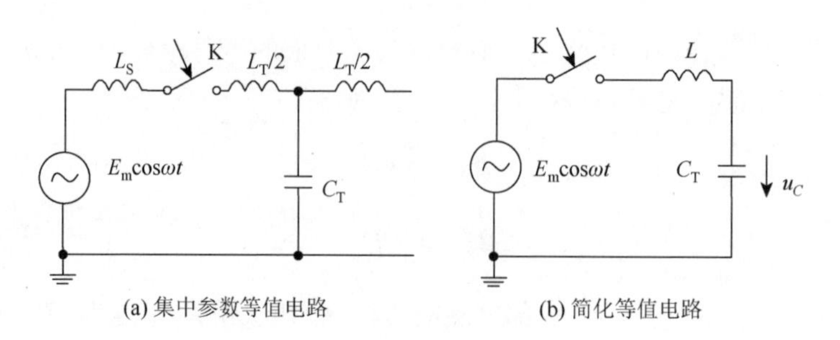

图 4-9 空载线路合闸

由电路建立微分方程，根据初始条件，可求得电容上的电压为

$$U_C(t) = U_{Cm}[\cos(\omega t) - \cos(\omega_0 t)] \tag{4-11}$$

式中，ω 为电源频率；电容上电压的振幅 $U_{Cm} = E_m/[1-(\omega/\omega_0)^2]$；$\omega_0$ 为等值回路自振荡频率，且 $\omega_0 = 1/\sqrt{LC_T}$。

若 ω_0 远大于电源频率 ω，在电源电压到达峰值时合闸，在振荡初期电源电势 E_m 可认为不变，这样电容上电压可达 $2U_{Cm}$。实际上，由于线路的电容效应 $U_{Cm} > E_m$，因此线路上的电压要超过电源电势的 2 倍。若计及损耗，但忽略损耗对 ω_0 的影响，则式（4-11）可写成

$$U_C(t) = U_{Cm}[\cos(\omega t) - e^{-\delta t}\cos(\omega_0 t)] \tag{4-12}$$

式中，δ 为衰减系数，一般 $\delta \approx 30$。

如果是重合闸，线路上有残余电荷，相当于图 4-9（b）电容上有初始电压，同样可得到电容上电压的表达式为

$$U_C(t) = U_{Cm}[\cos(\omega t) - A_0\cos(\omega_0 t)] \tag{4-13}$$

式中，$A_0 = 1-U_{C0}/U_{Cm}$，A_0 的取值范围为 0～2，U_{C0} 为重合闸线路上的残余电荷在线路电容上建立的电压。在这种情况下，线路上过电压的最大值可达 $3U_{Cm}$。若计及损耗，则低于此值。

简单来说，空载线路合闸时，产生过电压的根本原因是电容、电感的振荡电压叠加在稳态电压上。当两端开路线路中的一侧投入到交流系统时，通常在线路末端或开路端产生较高的操作过电压，而线路首端的过电压水平相对较低，一般不超过 1.8p.u.。过电压的幅值与电网结构、参数、断路器特性等有关，对于实际工程，应根据具体情况并考虑可能出现的不利因素进行研究。

对于换流站而言，当交流开关场投运时，总是让第一回投入的线路首先带电，当达到稳定状态后，再接到换流站交流母线上，这样可以避免在交流开关

场设备上造成大的操作过电压。另外，线路合闸过电压可通过加装合闸电阻得到改善。

2. 空载线路切除

切除空载线路也是系统中常见的操作之一。若使用的断路器灭弧能力不够强，以致电弧在触头间重燃时，切除空载线路的过电压事故就比较多，因此，电弧重燃是产生这种过电压的根本原因。用 T 型等值电路来代替一条单相空载线路，见图 4-10（a）。

图 4-10（a）中，L_T、C_T 分别为线路的总电感、对地电容，电源电感为 L_S。若不计母线电容及损耗，即可得到图 4-10（b）的简化电路。

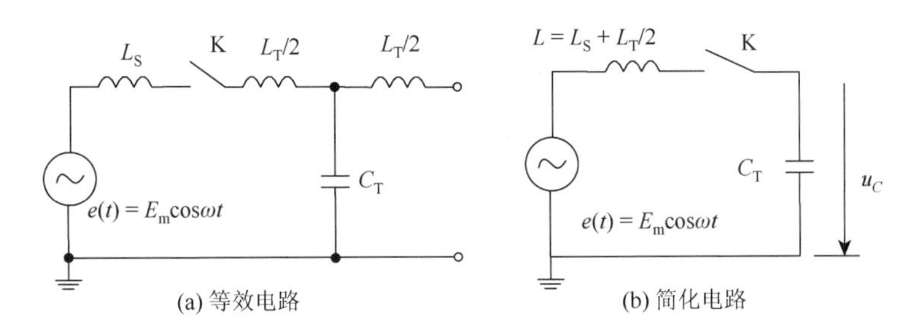

图 4-10　切除空载线路的等效电路

在断路器 K 打开前，由于 $\omega L < 1/(\omega C_T)$，所以电流是容性的，超前线路电压 90°，且电容上（即线路）电压近似等于电源电压。若 $e(t) = E_m\cos\omega t$，则 $i = -\omega C_T E_m\sin\omega t$，如图 4-11 所示。

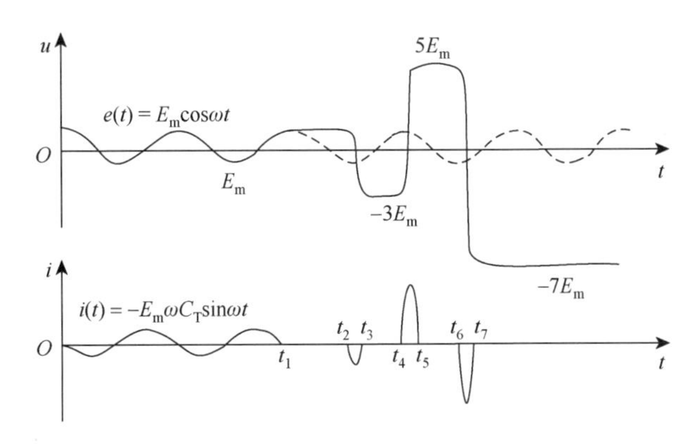

图 4-11　切断空载线路的过电压发展过程（三次重燃）

当断路器开断后，触头间的电弧将在电流 i 通过工频零点时熄灭（图 4-11 中

t_1时刻），电源上电压刚好为最大值E_m。电弧熄灭后，C_T上的残余电荷保持不变，相当于一个直流电压。断路器一端触头保持电压为E_m，而另一端触头随电源电势仍按余弦曲线变化。经过工频半波后，$e(t)$变为$-E_m$，两触头间的电压变为$2E_m$。如果两触头尚未拉开到足够距离，触头间介质的绝缘强度没有得到很好的恢复，或绝缘恢复强度的上升速度不够快，则可能在$2E_m$作用下使触头间隙发生电弧重燃（图4-11中t_2时刻），并发生振荡过程，形成过电压。

C_T上的起始电压为E_m，电弧重燃后，它将具有新的"稳态电压"$-E_m$。集中参数LC串联振荡过程中，当回路中的电容从初始电压U_0过渡到另一稳态电压U_S时，过渡过程中可能出现的最大电压U_{max}可由式（4-14）近似求出

$$U_{max}=U_S+(U_S-U_0)=2U_S-U_0 \tag{4-14}$$

由式（4-14）可知

$$U_{C\max1}=-E_m+(-E_m-E_m)=-3E_m \tag{4-15}$$

式中，$U_{C\max1}$为电弧第一次重燃后出现的最大过电压。

一般情况下，对于上述回路振荡角频率满足$\omega_0\gg\omega$。若高频电流过零时，即图4-11中的t_3时刻，电弧又熄灭，导线上的残留电位为$-3E_m$，电源仍按余弦曲线变化。再经过半个工频周波，$e(t)$由$-E_m$变为E_m，这时触头间电压达到$4E_m$，若再发生电弧重燃，由于振荡过程，C_T上的过电压为

$$U_{C\max2}=+E_m+[+E_m-(-3E_m)]=+5E_m \tag{4-16}$$

式中，$U_{C\max2}$为电弧第二次重燃后出现的最大过电压。

若电弧继续重燃下去，则可能出现$-7E_m$, $9E_m$, …的过电压，可见，电弧的多次重燃是切除空载线路时产生危险过电压的根本原因。不过对于换流站而言，切除空载长导线的情况并不多见。

4.1.5　换流站滤波器操作

换流站交流母线上滤波器和电容器组的合闸和重合闸将产生过电压，典型波形如图4-12所示。在投入滤波器时，因滤波电容器电压与交流母线电压相位不一致，将产生操作过电压。最严重的情况是滤波器刚刚退出，还未彻底放电，而因为某种原因需再次投入，此时如果电容器残压与交流母线电压刚好反相，将造成严重的操作过电压。电容器上的残余电压将使重合闸时的过电压增高，电磁式电压互感器可泄放电容器上的残余电荷。电容器上无残压时，合闸过电压将小于1.8倍。

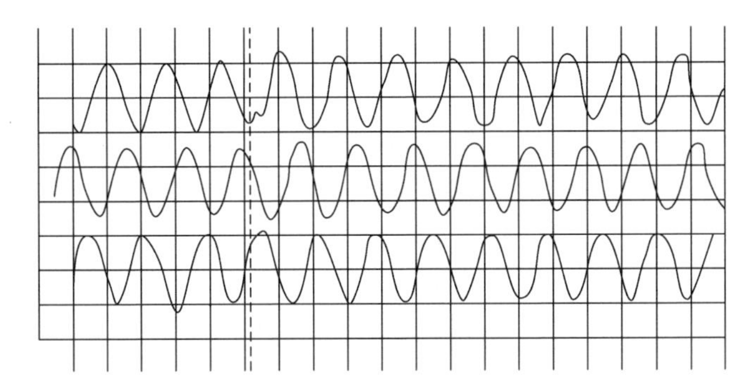

图 4-12　合交流滤波器时的交流母线过电压波形

目前的换流站控制保护系统中，一般都会配备最短投入时间保护，并要求电容器装设放电电阻。限制交流滤波器投入过电压的措施主要是选相合闸和装设合闸电阻。系统容量较小时，系统参数与滤波器或电容器组参数可能满足谐振条件，在设计中应予以避免。

4.1.6　甩负荷引起的过电压

由交流侧开断线路或直流侧阀闭锁引起的甩负荷以及大的功率变化，将引起暂时过电压。过电压的大小取决于电网条件，如无功功率的变化和系统短路容量两者之间的关系。图 4-13 为阀闭锁甩负荷时交流母线过电压的典型波形。由于甩负荷过电压直接影响阀的绝缘配合，在过电压计算时，应予考虑。

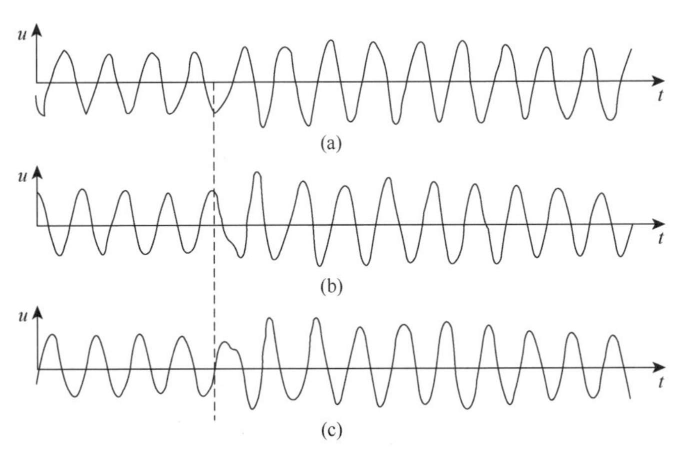

图 4-13　阀闭锁甩负荷时交流母线过电压的典型波形

甩负荷引起的工频过电压应限制在 1.4 倍以下，持续时间限制在 1s 以内。限制甩负荷过电压的措施有：静止无功补偿器、调相机、改变电网结构（如快速切除电容器组和滤波器等）以及利用阀的控制系统等。

甩负荷时的暂时过电压能使变压器饱和，在不利的电网条件下，可能产生谐振使过电压增大，如当逆变站交流侧甩掉全部负荷，而交流母线仍保留有滤波器和电容器组时，产生的过电压可达 1.8 倍以上。对于这类情况，应减小保护动作时间，如缩短甩负荷后阀闭锁和切除滤波器、电容器组的时间。

电网结构是影响交流侧过电压幅值和持续时间的重要因素。换流站接到最小短路比大于 3 的强电网时，计入滤波器和电容器组的影响，谐振频率比 3 次谐波高得多，产生的暂时过电压和操作过电压一般是不危险的。

对于弱交流电网，甩负荷过电压增大，计入滤波器和电容器组的影响时，谐振频率可能在 2～3 次范围内。在这种情况下，包括饱和在内的暂时过电压将成为避雷器保护设计的决定性因素。当换流站出线较少时，换流站可能暂时被孤立出来。此时，由于它受电容器组、滤波器和仍连在一起的旋转电机的相互影响，可能产生高的过电压。

对于交流母线设备绝缘水平和避雷器应力，一般考虑直流双极停运，此时的电压水平最高，而且对设备应力的影响主要体现在过电压的最高幅值。如果过电压幅值太高，超过相应电网运行规程规定的母线暂时过电压最高允许值，则应该采取相应的措施，如采用快速断路器来切除并联无功补偿设备。但需要指出的是，这种断路器必须具备如此高电压下切除电容器的能力。当考虑暂时过电压对阀避雷器应力的影响时，一般不考虑连接在同一交流母线上的所有换流器全部停运，因为换流器停运以后，其避雷器从耐受相间电压变成耐受相对地电压，一般不会再有较大过电压应力。另外，在考虑这种工况时，最重要的是甩负荷前后最大的电压变化倍数而不是过电压的绝对值，因为只有这一电压变化量才能通过换流变压器转变为阀避雷器上的过电压绝对值。

4.2　来自换流站直流侧的过电压

除了通过换流变压器从交流侧传递到直流侧的过电压之外，直流侧暂态过电压绝缘配合主要由直流侧的故障和操作产生的过电压确定。

需考虑的事件有：直流线路接地故障、直流侧操作、接地极引线开路、换流器控制故障（如完全丢失触发脉冲、晶闸管误触发）、换流器单元内部接地故障和短路。

如果整流侧没有采取任何措施防止逆变侧开路，需考虑逆变侧开路时，整流侧全电压启动的情况。在换流桥单元串联的换流站中，应考虑某些事件，例如，一个换流桥投入旁通对，而另一个换流桥正在运行的情况，尤其是在换流桥单元逆变运行时。

4.2.1　12 脉波换流器的投运或停运

直流系统正常启动时，整流站通过两站站控系统发出解锁信号，命令逆变站先解锁，整流站后解锁，直流电压和电流受调节系统控制，均以较平缓的斜率上升到额定值，不会产生较高过电压。但是，当控制系统故障或通信系统发生故障，且整流站以最小触发角解锁，逆变站处于闭锁状态，会出现直流系统全电压启动。线路瞬间充电电压较高，而闭锁的逆变站相当于线路末端开路，末端呈现反射状态，故在直流线路和设备上产生很高的过电压，同时会在阀厅相关直流母线上产生较大过电压，理论上在线路开路端可以产生 2 倍的过电压[25]。

现代直流控制系统可以避免和限制这种过电压。首先，在正常情况下，逆变站应先解锁，整流站必须在收到逆变站的解锁信号后才开始解锁。其次，整流站采用定角度解锁方式，即在限制的最大触发角下开始解锁，然后逐渐减小触发角，从而控制直流电压的上升率。所以这种过电压只有在控制系统故障时才有可能产生，且发生的概率很低。在装有旁路开关的高压直流换流站，合上这些开关也是一种可能的保护措施。

4.2.2　换流变压器阀侧对地短路

直流输电工程中换流变压器一般安装在户外，而换流阀安装在户内，连接换流变压器二次绕组和换流阀的交流母线必须从墙壁中穿过。由于其直接与换流阀相连，发生故障时易引起阀工况的异常，扰乱正常的换相时序，造成换相失败甚至是直流停运等严重后果。换流变压器阀侧交流单相接地故障可分为四种：①高压桥换流变压器交流侧与电流互感器间单相接地故障；②高压桥换流变压器阀侧与电流互感器间单相接地故障；③低压桥换流变压器交流侧与电流互感器间单相接地故障；④低压桥换流变压器阀侧与电流互感器间单相接地故障，如图 4-14 所示[1, 13]。

由于换流变压器阀侧不接地，发生交流单相接地故障时，交流系统三相电压发生偏移，但对线电压影响不大，可近似认为故障后短时各阀脉冲维持不变。故障对高/低压桥各阀运行工况的影响主要为：接地点成为新的零电位点，引起相电压变化，进而影响桥臂上阀的通断情况，直流母线电压降低引起线路放电直流电流增大。

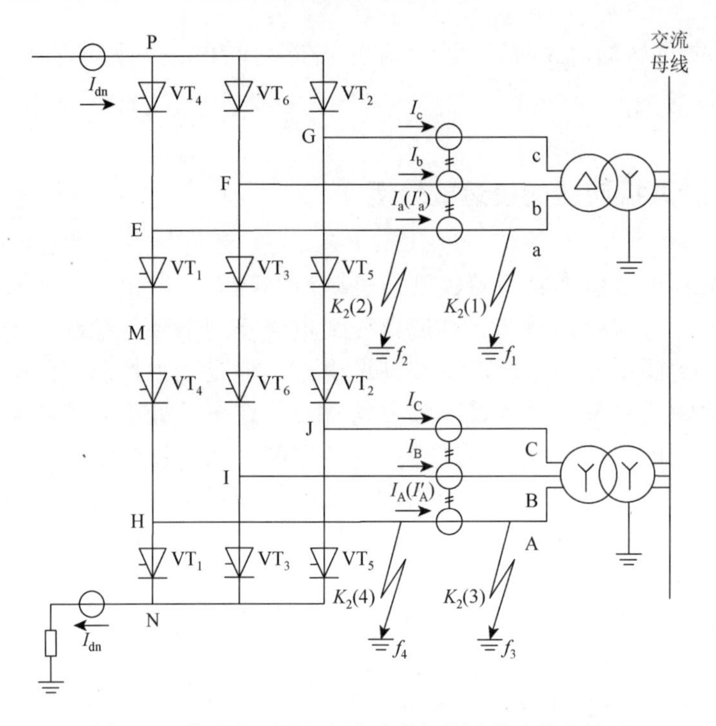

图 4-14　换流变压器阀侧交流单相接地故障分布情况

1. 高压桥对地故障

当换流站高压端 Y/Y 换流变压器阀侧发生单相接地故障时，需要释放直流线路和滤波器上的能量，该能量主要加在上 12 脉波换流单元最上层阀避雷器上，在最上层换流阀避雷器和换流器低压端避雷器上产生较大过电压，故障简化回路如图 4-15 所示[26]。

当故障发生在高压端 Y/Y 换流变压器时，共阴极导通必须通过低压桥形成直流电流的通路。由于故障后低压桥交流侧电压不变，低压桥导通会在 M 点建立 $0.5U_{d[0]}$的电位，如图 4-16 所示。注意到 VT_5 导通期间发生故障时，$U_J = U_{ca} < 0$；VT_1 导通期间发生故障时，$U_H = 0$；VT_3 导通期间发生故障时，$U_I = U_{ba} < 0.5U_{d[0]}$。所以，任意时刻发生故障，高压桥共阴极阀上将承受反相电压，使得处于通态的共阴极阀都会迅速断流关断，低压桥断流，如图 4-17 所示。

故障后直流侧形成仅由故障接地点和高压桥共阳极阀形成的、不经过低压桥的直流电流通路；而交流侧为一点接地，无故障电流。由高压桥故障引起直流电压跌落，故障后直流电流随之增加。考虑到实际工程中直流线路均较长，因此故障后直流电流增加的幅值和陡度均十分有限。故障后，换相完成后阀上所加相电压的相位移发生改变，出现所加电压极性为负而无法正常开通的情况。故障后 VT_6

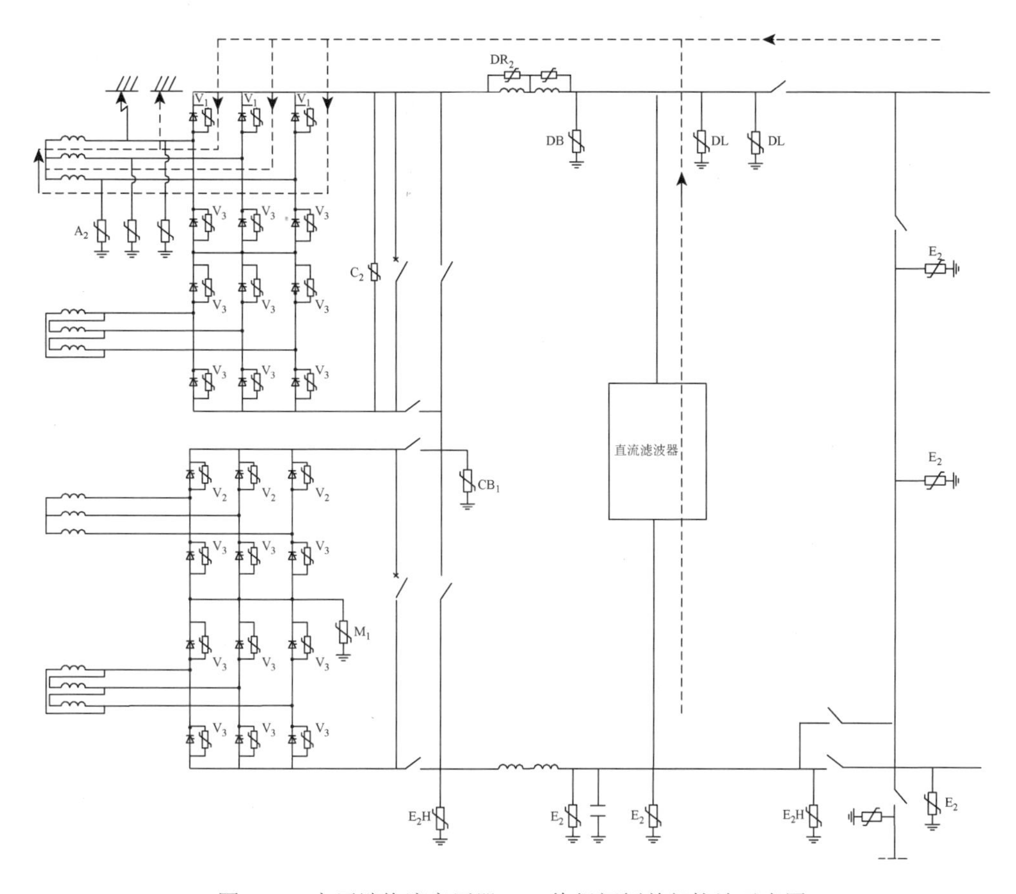

图 4-15　高压端换流变压器 Y/Y 绕组阀侧单相接地示意图

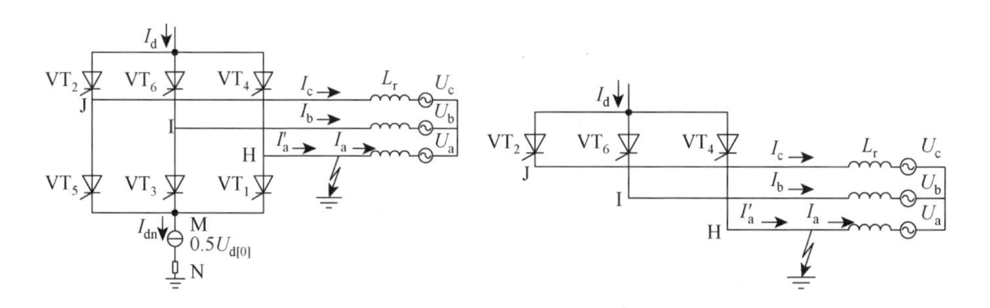

图 4-16　VT_3 触发时的通路电路　　　图 4-17　高压桥 A 相故障后等效电路

向 VT_2、VT_2 向 VT_4 能维持正常换相，而 VT_4 向 VT_6 换相失败。故障后直流电流通过高压共阳极阀与故障点构成通路，引起直流电压下降、直流电流增加。

非故障阀导通时，导通的非故障相和故障相两相电流大小相等，方向相反；故障阀导通时，交流侧电流为零，直流电流经由故障相换流阀直接流入故障点。

若故障发生在互感器与桥阀之间，则此时出现三相电流为零的情况，与换相失败相类似。

一般地，最高端 Y/Y 换流变压器阀侧绕组接地故障会在换流阀两端和不接地换流站的中性母线上产生较大过电压。故障发生后，最上层换流阀在直流极线电压和交流电压的共同作用下关断，直流线路和直流滤波器储存的能量通过平波电抗器向阀避雷器放电，交流系统通过换流变压器向故障点提供部分故障电流，故障后直流差动保护动作，整流站启动紧急停运，立即移相后闭锁，同时向逆变站发闭锁信号。

当直流系统以功率正送，并以完整双极平衡方式运行时，换流变压器阀侧发生接地故障，此时在最上层阀避雷器上产生的过电压最高，电压波形如图 4-18 所示，阀避雷器承受的过电压大小和故障时刻有关。

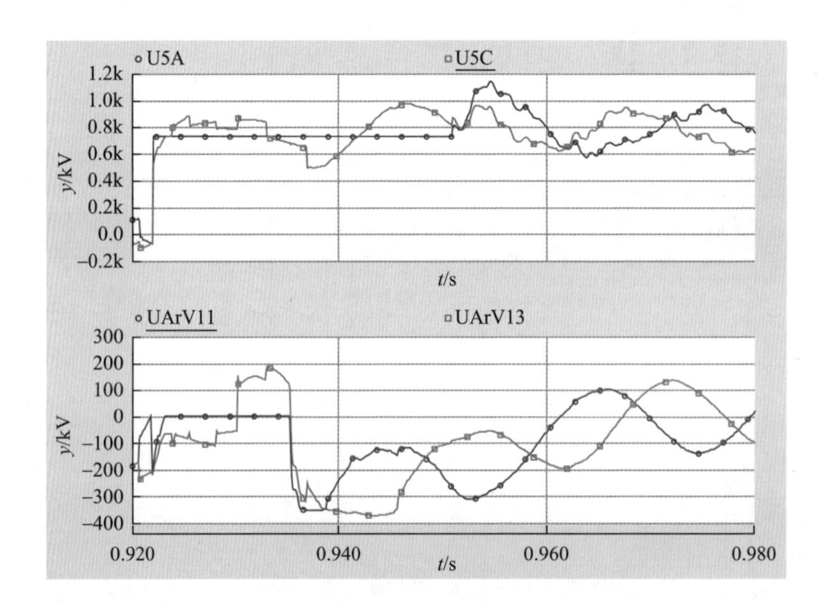

图 4-18　换流阀上层避雷器过电压波形

当系统以单极金属回线运行时，该故障为避雷器的决定性工况。一般情况下，在单极金属回线运行方式下，由于整流站不接地，且金属回线较长，发生高压 Y/Y 端换流变压器阀侧单相接地故障也会在中性母线上产生较大过电压，如图 4-19 所示。因为中性母线避雷器额定电压较低，通过能量很大。

故障瞬间的直流电压、直流电抗器、变压器漏抗和线路/电缆等参数决定了处在最高电位三个避雷器的最大应力。对于换流器并联运行的直流系统，当在保护还没有闭锁换流器时，无故障换流器仍向接地故障处提供电流，将增加避雷器额

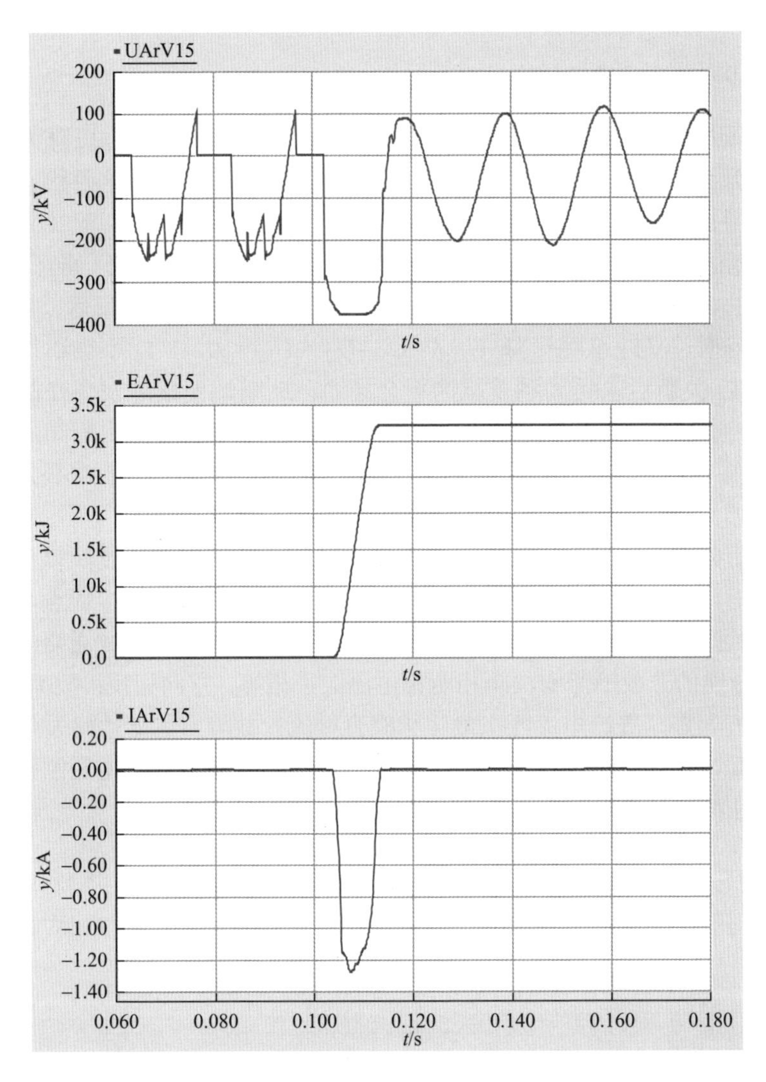

图 4-19　高压端 Y/Y 换流变压器阀侧绕组与阀间母线对地闪络故障的过电压

外负载。对上半桥三个避雷器能量和电流的设计，取决于直流系统额定电流、控制系统的动态特性、平波电抗器的电感和保护策略。

直流系统运行状态对故障后阀避雷器的应力也有影响，因为在较大的直流电流下，逆变器将消耗储存在直流线路和滤波器中的大部分能量，较大的直流电流将减小对整流器中阀避雷器的作用。选取了±800kV 直流输电系统的两种运行方式进行示例，即额定直流电流 3125A 与最高直流运行电压 816kV；最小直流电流 378A 和最高直流运行电压 816kV。在系统小电流运行状态下，阀避雷器 V_1 的最大能耗为 3.35MJ，大于系统额定电流运行状态下阀避雷器 V_1 的最大能耗 1.9MJ。

2. 低压桥对地故障

当低压端换流变压器阀侧交流单相接地故障时，故障相电压降为零，非故障相电压升为线电压，线电压维持不变。故障相共阳极阀的导通状态决定了直流电流的增加是否跟故障发生具有同时性，其分界点是 VT_4 断流关断的时刻。VT_4 导通期间故障，低压桥经 VT_4 直接接地，引起直流电压下降、直流电流增加，进而在 VT_4 向 VT_6 换相出现换相失败；在 VT_4 向 VT_6 换相结束后，VT_4 的灭弧期发生故障时，VT_4 承受压降 $U_{MH}=U_M-U_H=U_{BA}<0$，VT_4 不会再次导通；共阳极阀 VT_4 关断后未接到触发脉冲不会导通，此时即便故障发生在故障相阴极阀 VT_1 导通期间，由于故障前后线电压不变，忽略低压桥共阴极阀压降可近似认为故障前后直流电压不变。因此直流电流维持不变，即故障并不会立即引起阀电流的增加。

故障后共阴极阀的导通状态决定直流中性线是否有电流流过，以及交流系统是否两相短路。共阴极阀导通后交流系统经由共阴极阀和故障接地点，出现两相短路。仅共阳极阀导通时，直流电流通过共阳极阀与故障点构成通路：非故障阀导通时，导通的非故障相和故障相两相电流大小相等，方向相反；故障阀导通时，交流侧电流为零，直流电流经由故障相阀直接流入故障点。若故障发生在互感器与桥阀之间，则此时出现三相电流为零的情况。该故障特征与逆变侧换相失败相类似特征相同，且都是持续一个换相周期，如图 4-20 所示。

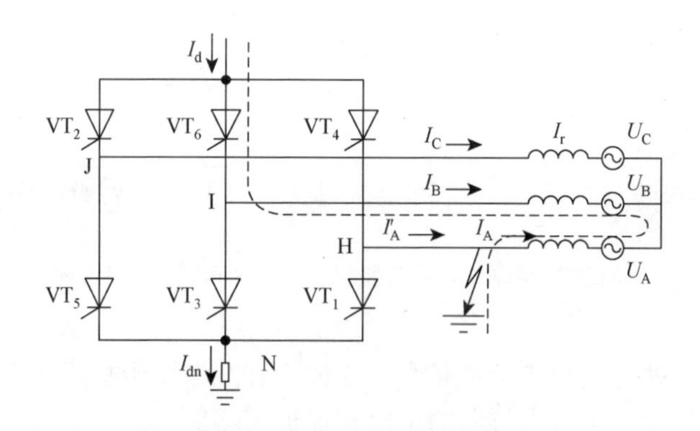

图 4-20 低压桥故障后仅有共阳极阀导通时故障回路

当换流站以双极不平衡方式运行时，如极 I 投入下 12 脉波换流器，上 12 脉波换流器停运，极 II 以完整双 12 脉波运行，在换流站极 I 低压端 Y/Y 换流变压器阀侧发生单相金属性接地故障，会在下 12 脉波的上层避雷器（V_3）上产生较大过电压，如图 4-21 所示。图 4-21 所示过电压为该避雷器的决定性工况。

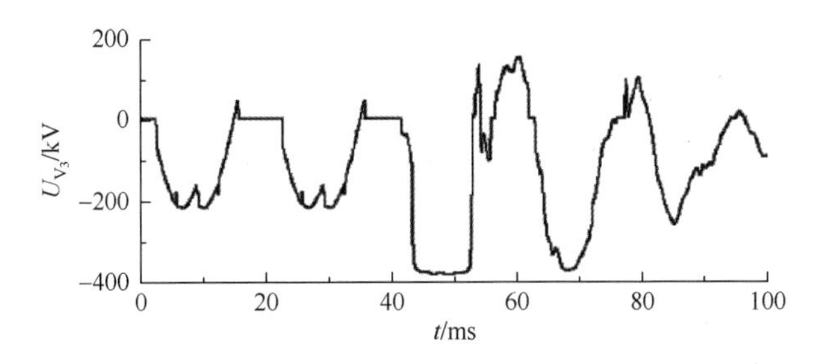

图 4-21　换流阀下层避雷器（V_3）上过电压波形

4.2.3　换流阀桥臂产生的过电压

阀短路故障发生后，阀短路保护会闭锁阀组，如果闭锁后本极功率下降，而对极处于双极功率控制模式，则对极需要提升功率，但如果对极不是处于双极功率模式而是处于单极功率模式或者电流控制模式，则故障极直流功率全部损失。阀组闭锁工况下，不同功率控制方式对换流站过电压的影响不同。相对于双极功率控制，若非故障极采用单极功率或单极电流控制方式，换流站极母线和换流变压器二次侧过电压略微减小，其他区域过电压基本无变化，即非故障极采用单极功率或单极电流控制方式，换流站过电压水平基本相同[27]。

1. 直流侧产生的附加交流电压

当换流器控制系统或阀开通发生故障时，如阀开通不良、换相失败和控制脉冲完全丢失等，将在直流侧产生附加的交流电压，且主要是工频交流电压。当交流电网发生不对称故障时，在直流侧将产生附加的二次谐波交流电压。

当直流侧的谐振频率接近基频、二次或三次谐波时，由于放大作用，有产生高的过电压的危险。一般应通过选择主回路参数来避免谐振条件，特别是二次和三次谐波谐振。换流器控制系统和阀的单向特性可减小基频的放大作用，还可用适当的保护来限制产生基频的故障持续时间。因此，接近于基频的谐振通常是能够接受的。

2. 一个逆变器的控制脉冲全部丢失

换流器控制系统故障，或专门的保护动作闭锁了所有的阀，有可能导致逆变器所有阀的控制脉冲都丢失，此时，只要每个 6 脉波桥中形成旁路对的两个阀没有解锁，则在直流母线上可能出现高的过电压。由于没有新的阀开通，同一个交流相间电压将直接加到直流侧，直至电流中断，在直流线路上可能会产生严重的基频交流电压振荡，这取决于主回路参数与直流线路决定的谐振频率。最高的过电压通常发生在逆变器阀电流中断之后，因为此时回路在逆变端是开路的。在这种情况下，由于直流输电的部分闭锁而甩负荷，必须考虑交流系统电压的升高。

通过站间通信，在逆变器闭锁的同时关断整流器可以降低过电压，通过控制系统的作用也可降低过电压。在装有旁路开关的高压直流换流站，合旁路开关也是一种可能的保护措施。当一个逆变器中的控制脉冲全部丢失时，也可能导致其中一个换相组中的电流中断，而在该阀组的两端将导致严重的过电压。

如果由于某种原因，在一个换相组中的三个阀全部关断，而串联的换相组中的阀仍然导通，这时电流强迫转换到与不导通的阀并联的任一个避雷器，若电流不是很快降到零，则这个避雷器吸收的能量可能很大。可能导致仅在一个换相组中阀电流中断的事件有：①由阀控单元故障导致阀开通失败；②旁通对还没有解锁时，换流器中的全部阀闭锁。

4.2.4　直流侧线路接地故障

直流线路上产生操作过电压的情况主要有以下两种。

（1）在双极运行时，一极对地短路，将在健全极产生操作过电压，并沿着线路侵入换流站内。由于两极直流线路之间存在互感、耦合电容等电磁联系，当一极线路发生闪络形成接地故障时，会在另一极（健全极）线路上产生过电压，如果该电压超过了健全极线路的绝缘水平，就可能导致健全极也发生闪络，从而引起故障的进一步扩大。

双极直流输电系统直流线路接地故障示意图如图 4-22 所示，假设接地故障发生在负极上。图中 T 为换流站内的电抗器、电容器等无源元件。

该模型可以用当 $n=2$ 时 n 相电路的对称分量法分解为零序、正序两个系统，分解后的系统如图 4-23 所示。其中，零序系统包含大地返回线，主要为地模；正序系统为不包括大地返回线的对称系统，主要为线模。

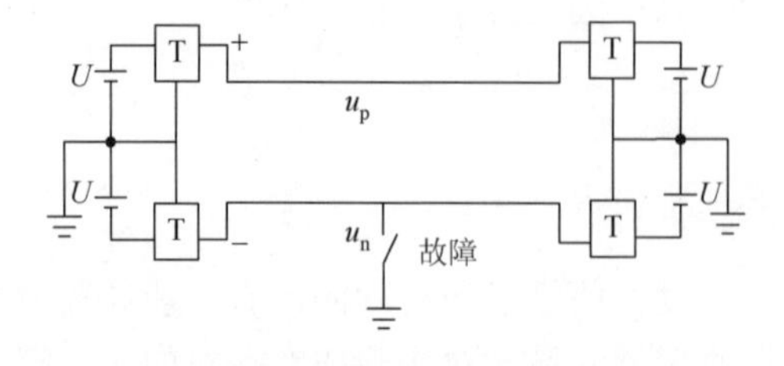

图 4-22　双极直流输电系统直流线路接地故障示意图

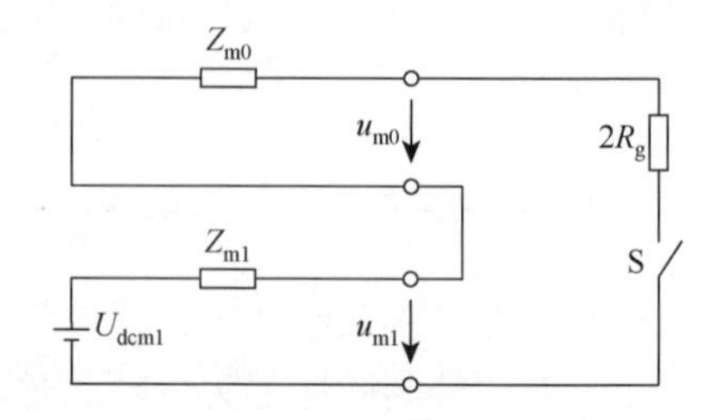

图 4-23　负极接地故障时的模量电路

由图 4-23 可知，零序电压 u_{m0} 和正序电压 u_{m1} 可由式（4-17）和式（4-18）求得：

$$u_{m0}=\frac{U_{dcm1}Z_{m0}}{Z_{m0}+Z_{m1}+2R_g} \tag{4-17}$$

$$u_{m1}=\frac{U_{dcm1}Z_{m1}}{Z_{m0}+Z_{m1}+2R_g} \tag{4-18}$$

式中，$U_{dcm1}=\sqrt{2}U_{dc}$，U_{dc} 为直流电压；Z_{m0}、Z_{m1} 分别为零序和正序波阻抗；R_g 为过渡电阻。

对应的相量电压增量为

$$\Delta u_n=\frac{1}{\sqrt{2}}(u_{m0}+u_{m1})=U_{dc} \tag{4-19}$$

$$\Delta u_p=\frac{1}{\sqrt{2}}(u_{m0}-u_{m1})=U_{dc}\frac{Z_{m0}-Z_{m1}}{Z_{m0}+Z_{m1}+2R_g} \tag{4-20}$$

$$u_n=-U_{dc}+\Delta u_n=0 \tag{4-21}$$

$$u_p=U_{dc}+\Delta u_p=U_{dc}\frac{2(Z_{m0}+R_g)}{Z_{m0}+Z_{m1}+2R_g} \tag{4-22}$$

式中，Δu_n 为负极电压增量；Δu_p 为正极电压增量；u_n 为负极电压；u_p 为正极电压。

为了更加形象地表示过电压产生的原因，将故障后产生的行波也分解为正序分量 U_1 和零序分量 U_0，则故障时刻后，其故障极和健全极的初始电压波形如图 4-24 所示。

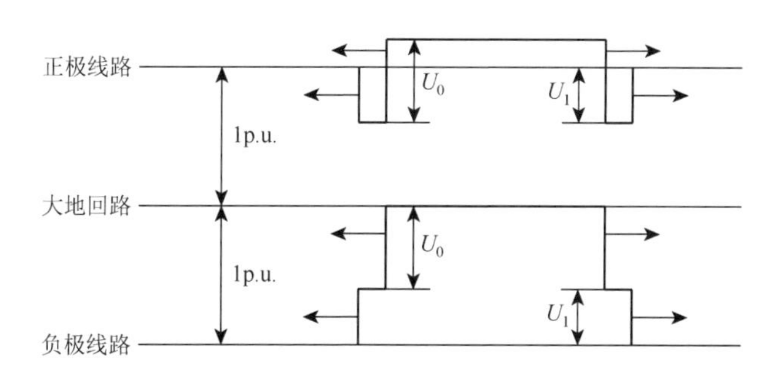

图 4-24　直流系统线路接地故障后故障极和健全极的初始电压波形

值得注意的是：正序分量波的传播速度快于零序分量波；正序分量波在两根极线上大小相等、极性相反；零序分量波在两根极线上大小相等、极性相同；在故障极上，正序和零序波极性相同且叠加在一起，并和接地点故障时刻前的电压大小相等、方向相反，从而导致故障后接地点电压为零；在健全极上，正序和零序波极性相反，叠加在健全极电压上，共同作用产生感应过电压。

故障发生后，直流微分欠压保护动作，金属回线接入回路，故障极立即移相到 90°以上，使整流器进入逆变运行，整流站和逆变站都使直流线路放电，直流电流很快降到零，经过一段去游离时间后再启动直流系统，恢复输送。当直流线路发生对地短路故障时，在金属回线等设备上产生过电压，波形如图 4-25 所示。

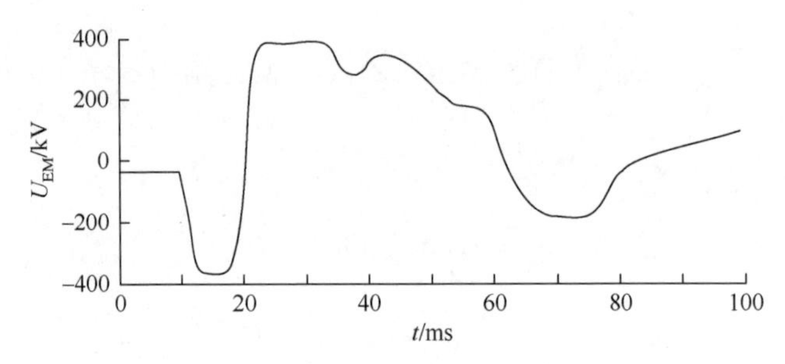

图 4-25　金属回线避雷器上过电压

功率电压波会沿线路传播并到达直流开关场，这种操作过电压除影响直流线路塔头设计外，还影响两侧换流站直流开关场过电压和绝缘配合。过电压的幅值除与线路参数相关外，还受两侧电路阻抗的影响。电压波包括两种成分：地波和极波。前者取决于极性线路与地面的相互作用，后者取决于两极线路间的相互作用，极波传播较地波快。故障点到开关站的入端阻抗决定了过电压的大小。该阻抗大小则取决于直流滤波器、平波电抗器和直流避雷器的高频特性。

（2）当直流线路对端开路，对开路的线路不受控充电（也称空载加压）而本侧以最小触发角解锁时，将在开路端产生很高的过电压。这种过电压不但能施加在直流线路上，而且可能直接施加在对侧直流开关场和未导通的换流器上。在目前直流输电工程中，一般采用两种技术避免上述情况发生：其一是在站控中协调两侧的网络状态和解锁顺序，避免对开路的直流线路加电压；其二是在极控中设计连锁功能，避免换流器小角度解锁。这两种技术可以将这种直流侧最严重的过电压情况发生的概率降到最低。

直流系统检测到线路故障后，故障极会移相到 160°以上，经过设定的去游离时间后重新启动。在故障极移相期间，非故障极如果处于双极功率控制模式，它会尽可能补偿故障极损失的直流功率；如果非故障极处于单极功率或者单极电流模式，则故障极直流功率完全损失。在直流线路故障时，若非故障极采用单极功率或单极电流控制方式，由于两种控制方式在对极故障工况下都不会提升本极功率或者电流，换流站过电压情况基本相同；若非故障极采用双极功率控制，与采用单极功率/电流控制方式相比较，能够降低整流站极母线区的过电压水平，而其他区域过电压水平基本相同。如果直流线路故障期间发生了换相失败，换流站过电压水平则会显著上升。随着直流电流或换流变压器漏抗的增大，直流线路故障及恢复期间更容易出现换相失败，换流站过电压水平亦相应增大。

4.3　逆变侧丢失交流电源

逆变侧换流母线为双回进线，当仅有一条交流线路运行时，由于交流断路器控制保护故障或其他原因造成误跳闸，会发生换流站失去交流电源的事故。所有交流滤波器和并联电容器均连接于换流母线，逆变站交流侧失去直流系统的连接后，交流电流通过换流阀和换流变压器全部注入连接在交流母线上的滤波器，引起交流母线电压异常升高，且由于滤波器电容较大，振荡频率低，该过电压衰减较慢。此外，逆变站的直流侧由于甩负荷，在直流极线也会产生较大过电压[28]。

当最后一个断路器断开时，换流变压器和交流滤波器之间会产生谐振，若直流系统继续输送直流功率，在交流母线避雷器上会产生较大的应力。在最严重的谐振下，直流系统须在 100ms 内停机，否则交流母线避雷器可能过负荷。

计算时应分别在双极运行方式、单极金属运行方式，以及半电压运行、全电压运行方式下进行。以±800kV 直流系统为例，双极全压运行方式下逆变站交流侧在不同相位（故障起始时刻分别取 0.40～0.405s，间隔 0.01s）失去交流电源后各设备节点的过电压如图 4-26～图 4-28 所示。从图 4-28 可以看出，此种故障在逆变站的交流侧可产生稳态为 2.0p.u.左右的谐振过电压，同时直流侧的过电压也可能达到 2.0p.u.以上。因此，针对该故障需要采取快速的保护措施。

仿真计算中，故障发生后约 20ms，逆变站控制保护系统启动紧急停运，立即投入旁通对，移相并向对站发闭锁信号。在极线平波电抗器线路侧的过电压达到 1302kV，极线平波电抗阀侧的过电压达到 1310kV，在交流母线上产生 771kV 的过电压，每台交流母线避雷器通过最大电流 0.14kA，最大能量 2.07MJ。

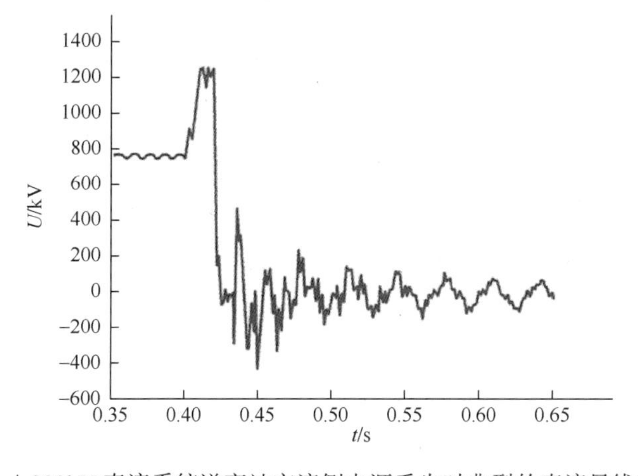

图 4-26　±800kV 直流系统逆变站交流侧电源丢失时典型的直流母线电压波形

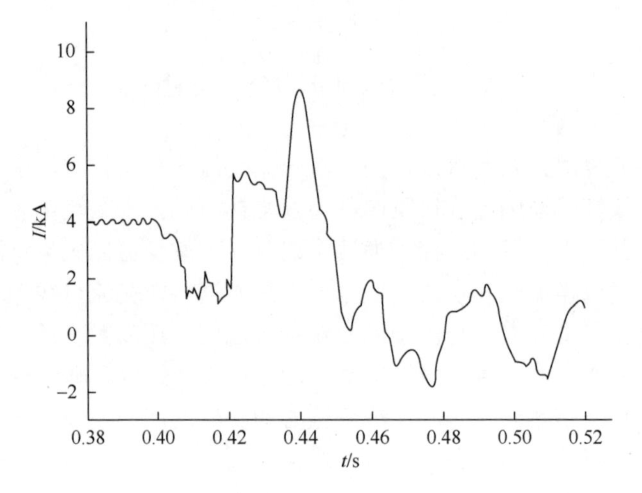

图 4-27　±800kV 直流系统逆变站交流侧电源丢失时典型的直流极线电流波形

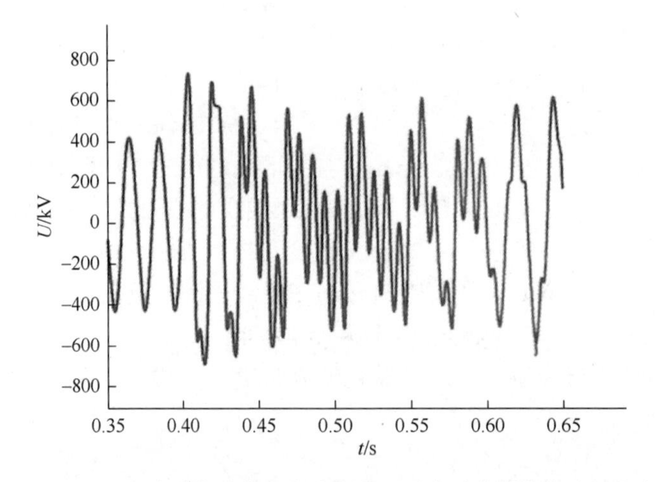

图 4-28　±800kV 直流系统逆变站交流侧电源丢失时典型的交流母线电压波形

4.4　换 相 失 败

4.4.1　换相失败过程分析

高压直流输电系统采用的晶闸管为半控型器件。晶闸管的导通是通过在施加正向电压的同时施加触发信号来实现。但是，晶闸管的关断则需要完全依赖外部电路来实现。关断过程通常分为三个步骤，如图 4-29 所示。①全关断过程：该过程主要由外部电路决定，即通过外部电路使晶闸管电流降为零；②反向阻断恢复过程：电流为零后出现的反向恢复电流过程，时间由晶闸管特性决定；

③正向阻断恢复过程：晶闸管完全没有电流后，还需要一段时间才能具备正向阻断能力，该时间也由晶闸管特性决定，如果在晶闸管还没有具备正向阻断能力时就再次施加正向电压，晶闸管就会再次导通，则发生换相失败[1, 29]。发生换相失败时，多种频率分量的谐波会注入直流侧。此过程与交流电网中的单相故障类似，可将 6 或 12 脉波桥视为电压源。若换相失败，流过两个换相阀的电流会引起谐波干扰，此干扰通常仅持续几个周期。换相失败通常由交流电压的一些扰动所引发，例如，电容器组或空载变压器合闸时引起的电压畸变均可导致换相失败。

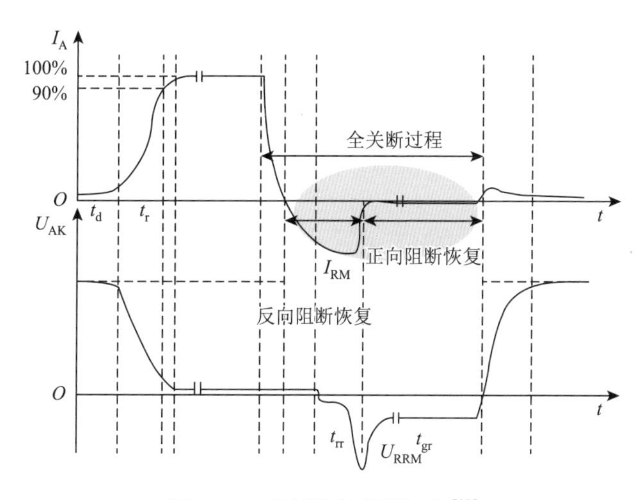

图 4-29　晶闸管的关断过程[12]

图 4-30 给出了逆变侧换流器 V_1 阀向 V_3 阀换相过程中 V_1 阀的电压和电流波形。其中，图 4-30（b）为换相过程中的等效电路图。图 4-30（c）为换相过程中交流母线电压、V_1 和 V_3 阀电流和电压的曲线。由图可见，在换相过程中，首先通过触发 V_3 阀使得 V_1 阀电流逐渐向 V_3 阀转移，在触发 V_3 时，B 相电压 e_b 大于 C 相电压 e_c，因此在外部电路的作用下，V_1 阀电流会减小，经过换相角 μ（换流阀电流由正常值下降到零的时间对应的电角度），V_1 阀电流降为零。电流降为零后，经过熄弧角（γ，换流阀电流降为零到再次承受正向电压的间隔时间对应的电角度），B 相电压 e_b 就会小于 C 相电压 e_c，V_1 阀开始承受正向电压，此时，如果换流阀已经经过了反向阻断恢复和正向阻断恢复过程，则换相完成，否则，换流阀 V_1 再次导通，V_3 阀再次关断，即发生了换相失败。

理想条件下，换相电压是刚性的。在实际系统中，特别是当交流网络阻抗较高时，换相电压通常会产生畸变，容易引起换相失败。若换流器触发控制后续阀提前触发，换相裕度将显著增大。在此理想情况下，将阀的触发时间提前，可避

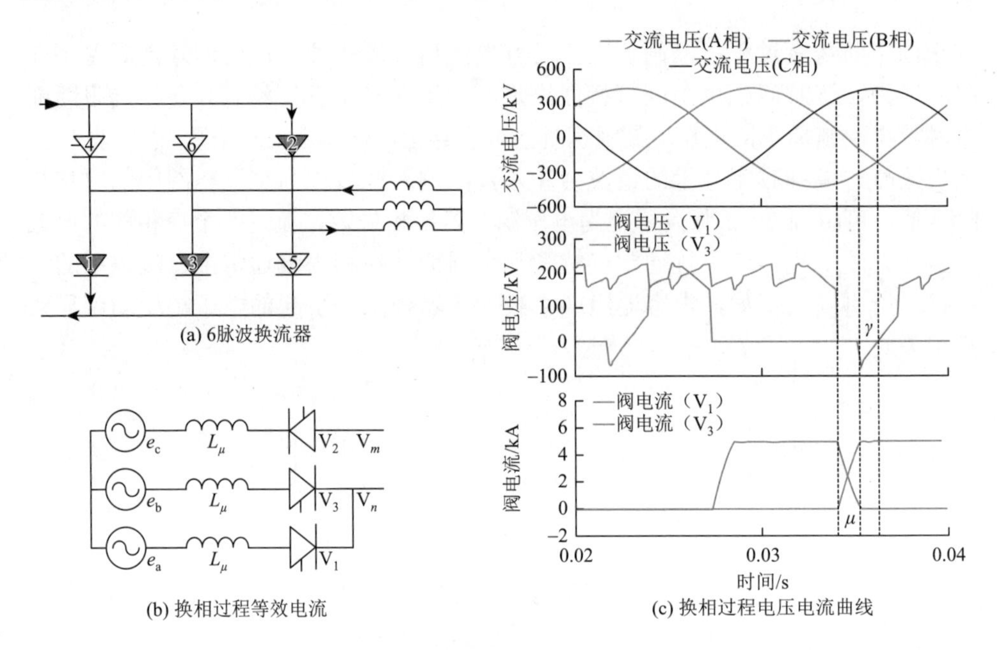

图 4-30　逆变工况下阀电压和电流波形

免共阴极组换相失败。通常情况下，换相失败会导致交流电压畸变，系统要几个周期来恢复正常运行。

换相失败是高压直流输电系统常见的故障。通常，换相失败主要在逆变侧发生，这是因为逆变侧触发角通常接近 160°，在换流阀完成换相后，很快（通常小于 1ms）就会承受正向电压，而整流侧触发角通常为 15°左右，在换流阀完成换相后，需要至少 7ms 才会再次承受正向电压。在逆变侧，当交流系统发生轻微的故障时，换相角（μ）就可能增加，进而熄弧角（γ）就会相应减小，进而导致换流阀在直流电压由负变正后尚未完成关断。特高压直流换流阀电流更大，部分工程换流阀关断时间更长，通常采用换相失败临界电压作为表征交流系统电压跌落是否引发直流系统换相失败的指标。图 4-31 给出了我国主要直流输电工程临界电压曲线。由图可见，特高压直流换相失败临界电压范围为 0.8p.u.～0.85p.u.，主要原因是稳态运行时晶闸管关断时间更长。当交流母线电压跌落超过换相失败临界时，换相失败几乎不可避免，当交流母线电压跌落小于换相失败临界电压时，也可能导致换相失败。

在逆变侧发生换相失败后，整流侧由于控制系统的响应特性，会出现直流断流的现象。此时会直接导致直流功率的间断，整流侧交流滤波器无功功率将全部注入交流系统，直接导致交流系统过电压。特别地，若整流侧相对较弱，交流滤波器不能切除，换流母线则出现明显的过电压，如图 4-32 所示。

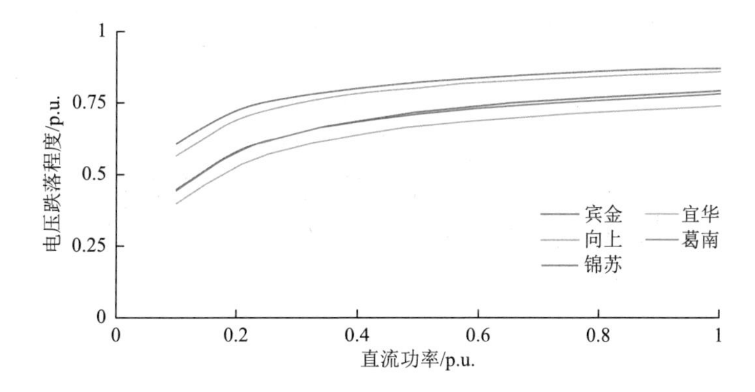

图 4-31　导致换相失败的交流系统临界电压

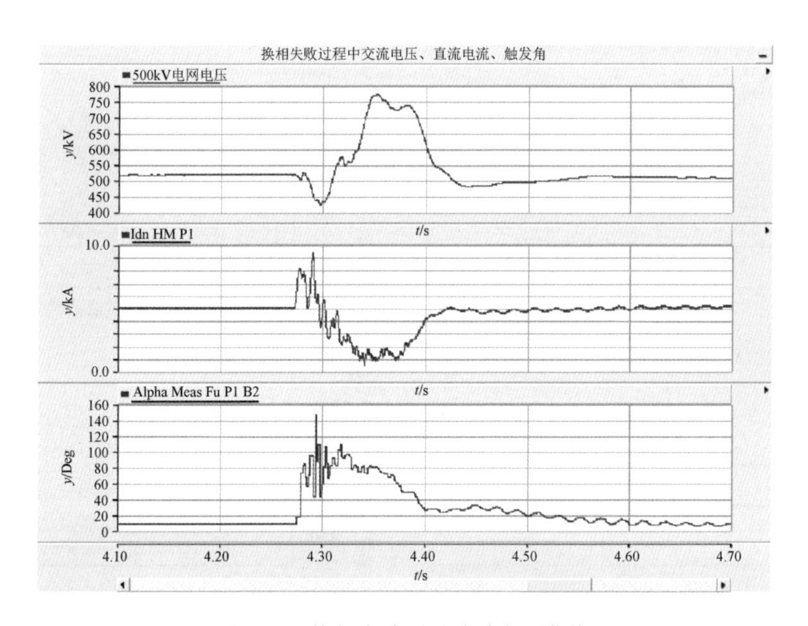

图 4-32　换相失败后送端过电压曲线

4.4.2　换相失败引发无功波动

图 4-33 给出了直流输电系统在逆变侧交流系统发生单相金属接地故障，并导致逆变侧换流器换相失败时的逆变侧换流变压器阀侧电流曲线[12]。

图 4-34 与图 4-35 为直流输电系统在逆变侧交流系统发生单相金属接地故障，导致逆变侧换流器换相失败时，直流电压、直流电流、整流侧和逆变侧触发角、整流站与系统无功交换、逆变站与系统无功交换、整流站交流母线电压、逆变侧交流母线电压以及逆变侧换流阀电流曲线。

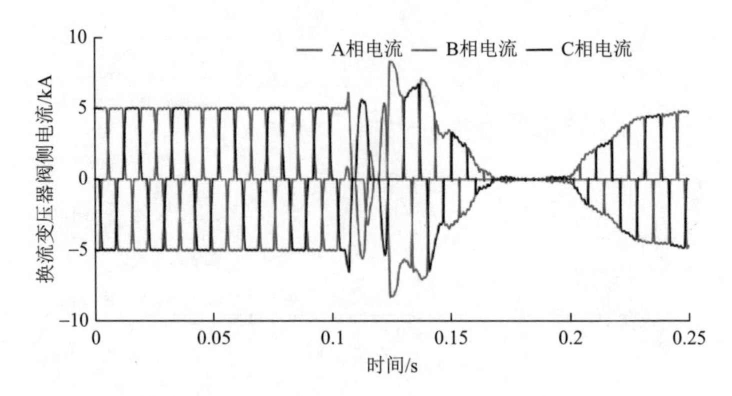

图 4-33　逆变侧换流变压器阀侧电流

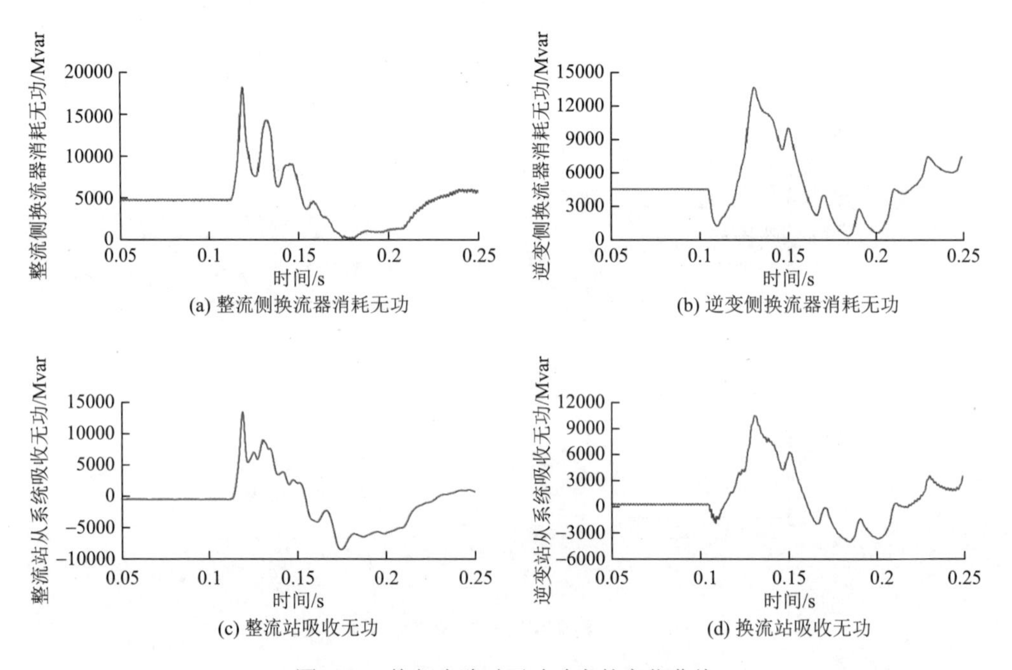

图 4-34　换相失败时无功功率的变化曲线

1. 逆变侧暂态响应过程分析

换相失败过程中逆变侧可以分为 4 个阶段，分别为换相失败发生阶段、换相恢复正常阶段、直流低电流阶段、直流恢复阶段，具体如下。

（1）换相失败发生阶段。在换相失败发生后，下一个换流阀换相完成将导致换流阀形成旁通，这相当于逆变侧换流阀直流侧发生了短路，交流侧发生了开路，将导致直流电流迅速增加；交流侧开路，流入交流系统电力减小，换流器消耗无功迅速减小。由于交流系统故障后，换流母线电压通常不会到零，换相失败不会

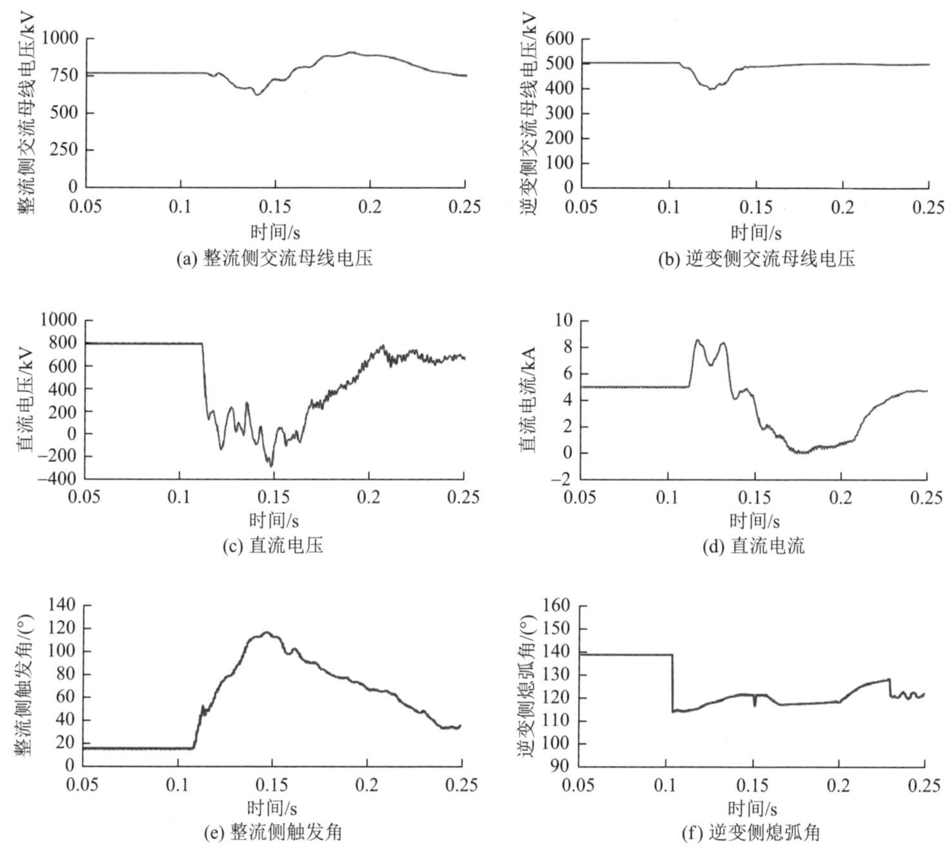

图 4-35　直流系统换相失败典型曲线

持续发生，该过程通常仅持续 20ms 左右。图 4-36 给出了换相失败过程中逆变侧换流阀的导通过程，首先 V_1 阀向 V_3 阀换相不成功，即发生换相失败，紧接着 V_2 阀完成向 V_4 阀换相，V_1 阀和 V_4 阀形成旁通，导致直流侧短路，交流侧开路。

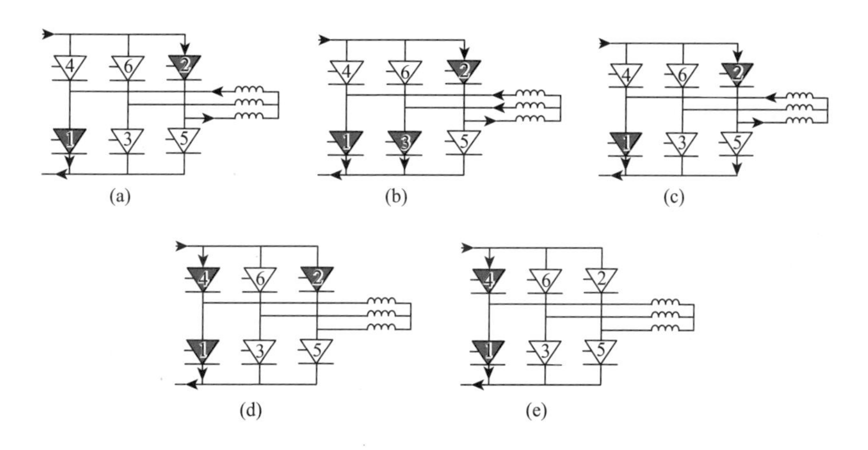

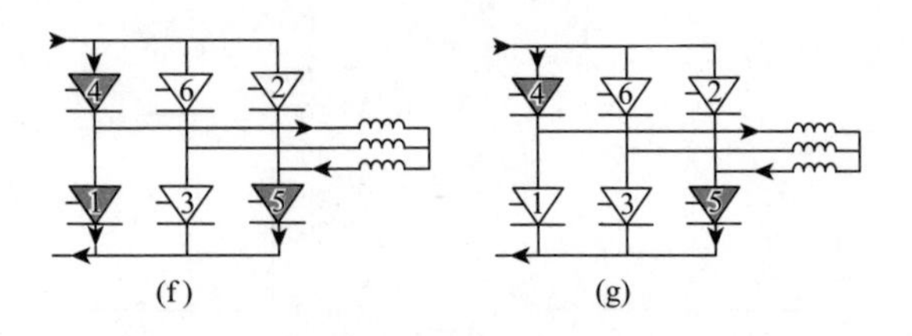

图 4-36　换相失败过程中换流阀导通示意图

（2）换相恢复正常阶段。在换相失败发生后，逆变侧换相失败预测功能环节 CFPRED 会增加熄弧角，增大换相裕度。在 CFPRED 的协助下，换流器恢复正常换相，直流电流再次进入交流系统，由于换相失败的短路作用，直流电流较大，再次进入交流系统的电流也较大，换流器消耗大量无功，换流站从系统吸收大量无功。该过程持续时间 20～50ms。由图 4-35（f）可见，在换相失败发生时，逆变侧触发角迅速由 140°下降到 115°左右，这就是换相失败预测功能增加了熄弧角。在 0.12s 时刻，逆变侧换流器恢复了正常换相，且此时注入的交流系统电流大于故障前的电流，因此该过程中，直流电流大，熄弧角大，直流输电系统势必从交流系统吸收大量无功。仿真结果也表明，此时换流器消耗无功达到了 12000Mvar 以上。

（3）直流低电流阶段。由于图 4-36（a）、（b）所示阶段直流电流较大，整流侧电流控制环节迅速增大触发角，降低直流电流，导致直流系统出现低电流阶段，换流器消耗无功迅速减小，而换流站的交流滤波器仍然运行，换流站无功过剩，大量无功注入交流系统，交流母线出现过电压。该过程持续 50～100ms。此过程中，由于直流电流减小，换流器消耗的无功功率接近于 0Mvar。

（4）直流恢复阶段。直流功率逐渐恢复到故障前状态。此过程中，换相失败预测功能环节的输出还没有消失，逆变侧熄弧角还偏大，导致逆变侧换流站还会从系统吸收较大的无功功率，然后逐渐达到无功平衡运行状态。

2. 整流侧暂态响应过程分析

在逆变侧发生换相失败后，整流侧暂态响应过程分为 3 个阶段。

（1）直流侧短路阶段。换相失败导致逆变侧形成旁通，直流侧短路，直流电流迅速增加，整流侧换流器消耗无功迅速增大，换流站从系统吸收大量无功。根据仿真结果，此时，直流电流达到了 9kA 左右，换流器从系统吸收无功功率甚至达到了约 15000Mvar。

（2）直流电流降低阶段。在（1）的作用下，直流电流迅速上升，直流电压迅速下降，在整流侧电流控制环节和低压限流环节的共同作用下，整流侧触发角迅速增大，触发角迅速达到 90°以上，直流电流迅速减小，在某些情况下降低到零。

换流器消耗无功迅速减小，而换流站交流滤波器仍在运行，换流站无功过剩，因此注入系统大量无功，整流侧出现交流暂态过电压。此阶段，换流器消耗无功接近于 0Mvar，交流滤波器产生的无功功率全部注入了交流系统。

（3）直流电流逐渐恢复阶段。在直流控制系统作用下，触发角逐渐减小，直流功率逐渐恢复至故障前功率，换流器消耗无功也逐渐增长到故障前的消耗无功水平，换流站与系统无功交换逐渐平衡。

3. 换相失败导致无功波动过程分析

由图 4-34 可见，在换相失败发生时，直流电流迅速增加，换流器消耗无功也急剧增加，整流侧换流站从交流系统吸收了大约 10000Mvar 无功功率，这导致交流母线出现低电压；之后，在直流控制器的作用下，直流电流迅速减小，甚至减小到零，此时，换流器消耗无功也减小为零，而交流滤波器没有切除，因此换流站又有大约 6000Mvar 无功功率注入交流系统，进而出现暂态过电压。逆变侧也类似地首先从交流系统吸收 9000Mvar 左右无功功率，后又注入交流系统约 4000Mvar 左右的无功功率。

实际工程运行中的现场录波也进一步佐证了换相失败导致直流过电压的过程。2016 年 9 月 27 日，某 1000kV 变电站 1000kV Ⅱ母线及某 1000kV 线路同时 A 相跳闸，1.3s 后线路重合成功。故障造成两个直流换流站各发生一次换相失败。图 4-37 给出了故障期间整流侧换流站和逆变侧换流站与系统无功交换的曲线。

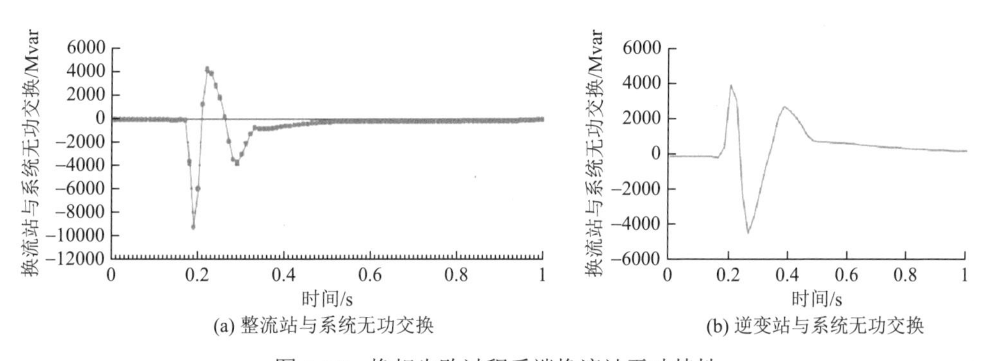

(a) 整流站与系统无功交换　(b) 逆变站与系统无功交换

图 4-37　换相失败过程受端换流站无功特性

由图可见，换相失败期间，整流侧换流站从系统吸收了约 9340Mvar 的无功功率，这将导致交流系统出现暂态低电压，换流站注入系统 4239Mvar 无功功率，这导致送端系统出现暂态过电压。某换流站故障瞬间注入系统约 4000Mvar 无功功率，在换相失败期间首先从系统吸收 4671Mvar 无功功率，后注入系统 2548Mvar 无功功率，整个过程中，换流站与系统的无功交换在−5000～4000Mvar 范围内出现了大幅波动。

4.4.3 换相失败引起的暂态过电压特性

换流站交流母线的暂态电压变化率可用式（4-23）表示：

$$\Delta U = \frac{\Delta Q}{S_d} \tag{4-23}$$

式中，ΔU为换流站交流母线暂态电压变化率；ΔQ为换流站与交流系统无功交换变化量；S_d为换流站交流母线的短路容量。

由式（4-23）可知，当换流站与系统的无功交换ΔQ增大时，换流站将注入交流系统无功功率，交流系统电压将抬升，出现暂态过电压；反之，当换流站从系统吸收无功功率时，交流系统电压将随之降低，出现低电压。

换流站与交流系统无功交换变化量ΔQ则主要为换流站内交流滤波器发出无功和换流站消耗无功之差。

高压直流输电系统采用半控型晶闸管作为基本换流设备，换流阀的电流滞后电压，因此换流器在正常运行和故障过程中都必然需要消耗大量无功功率。图4-38给出了流入整流侧换流器和流入逆变侧换流器的电流与换流器交流侧电压的相位

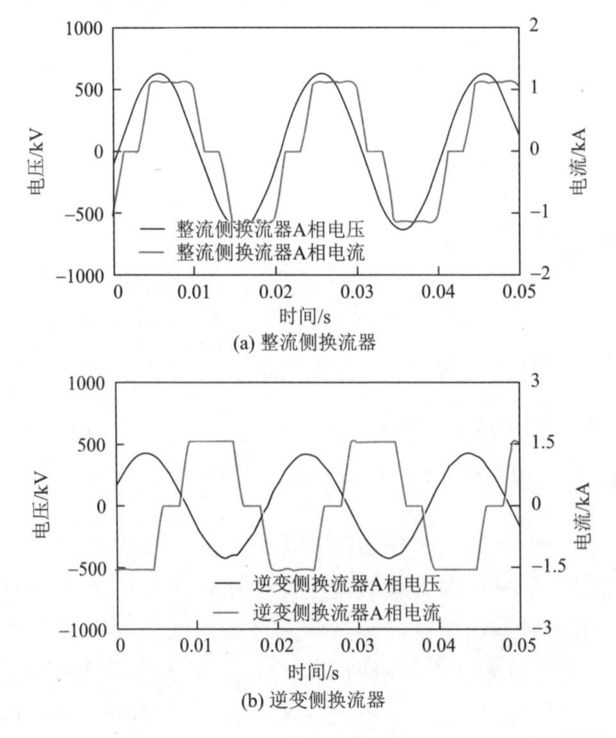

图4-38 整流侧换流器和逆变侧换流器交流侧电压、电流相位关系图

关系图，由图可见，整流侧换流器和逆变侧换流器电流滞后电压在 0°～180°范围内，因此均吸收无功功率。

整流侧 6 脉波换流器消耗无功功率由式（4-24）～式（4-26）来确定：

$$Q_{\mathrm{dc,conv}}=\frac{1}{2}\frac{2\mu+\sin(2\alpha)-\sin[2(\alpha+\mu)]}{\cos\alpha-\cos(\alpha+\mu)}I_{\mathrm{d}}U_{\mathrm{dio}} \tag{4-24}$$

$$U_{\mathrm{dio}}=\sqrt{2}\frac{3}{\pi}U_{\mathrm{vo}} \tag{4-25}$$

$$u=\arccos\left(\cos\alpha-2d_{\mathrm{x}}\frac{I_{\mathrm{d}}}{I_{\mathrm{dN}}}\frac{U_{\mathrm{dio\,N}}}{U_{\mathrm{dio}}}\right)-\alpha \tag{4-26}$$

式中，α 为触发角；μ 为换相角；I_{d} 为直流电流；U_{dio} 为理想空载直流电压；U_{vo} 为阀侧交流线电压；d_{x} 为换流器的相对电感压降。

逆变侧换流器消耗的无功功率计算也可由式（4-24）～式（4-26）来进行计算，计算时，仅需要将式中的触发角 α 换成熄弧角 γ。

换流器消耗无功与直流电流、交流电压、触发角/熄弧角、换相角相关。当直流电流为零时，换流器消耗无功功率也为零，此时交流滤波器发出无功功率将全部注入交流系统，交流母线电压将升高，即出现暂态过电压。若在暂态过程中出现直流电流增大、触发角或者熄弧角增加等情况，则换流器消耗无功功率将增加，而换流站采用的无功补偿装置主要为静态无功补偿装置，其发出无功功率随交流电压的变化按平方关系变化，因此当换流器消耗功率增加时，换流站将出现低电压。

在强直弱交运行方式下，式（4-23）中的换流站交流母线的短路容量将较小，在换流器消耗的无功功率大范围波动时，换流站交流母线的电压波动势必增大，当换流器消耗无功减少时，大量无功注入交流系统，过电压明显升高。而换流站静态无功补偿设备在过电压下的无功出力也会明显增加，这又进一步增加了换流站交流母线的过电压水平。

当换相失败发生时，交流系统中的故障清除会产生操作过电压，换相失败恢复过程中，交流系统会出现暂时过电压，这些过电压会通过换流变压器的变比传递到阀侧。同时在换相失败期间，整流侧和逆变侧换流阀均会进入大角度运行，这些都是导致换流阀过电压的原因。

4.4.4　控制系统参数对换相失败引起过电压的影响

对于直流输电系统，换相失败是一个大扰动过程，这一过程引发的暂态过电压特性与直流控制系统的多个环节密切相关。换相失败大多发生在逆变侧，在换相失败发生时，逆变侧形成短暂的短路过程，导致直流电流迅速上升，为抑制直流电流的持续增加，整流侧电流控制器将发挥作用增大触发角以减小直流电流。

比例系数和积分时间常数作为电流控制器中的关键参数，直接影响直流电流暂态过程，进而影响直流输电系统过电压特性[12, 30]。

图 4-39、图 4-40 分别给出了电流控制器比例系数和积分时间常数对换相失败过程中整流侧过电压和低电压影响的仿真曲线。由图 4-39 可见，比例系数对低电压和过电压的幅值影响较小。随着比例系数的增加，过电压的持续时间有所减小。结合图 4-39 中的直流电流曲线可知，比例系数增大可以对换相失败导致的直流过电流有一定抑制作用，但是并不能够阻止直流电流下降到零，而直流电流降低到零后，换流器消耗的无功功率就降为零，换流站无功补偿装置产生的无功功率均注入交流系统，换流站注入交流系统的无功功率在此过程中达到了 6000Mvar 左右，因而换流站交流暂态过电压依然出现，这里需要说明的是，交流系统无功功率的注入也与过电压程度有关。

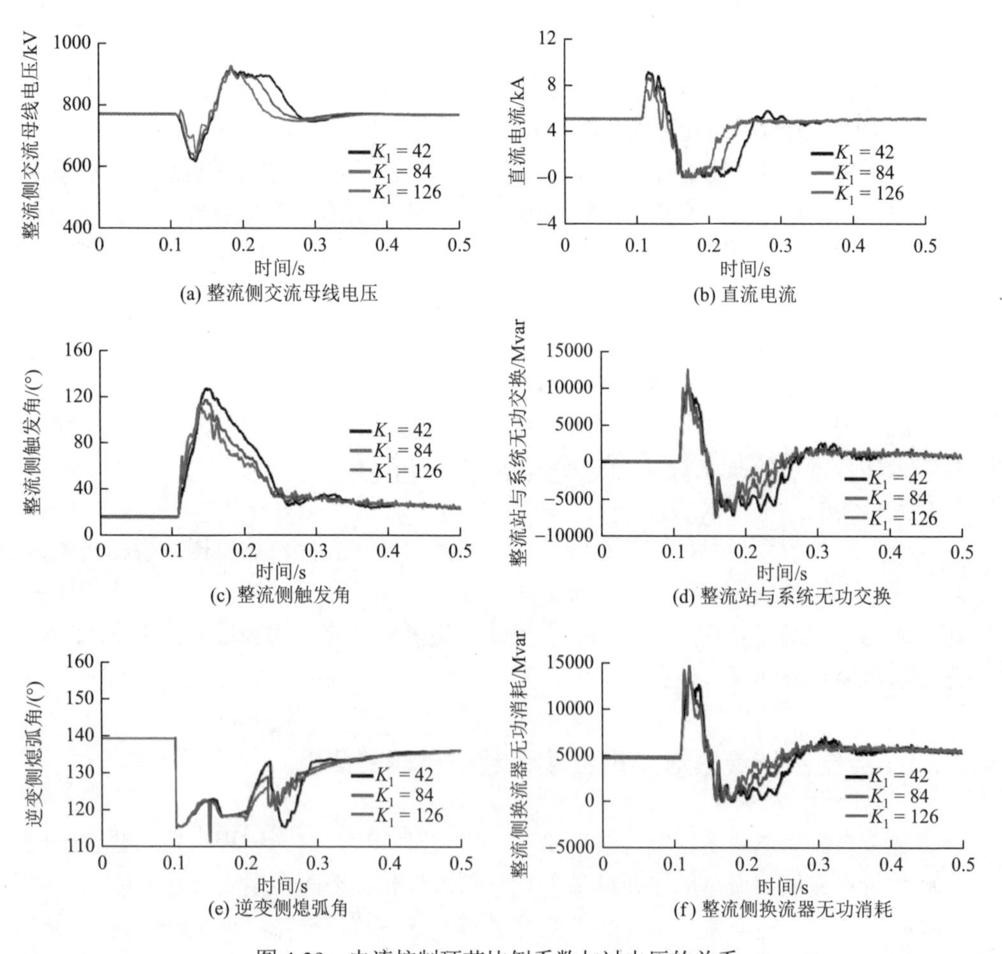

图 4-39　电流控制环节比例系数与过电压的关系

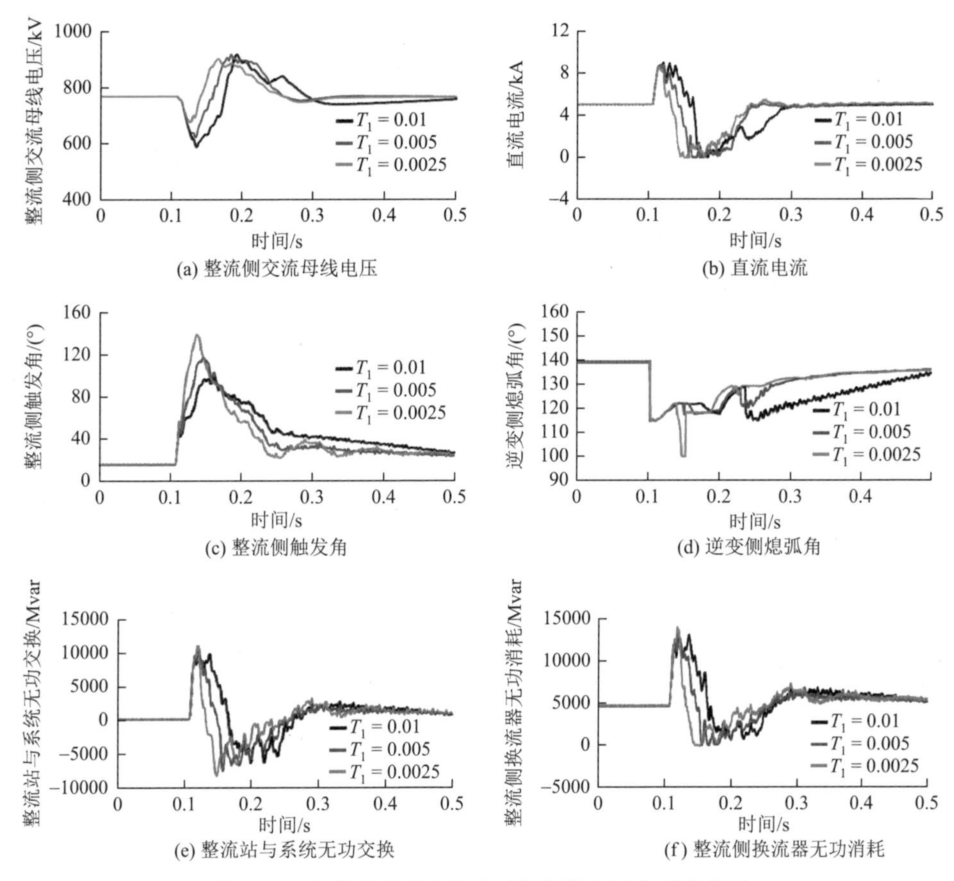

(a) 整流侧交流母线电压　(b) 直流电流

(c) 整流侧触发角　(d) 逆变侧熄弧角

(e) 整流站与系统无功交换　(f) 整流侧换流器无功消耗

图 4-40　电流控制环节积分时间常数与过电压的关系

由图 4-40 可知，积分时间常数的变化对改变换相失败后整流侧交流暂态过电压的幅值没有明显的影响。结合直流电流曲线可知，积分时间常数减小可以更快地抑制直流过电流，进而缩短直流过电流的时间，但是，随着直流电流的下降，仍然出现了电流值降低到零的情况，换流器消耗的无功功率随之降低至零，交流母线进而出现了暂态过电压。

从图 4-39 和图 4-40 的计算结果来看，如果进一步增大电流控制器比例系数、减小积分时间常数，可以进一步抑制直流过电流，并起到防止因振荡引起的直流电流过零的作用，进而在一定程度上抑制交流暂态过电压。但是进一步增加比例系数、减小积分时间常数，存在使直流系统动态性能恶化的风险。

另外，在换相失败发生时，伴随直流电流快速增加，直流电压大幅度降低，低压限流控制器将发挥作用以减小直流电流参考值。随着直流电流参考值的减小，换相失败发生时电流控制器输入的电流偏差量为实际电流大小与低压限流控制器输出的电流参考值之差。低压限流控制器降低了电流参考值的大小，进而输出到电流控制器中的电流偏差量更大，提升触发角的速度更快，触发角在上升过程中会出现过调，触发角过调将导致电流控制器在限制换相失败导致的过电流的过程中也出现过调，即将直流电流控制到比换相失败前电流更小的电流值，甚至达到电流降零的程度。而直流电流为零是换相失败时整流侧交流母线过电压的关键。

低压限流环节的最小限流电流 I_{OLIM}、直流电压下降时间常数 T_{cDn}、直流电压上升时间常数 T_{cUp}、低压限流电压上限 U_{DHigh}、低压限流电压下限 U_{DLow} 等参数都会影响低压限流控制器的特性，进而影响换相失败过程中的直流电流特性和交流系统过电压的情况。图 4-41 给出了最小限流电流 I_{OLIM} 与送端交流母线暂态过电压的灵敏度关系仿真结果。由图可见，I_{OLIM} 对过电压持续时间有影响，但是对过电压和低电压的幅度影响较小。分析其原因，首先是在换相失败发生期间，直流电流实际值迅速上升，通常达到其额定电流的 2 倍左右，而 I_{OLIM} 的有限变化对

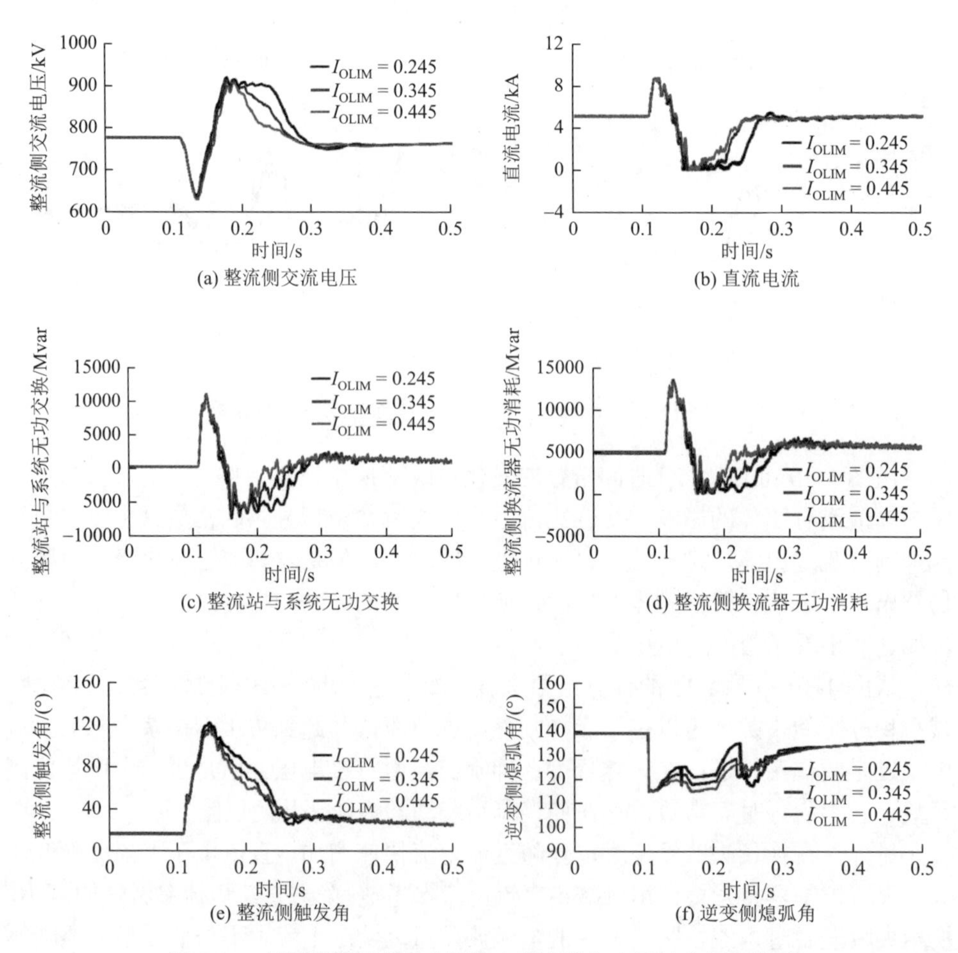

图 4-41 低压限流环节最小限流电流参数与交流过电压的关系

换相失败期间电流控制器限制直流电流的影响较小，但是，随着时间的积累，I_{OLIM} 对直流电流改变的累积还是有一定作用，但通常已经晚于直流电流断续过程。总之，I_{OLIM} 参数的调整对换相失败前期的整流侧触发角和直流电流影响较小，进而没有对交流暂态过电压的幅值起到很好的抑制作用。

图 4-42 则给出了低压限流环节电压上限 U_{DHigh} 与送端交流母线暂态过电压的灵敏度关系仿真结果。由图可见，U_{DHigh} 对交流系统暂态过电压的影响极小。U_{DHigh} 的调整最终影响的只有 I_{OLIM}，而且即使 U_{DHigh} 有所调整，当直流电压低于 U_{DLow} 时，U_{DHigh} 的调整不影响 I_{OLIM}，当直流电压高于 U_{DLow} 时，其越接近 U_{DLow}，U_{DHigh} 的调整对 I_{OLIM} 的改变就越小。总体上来说，U_{DHigh} 的调整对整流侧交流暂态过电压的影响很小，且通常小于直接调整 I_{OLIM} 的效果。

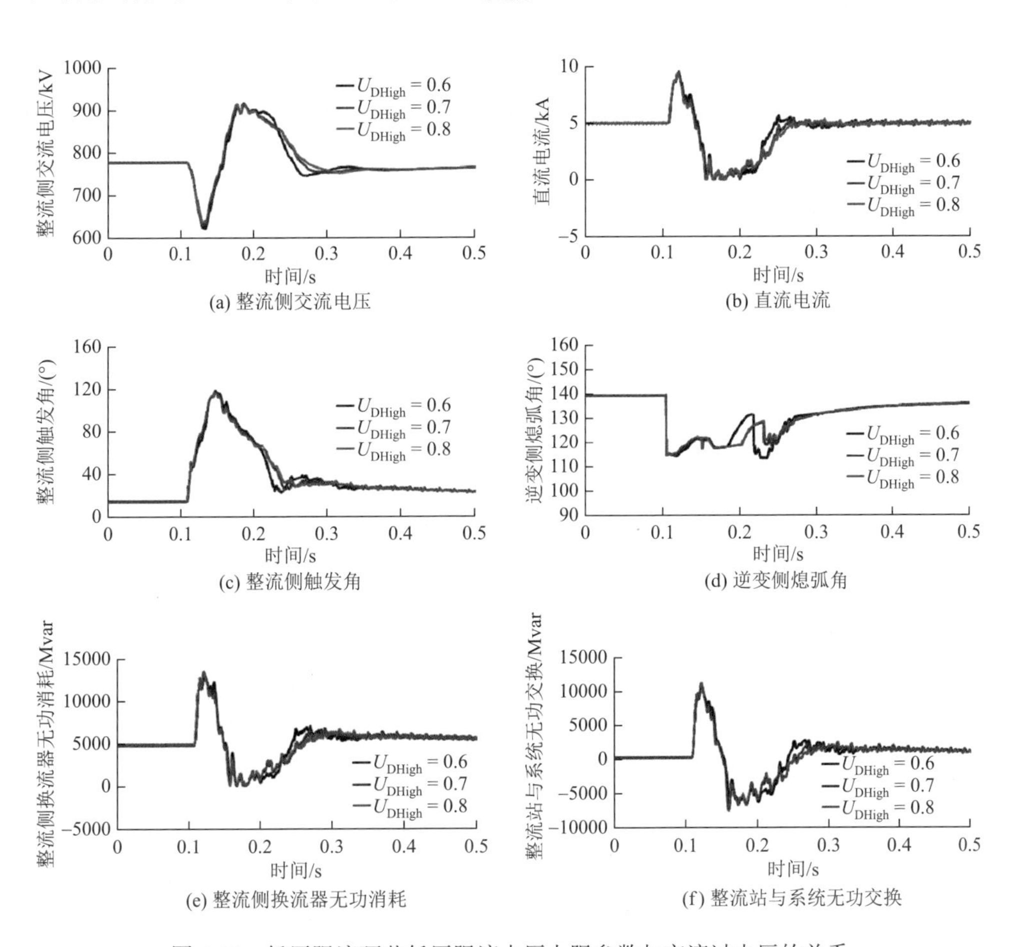

图 4-42　低压限流环节低压限流电压上限参数与交流过电压的关系

图 4-43 则给出了低压限流环节电压下限 U_{DLow} 与送端交流母线暂态过电压的

灵敏度关系仿真结果。由图可见，U_{DLow} 对交流系统暂态过电压的影响也极小。同样地，U_{DLow} 的调整最终影响的只有 I_{OLIM}，而且即使 U_{DLow} 有所调整，当直流电压低于 U_{DLow} 时，I_{OLIM} 的大小不受 U_{DLow} 调整的影响，当直流电压高于 U_{DLow} 时，其越接近 U_{DLow}，低压限流控制器输出的直流电流指令值 I_o 越接近 I_{OLIM}。总体上，U_{DLow} 的调整对整流侧交流暂态过电压的影响很小，且通常小于直接调整 I_{OLIM} 的效果。

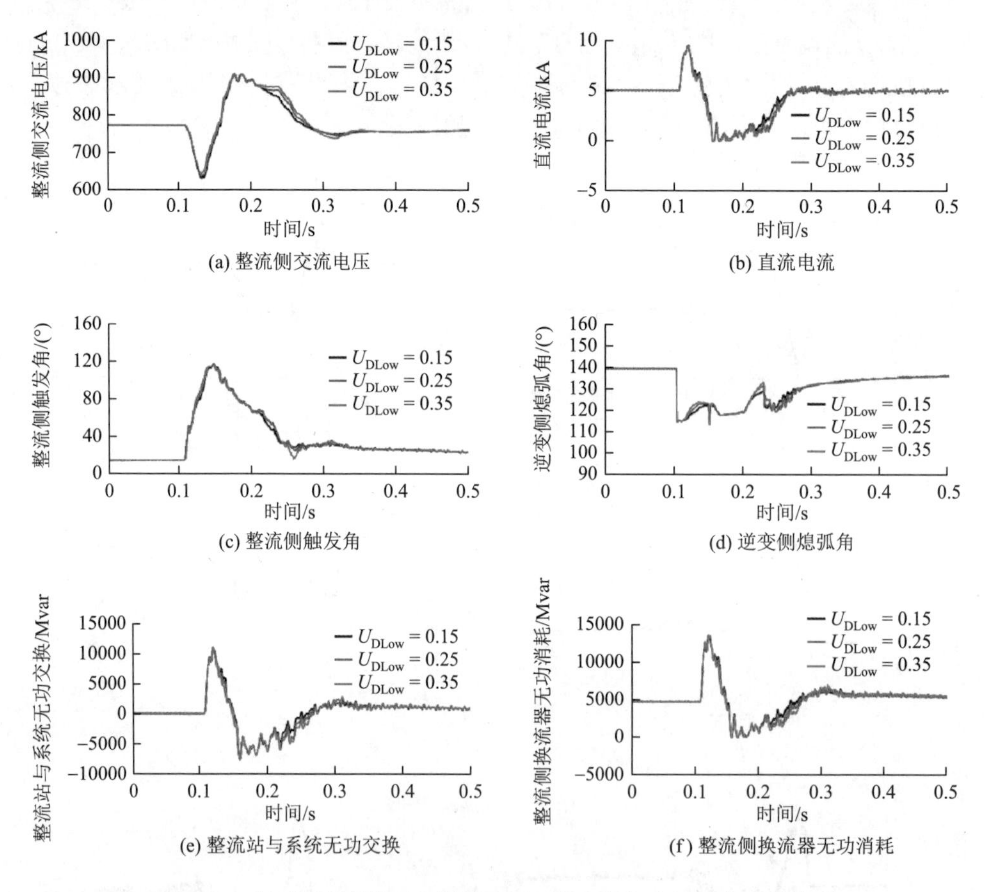

图 4-43　低压限流环节低压限流电压下限参数与交流过电压的关系

图 4-44 则给出了低压限流环节直流电压上升时间常数 T_{cUp} 与送端交流母线暂态过电压的灵敏度关系。由图可见，T_{cUp} 对交流系统暂态过电压的影响极小。这主要是 T_{cUp} 在故障清除期间起作用，直流电压逐渐恢复的过程中，换相失败引起的交流暂态过电压往往在 T_{cUp} 起作用前就发生了动作，因此 T_{cUp} 的调整不会对整流侧交流母线暂态过电压起到作用。

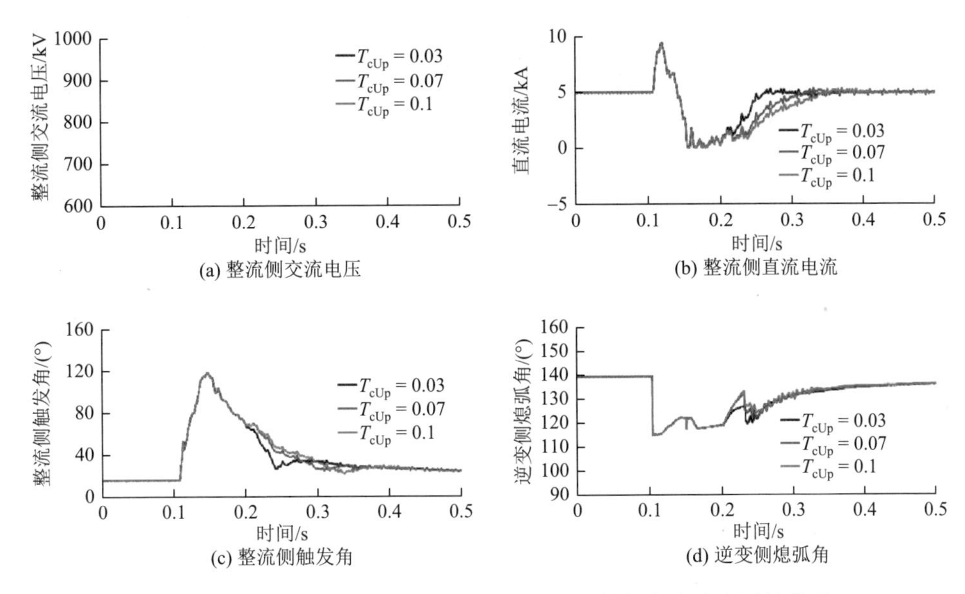

(a) 整流侧交流电压　(b) 整流侧直流电流　(c) 整流侧触发角　(d) 逆变侧熄弧角

图 4-44　低压限流环节直流电压上升时间常数与交流过电压的关系

与 T_{cUp} 相比，T_{cDn} 对低电压幅度的影响很小，但是对过电压幅度的影响很大。图 4-45 给出了 T_{cDn} 调整对整流暂态过电压影响的仿真曲线。由图可见，T_{cDn} 增加后，整流侧换流器断续的情况得到了彻底解决，而这正是换相失败期间，整流

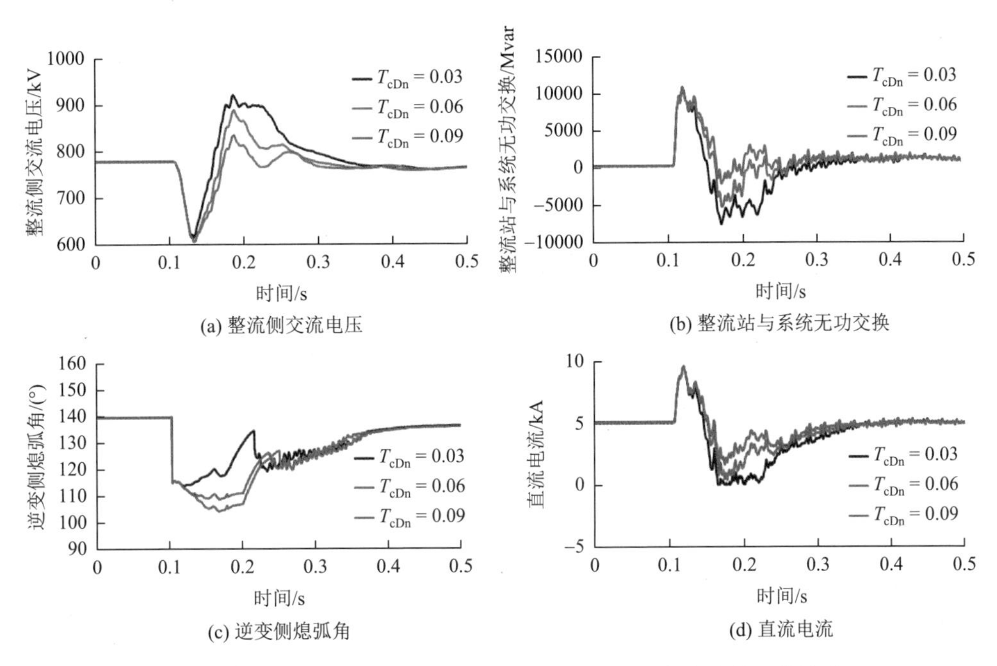

(a) 整流侧交流电压　(b) 整流站与系统无功交换　(c) 逆变侧熄弧角　(d) 直流电流

图 4-45　低压限流环节直流电压下降时间常数与交流过电压的关系

侧暂态过电压较小的最主要原因。之所以 T_{cDn} 作用明显，是因为在换相失败时，直流系统 VDCOL 会立即动作，T_{cDn} 的增加延缓了 VDCOL 输出的直流电流参考值变为 I_{OLIM} 的时间，进而在换相失败期间，整流侧直流电流参考值大于 I_{OLIM}，整流侧触发角较小。故障后，直流电流的反调也不至于下降到零，进而直流电流断续问题基本得到了抑制，进而有效降低了整流侧交流暂态过电压。根据图 4-45 中直流电流的变化情况曲线可见，随着 T_{cDn} 的增加，换相失败恢复时，直流电流的最小值逐渐抬高，在 $T_{cDn} = 0.06$ 时，直流电流已经不会降为 0kA，这样整流侧换流器在此过程中就会消耗一定的无功功率，这就是 T_{cDn} 增加能够减小整流侧过电压的原因。

当换相失败发生时，往往还伴随着直流电流剧烈变化，逆变侧正斜率控制环节（AMAX）控制势必也将发挥一定作用。但根据 AMAX 环节设计，K_{AMAX} 主要对暂态过程中的直流电流快速变化起作用，而在换相失败期间，AMAX 环节 K_{AMAX} 不足以引起整流侧直流电流的变化，因此不会影响整流侧交流暂态低电压和过电压。图 4-46 给出了 K_{AMAX} 变化时，直流输电系统相关变量在换相失败过程中的曲线，也验证了这一推断。

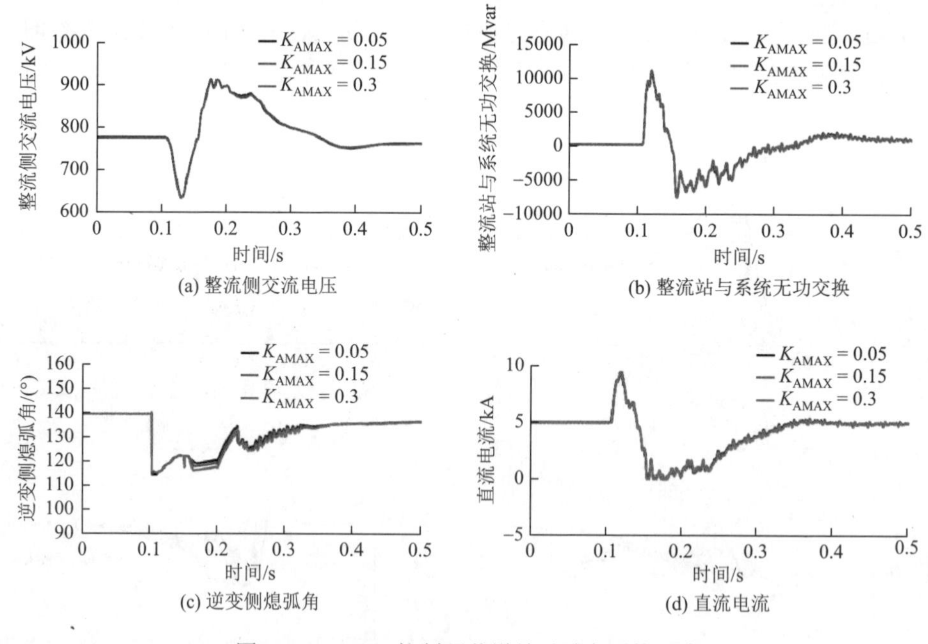

图 4-46　K_{AMAX} 控制环节增益对过电压的影响

换相失败预测功能控制器在检测到交流系统发生故障时会增大熄弧角，其中增加熄弧角的大小 γ_{Amin}、发生故障时增加熄弧角的时间常数 T_{CFPup}、交流电压逐渐恢复后熄弧角的恢复时间常数 T_{CFPdown} 三个变量是影响该功能性能的主要参数。但换相失败预测功能控制器主要对逆变侧换流器起作用，而换相失败时过电压主要出现在整流侧交流系统，因此该控制器参数变化对换相失败时系统过电压影响不大，如图 4-47 与图 4-48 所示。

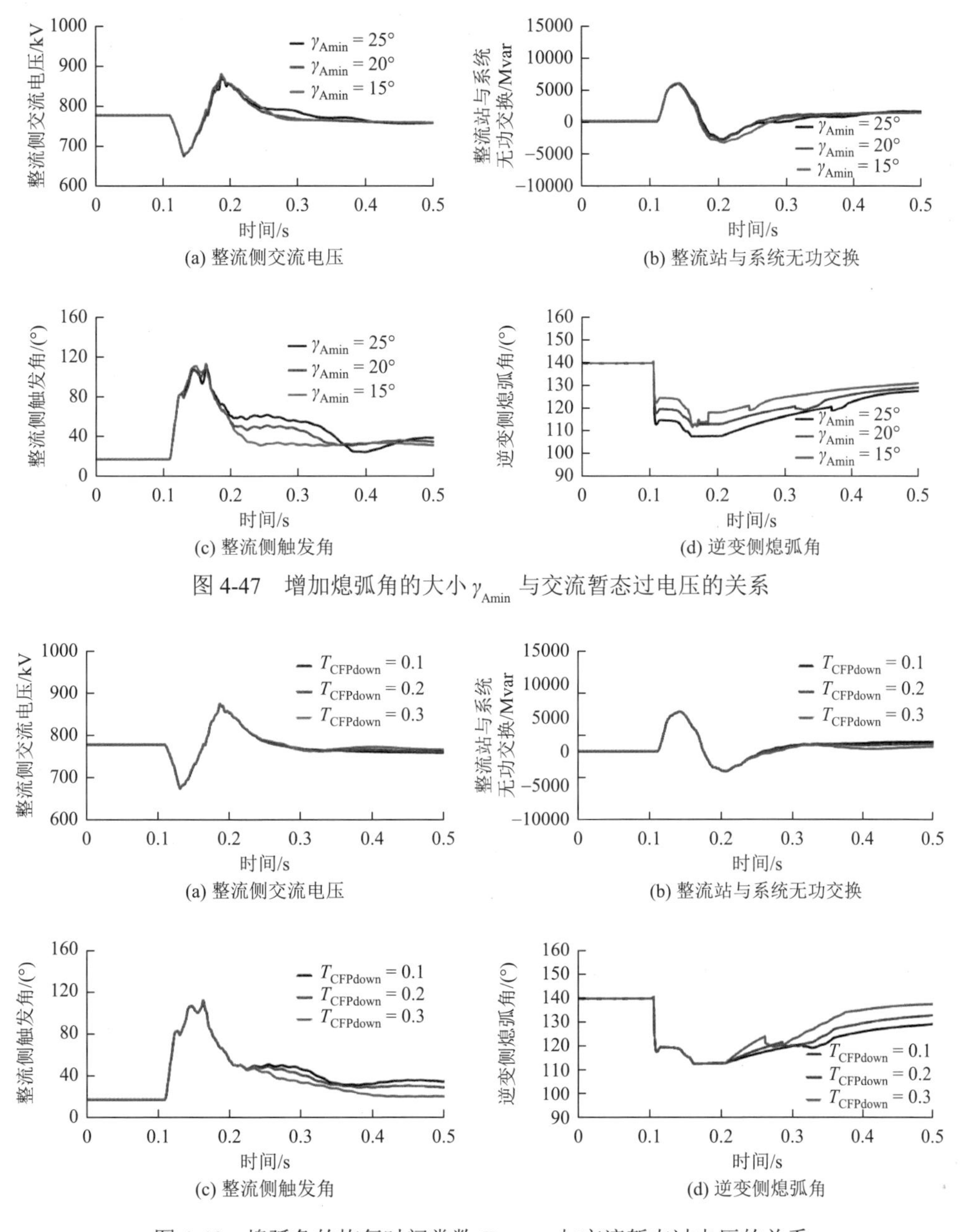

(a) 整流侧交流电压　(b) 整流站与系统无功交换

(c) 整流侧触发角　(d) 逆变侧熄弧角

图 4-47　增加熄弧角的大小 γ_{Amin} 与交流暂态过电压的关系

(a) 整流侧交流电压　(b) 整流站与系统无功交换

(c) 整流侧触发角　(d) 逆变侧熄弧角

图 4-48　熄弧角的恢复时间常数 T_{CFPdown} 与交流暂态过电压的关系

直流电压控制通常在直流降压运行或者过电压情况下才发挥作用，换相失败期间，直流输电系统不会出现过压运行的情况。此时，直流电压主要为低电压，因此直流电压控制也不会对抑制整流侧交流过电压起到好的作用。图 4-49 给出了直流电压控制环节增益对换相失败期间整流侧交流暂态过电压影响的曲线。由图可见，直流电压控制环节增益不会对抑制整流侧交流暂态过电压起作用。

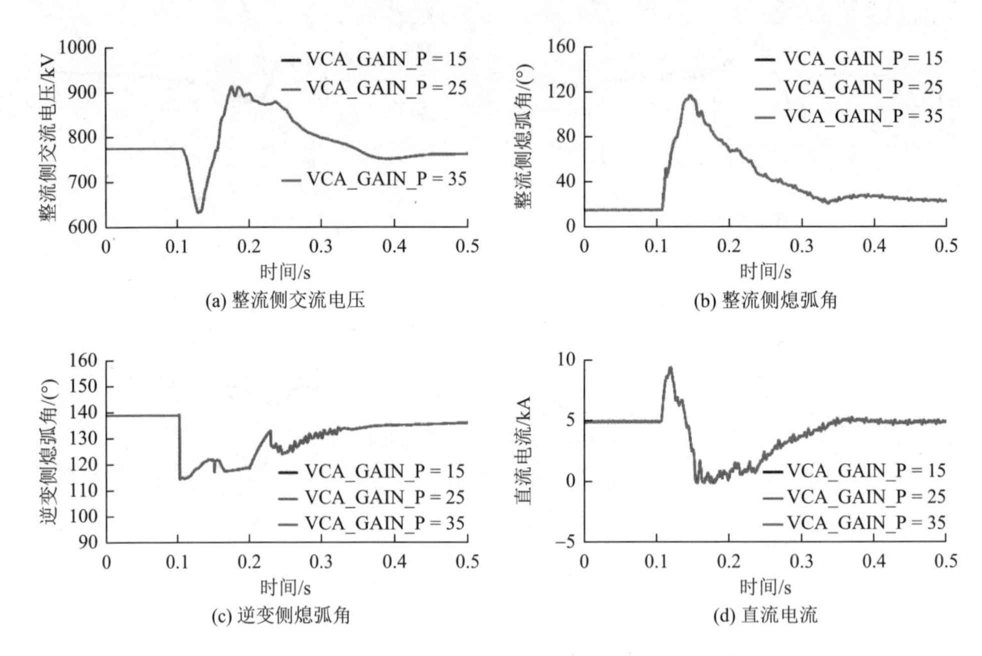

(a) 整流侧交流电压

(b) 整流侧熄弧角

(c) 逆变侧熄弧角

(d) 直流电流

图 4-49 直流电压控制环节增益对过电压的影响

4.5 中性母线故障

中性母线避雷器的运行电压通常比较低，在双极平衡运行时，它几乎为零。在单极运行时，运行电压由接地极线路电压降或金属回路直流电压降决定。

直流母线接地故障时将引起直流滤波器通过中性母线避雷器放电，产生一个非常高而短的电流峰值。在研究这种工况时假定直流滤波器在最大直流运行电压下，发生突然放电并伴随着换流器较慢的故障电流。直流电流的上升率受直流平波电抗器的限制。故障电流由接地极引线、中性母线电容器和中性母线避雷器分担。在金属回路运行的情况下，与避雷器并联的阻抗是整条直流线路阻抗。

在阀与换流变压器之间的一相发生接地故障，交流电压将由换流变压器阻抗和接地极线路阻抗分担。最严重的工况出现在换流站最长接地极线路的一端或在金属回线运行方式下换流站不接地端。因为直流电压的极性，换流站以整流方式运行时中性母线避雷器应力是最严重的。

金属回线运行对中性母线避雷器提出了更高的要求。在金属回线运行时，选择不接地站的避雷器起始动作电压高于接地换流站的避雷器起始动作电压，也适用于长接地极引线（通常大于 50km）。

在近期的方案设计中，由于滤除谐波和限制中性母线过电压的要求，在中性母线上加装了电容器。这将会影响中性母线避雷器的应力，在研究模型中应予以考虑。当然中性母线避雷器的应力也取决于换流器的控制和故障时的保护措施。但采用的避雷器的能量设计值低于实际中性母线避雷器能量要求时，可使用一只自牺牲避雷器，特别是更换自牺牲避雷器不显著影响停运时间，则是一个较佳设计。在双极运行情况下，自牺牲避雷器应安装于避免双极停运的位置。

另一种设计方案是在金属回线不接地的一端和接地极线各安装一组高能耗避雷器（EM 和 EL），分别用于吸收金属回线运行方式和其他运行方式下的操作冲击能耗。中性母线其他位置的避雷器的雷电波保护水平高于 EM 和 EL，确保在操作过电压下不动作，仅用于雷电波保护。

系统在双极全压运行方式下，未加装避雷器时整流侧和逆变侧中性母线开路故障后同样会引起过电压。中性母线突然断开后，故障极电流立即降为零；故障极变为单点接地运行，接地点为逆变侧中性点。在无功率传送的情况下，逆变侧的直流母线电压值等于交流侧电压负峰值，即–400kV。整流侧直流母线电压也钳制为–400kV，从而在开路的中性母线上会形成–1200kV 的电压。图 4-50 所示为开路故障后中性母线上的电压波形。

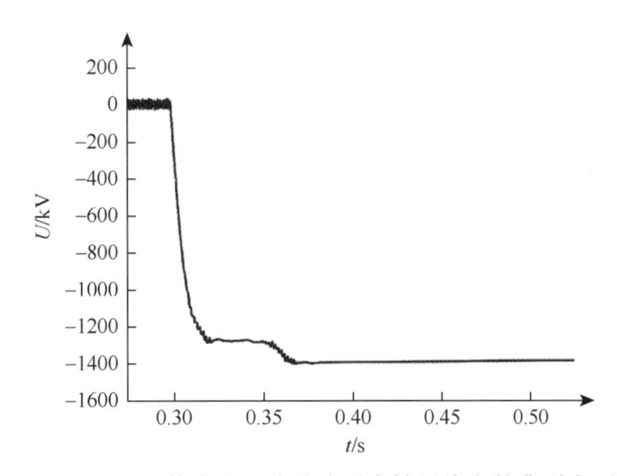

图 4-50　±800kV 整流站开路故障后中性母线上的典型电压波形

当逆变侧中性母线发生开路故障时，同样故障极电流很快下降到零。系统单点接地，接地点为整流站中性母线。可以推算得到，在稳态时直流母线电压为

1.0p.u.左右，逆变站直流母线电压也约为 1.0p.u.，逆变站中性母线约为 2.0p.u.。在这个过程中，系统可能发生振荡。

4.6 接地极线路开路故障

直流系统单极大地回线方式运行时，地极线路有可能因为遭受雷击使绝缘子击穿，直流电流旁路接地，当接地回路阻抗较大时不能熄弧，可发生掉串事故，使直流极线开路，产生过电压，如图 4-51 所示。此时在接地极引线绝缘子装灭弧装置，避免直流电弧的损害。

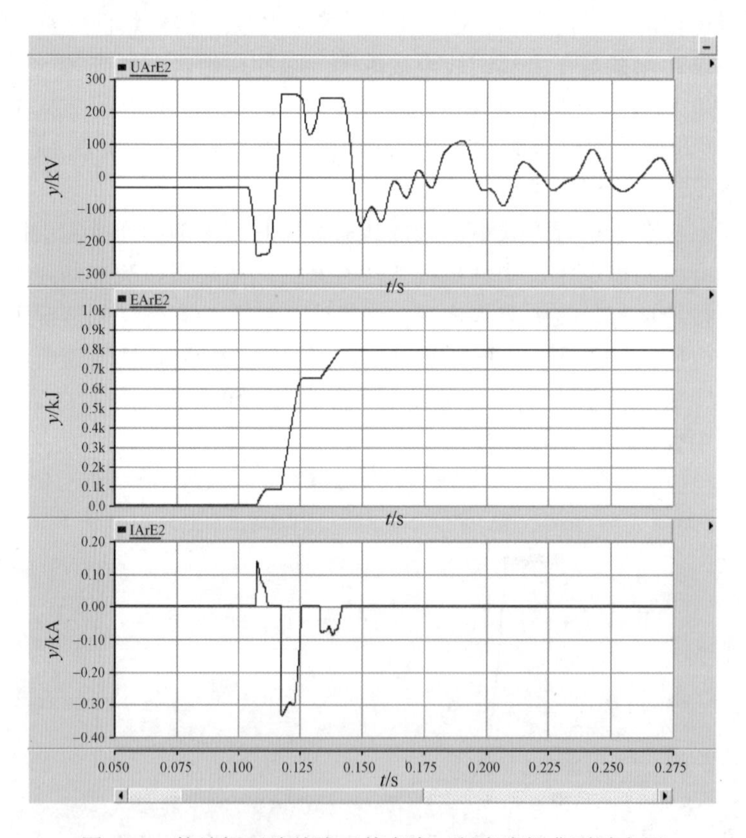

图 4-51 接地极开路故障下某直流工程直流侧典型过电压

电线坠落的地极引线故障将会产生直流电弧，电弧电压加上地极引线电压必须高于避雷器放电电压拐点，才能使电流流入避雷器。

因为地极引线包括两条线路，每条线由两根导线组成，两条线同时断开的可能性非常低，最可能的情况为一条线断开，产生两倍的中性母线电压，而避雷器必须能耐受这个持续电压。

在双极运行和单极金属回线运行（逆变站）时，地极引线电流很小，地极引线断开由地极引线阻抗监视检测。

故障发生时，地极引线开路保护动作。当中性母线电压太高且中性母线电流太低时，保护命令合上站内接地开关。

第5章　高压直流换流站雷电与陡波过电压

换流站实现交流和直流之间的变换，是直流输电系统最重要的部分。若换流站防雷失效，将会造成严重后果。因此，要求换流站有可靠的防雷措施。换流站的雷害来源有二：一是雷直击换流站；二是沿线路传过来的电压波。由于雷击输电线路的机会远比雷直击换流站大，沿输电线路侵入换流站的雷电过电压是很常见的，也是对换流站电气设备构成威胁的主要因素之一。

5.1　雷电的模拟

5.1.1　雷击方式

直流换流站可分为交流开关场、直流开关场和阀厅三大部分。其防雷保护系统可以分为三个子系统：第一子系统由接闪装置、引流线和接地装置构成，作用是防止雷直击至换流站电力设备上；第二子系统是进线端保护，一般地，把换流站附近的一段线路（通常为2km）称为进线端，进线端以外线路遭受雷击时，雷电波由于受到冲击电晕和大地效应而显著衰减，而进线端遭受雷击将会对换流站设备绝缘强度产生威胁；第三子系统主要由换流站避雷器组成，期望将侵入换流站的雷电波降低到电气装置绝缘强度允许值。一般来说，由于第一子系统的作用，雷直击换流站设备的概率非常小，因而在计算中不考虑雷直击换流站设备的情况。第二子系统要求进线端避雷线的设置具有很好的屏蔽效果和较高的耐雷水平，但无论如何，雷电沿进线端侵入换流站的情况仍有可能发生，因此在计算中主要研究沿进线端侵入交流开关场和直流开关场的雷电侵入波过电压。

对于全线架设避雷线线路来说，雷击有三种情况：雷击塔顶或塔顶附近的避雷线，雷击避雷线档距中央及其附近，雷绕过避雷线而直接击于导线上。其中，为了避免雷击避雷线档距中央时反击导线，我国现行过电压保护设计规范规定，直流线路档距中央空气间隙与档距之间应满足如下关系式[31, 32]：

$$S(\mathrm{m}) \geqslant 0.012l + 1.5 \tag{5-1}$$

因此，在计算时不考虑雷击档距中央避雷线时发生反击的情况，只考虑雷击塔顶或塔顶附近避雷线发生反击和雷电绕过避雷线绕击导线的情况。

5.1.2　雷电流

雷电流波形参数包括幅值、波头和波尾时间，具有不确定性。1972 年，opolansky 对在美国、澳大利亚等 8 个国家的 624 个雷电观测结果进行了统计分析，认为雷电流服从式（5-2）的对数正态分布。

$$P(I)=\frac{1}{\sigma_{\lg I}\cdot\sqrt{2\pi}}\int_0^{\lg I}\exp\left[-\frac{1}{2}\left(\frac{\lg I-\lg\bar{I}}{\sigma_{\lg I}}\right)^2\right]\mathrm{d}(\lg I) \tag{5-2}$$

该正态分布可以用式（5-3）逼近：

$$P(I)=\frac{1}{1+\left(\frac{I}{a}\right)^b} \tag{5-3}$$

式中，a 为雷电流中值；I 为雷电流幅值，kA；b 为拟合系数；$P(I)$为幅值大于 I 的雷电流概率。

我国《交流电气装置的过电压保护和绝缘配合》（DL/T 620—1997）中规定对于雷电流幅值超过 I 的概率一般可由式（5-4）计算得到：

$$\lg P_I=-\frac{I}{88} \tag{5-4}$$

可根据变电站防雷可靠性的要求，按照式（5-4）选取某一累积概率下的雷电流幅值。绕击雷电流幅值根据实际线路情况采用电气几何模型（EGM）计算线路最大绕击雷电流得到。

根据实测结果，雷电冲击波的波头时间在 1～5μs 的范围内变化，多为 2.5～2.6μs；波尾时间在 20～100μs 的范围内，多数为 50μs 左右。波头及波尾时间的变化范围很大，工程上根据不同情况的需要，可规定出相应的波头与波尾时间。

在线路防雷计算时，规程规定取雷电流波头时间为 2.6μs，波尾对防雷计算结果几乎无影响，为简化计算，一般可视波尾时间为无限长。

雷电流的幅值与波头，决定了雷电流的上升陡度，也就是雷电流随时间的变化率。雷电流的陡度对雷击过电压影响很大，也是一个常用参数。可认为雷电流的陡度 α 与幅值 I 有线性的关系，即幅值越大，陡度也越大。一般认为陡度超过 50kA/μs 雷电流出现的概率很小（约为 0.04）。

实测结果表明，虽然实际雷电流的幅值、陡度、波头、波尾每次都不同，但都是单极性的脉冲波。电力设备绝缘强度试验和电力系统防雷保护设计时，需要将雷电流波形等值为典型化、可用函数表达、便于计算的波形。常用的等值波形有三种，如图 5-1 所示。

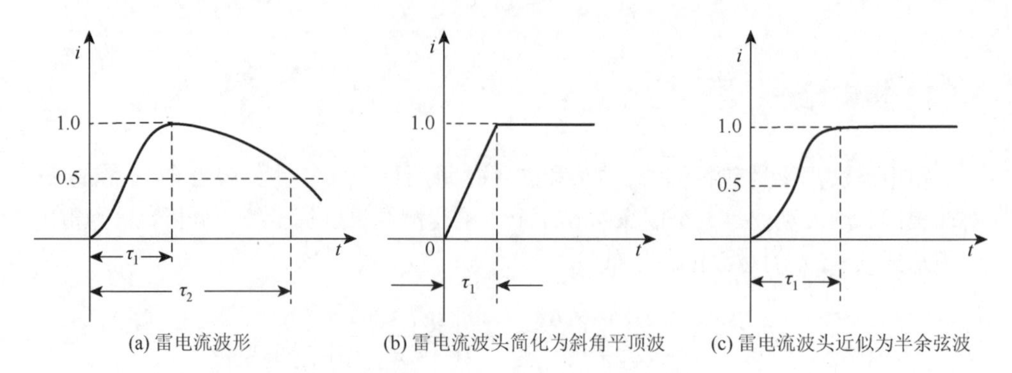

图 5-1　雷击主放电时的电流波形

图 5-1（a）是标准冲击波，可用双指数函数 $i=I_0(\mathrm{e}^{-\alpha t}-\mathrm{e}^{-\beta t})$来表示。式中，$I_0$为某一固定电流值，$\alpha$、$\beta$ 为两个常数，t 为作用时间。当被击物体的阻抗只是电阻 R 时，作用在 R 上的电压波形 u 与电流波形 i 同相。双指数波形也用作冲击绝缘强度试验的标准电压波形。根据国际电工委员会（International Electrotechnical Commission，IEC）国际标准以及我国国家标准（GB）：波头 $\tau_\mathrm{f}=1.2\mu\mathrm{s}$，波尾 $\tau_\mathrm{t}=50\mu\mathrm{s}$，记为 1.2/50μs。

图 5-1（b）为斜角平顶波，其陡度（斜度）α 可由给定的雷电流幅值 I 和波头时间 τ_f决定，$\alpha=I/\tau_\mathrm{f}$，在防雷保护计算中，雷电流波头 τ_f一般选用 2.6μs。

图 5-1（c）为等值余弦波，雷电流波的波头部分，接近半余弦波，可表述为

$$i=\frac{I}{2}[1-\cos(\omega t)] \tag{5-5}$$

式中，I 为雷电流幅值，kA；ω 为角频率，由波头时间 τ_f决定，$\omega=\pi/\tau_\mathrm{f}$。

该等值余弦波形多用于分析雷电流波头的作用，因为用余弦函数波头计算雷电流通过电感支路时所引起的压降比较方便。此时最大陡度出现在波头中间，即 $t=\tau_\mathrm{f}/2$ 处，其值为

$$\alpha_{\max}=\left(\frac{\mathrm{d}i}{\mathrm{d}t}\right)_{\max}=\frac{I\omega}{2} \tag{5-6}$$

对一般线路杆塔来说，用斜角波计算雷击塔顶电位与用余弦波头计算的结果非常接近，因此，只有在设计特殊大跨越、高杆塔时，才用余弦波来计算。

国内外实测结果表明，负极性雷占绝大多数，占 75%～90%。另外，负极性雷电过电压沿线路传播时衰减小，对设备危害大，故防雷计算一般按负极性考虑。

5.1.3　落雷密度与雷击点

雷暴日或雷暴小时仅表示某一地区雷电活动的强弱，它没有区分雷云之间放

电还是雷云与地面之间放电。实际上防雷需要知道有多少雷落到地面上，这就引入了落雷密度，即每一个雷暴日、每平方公里对地面落雷次数 γ 称为地面落雷密度。我国有关规程建议取 $\gamma = 0.015$。但在土壤电阻率突变地带的低电阻率地区，易形成雷云的向阳或迎风的山坡，雷云经常经过的峡谷，这些地区 γ 值比一般地区大得多，在选择发、变电站位置时应尽量避开这些地区。

进线端内架空线路遭受雷击将会对换流站设备绝缘强度产生危险，因此在设计中应将换流站和交直流开关场进线端结合起来，选择进线端 2km 以内的杆塔遭受反击和绕击的情况进行雷电侵入波过电压的计算。由于终端门型构架受换流站避雷针和避雷线保护，一般计算中不考虑终端门型构架直接遭受雷击的情况。

5.2 交流侧雷电过电压

交流侧雷电过电压主要有以下四个方面：绕击雷过电压、反击时的雷电过电压、感应雷过电压、雷电侵入波。

5.2.1 绕击雷过电压

我国 110kV 及以上高压输电线路一般都有避雷线保护，以免导线直接遭受雷击。但是，由于各种随机因素，会发生避雷线屏蔽失效，出现雷绕过避雷线而击中导线的情况，通常称为绕击。

假设有一条输电线路，其长度为 L，它遭受雷击的次数为 N。雷绕过避雷线击于导线的次数 N_1 与雷击线路总次数之比称为绕击率 p_a，则

$$N_1 = p_a N \tag{5-7}$$

现场运行经验与试验研究表明，绕击率与避雷线对外侧导线的保护角 α、杆塔高度 h 以及地形条件等因素有关，可表示如下[32]。

对于平原线路：

$$\lg p_a = \frac{\alpha\sqrt{h}}{86} - 3.90 \tag{5-8}$$

对于山区线路：

$$\lg p_a = \frac{\alpha\sqrt{h}}{86} - 3.35 \tag{5-9}$$

式中，h 为杆塔高度，m；α 为保护角，(°)。

当雷电直击导线后（图 5-2），雷电流便沿着导线向两侧流动，假定 Z_0 为雷电通道的波阻抗，$Z/2$ 为雷击点两边导线的并联波阻抗，则可建立雷击导线的等值电

路，如图 5-2（b）所示。若计及冲击电晕的影响，可取 $Z=400\Omega$，Z_0 近似地取为 200Ω，则雷击点电压为

$$U_A=\frac{I}{2}\frac{Z}{2}=\frac{IZ}{4}=100I \tag{5-10}$$

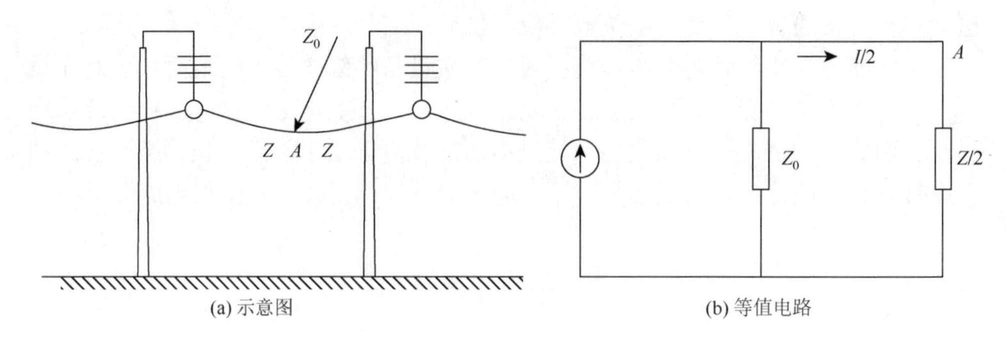

图 5-2　雷电直击导线后

雷电直击导线的过电压与雷电流的大小成正比。如果此电压超过线路绝缘的耐受电压，则将发生冲击闪络。由此可得线路的耐雷水平为

$$I(\text{kA})=\frac{U_{50\%}}{100} \tag{5-11}$$

5.2.2　反击时的雷电过电压

1. 雷击塔顶

雷击输电线路杆塔顶部时，雷电流大部分经过被击杆塔入地，小部分电流则经过避雷线由相邻杆塔入地，如图 5-3 所示[32]。

流经被击杆塔入地的电流 i_{gt} 与总电流 i 的关系可表示为

$$i_{\text{gt}}=\beta_{\text{g}}i \tag{5-12}$$

式中，β_{g} 为杆塔分流系数，一般小于 1。

根据图 5-3（b）所示等值电路，杆塔塔顶电位 U_{gt} 可表示为

$$U_{\text{gt}}=i_{\text{gt}}R_{\text{ch}}+L_{\text{gt}}\frac{\text{d}i_{\text{gt}}}{\text{d}t} \tag{5-13}$$

将式（5-12）代入式（5-13），可得

$$U_{\text{gt}}=\beta_{\text{g}}iR_{\text{ch}}+L_{\text{gt}}\beta_{\text{g}}\frac{\text{d}i}{\text{d}t} \tag{5-14}$$

$\text{d}i/\text{d}t$ 可用 $I/2.6$ 表示。由此，塔顶对地的电位幅值可写成

$$U_{\text{gt}}(\text{kV})=\beta_{\text{g}}I(R_{\text{ch}}+L_{\text{gt}}/2.6) \tag{5-15}$$

式中，I 为雷电流幅值，kA。

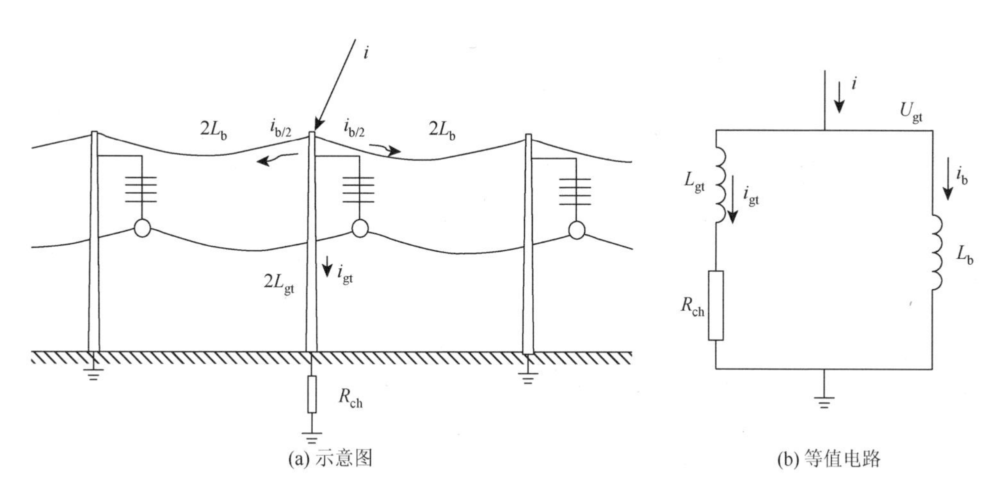

图 5-3　雷击杆塔

由于避雷线的分流作用，降低了雷击塔顶时的塔顶电位，分流系数 β_g 越小，塔顶电位就越低。β_g 值可由图 5-3（b）所示等值电路求出。设雷电流为斜角波前，即 $i=\alpha t$，则可建立下列方程：

$$R_{ch}\beta_g\alpha t+L_{gt}\beta_g\alpha=L_b\mathrm{d}(\alpha t-\beta_g\alpha t)/\mathrm{d}t \tag{5-16}$$

由此可得

$$\beta_g=\frac{1}{1+\dfrac{L_{gt}}{L_b}+\dfrac{R_{ch}}{L_b}t} \tag{5-17}$$

β_g 与雷电流陡度无关，但随时间变化而变化。为了便于计算，工程上 t 值取 0～2.6μs 的平均值，因此

$$\beta_g=\frac{1}{1+\dfrac{L_{gt}}{L_b}+1.3\dfrac{R_{ch}}{L_b}} \tag{5-18}$$

对于一般长度的档距，β_g 值可按表 5-1 查出。

表 5-1　分流系数 β_g

额定电压/kV	单避雷线	双避雷线
110	0.90	0.86
220	0.92	0.88
330	—	0.88
500	—	0.822～0.865

由于避雷线与塔顶相连，避雷线也会具有相同的电位 U_{gt}。由于避雷线与导线之间的耦合作用，导线电压极性与雷电流相同。因此，绝缘子串上的这一部分电压为

$$U_{gt}-K_c U_{gt}=U_{gt}(1-K_c)=\beta_g I(R_{ch}+L_{gt}/2.6)(1-K_c) \tag{5-19}$$

式中，K_c 为避雷线与导线之间的耦合系数。

同样，计及雷击塔顶时在导线上出现的感应过电压部分，加之避雷线的存在，可求得

$$U'_g=U_g(1-K_c)=\alpha h_d(1-K_c)=\frac{I}{2.6}h_d(1-K_c) \tag{5-20}$$

绝缘子串上的电压为式（5-19）与式（5-20）相叠加：

$$\begin{aligned}U_j&=\beta_g I(K_{ch}+L_{gt}/2.6)(1-K_c)+\frac{I}{2.6}h_d(1-K_c)\\&=I(\beta_g R_{ch}+\beta_g L_{gt}/2.6+h_d/2.6)(1-K_c)\end{aligned} \tag{5-21}$$

若 U_j 等于或大于绝缘子串 50%冲击放电电压，绝缘子串将会出现闪络。这样，雷击塔顶的耐雷水平 I 为

$$I=\frac{U_{50\%}}{(1-K_c)[\beta_g(R_{ch}+L_{gt}/2.6)+h_d/2.6]} \tag{5-22}$$

雷击塔顶时，输电线路的耐雷水平与杆塔冲击接地电阻、分流系数、导线与避雷线耦合系数 K_c、杆塔等值电感 L_{gt} 以及绝缘子串冲击放电电压 $U_{50\%}$ 有关。工程上常采取降低接地电阻 R_{ch}，提高耦合系数 K_c 等来提高输电线路的耐雷水平。对于一般高度的杆塔，冲击接地电阻 R_{ch} 上的电压降是塔顶电位的主要成分。耦合系数 K_c 的增加可以减小雷击塔顶时作用在绝缘子串上的电压，也可以减少感应过电压分量，提高耐雷水平。常规方法是将单根避雷线改为双避雷线，甚至在导线下方增设耦合地线，其作用是增强导线、地线间的耦合作用而降低过电压。

2. 雷击避雷线档距中央

雷击线路的另一种典型情况就是雷击避雷线档距中央，如图 5-4 所示。由于雷击点距离杆塔有一段距离，由两侧接地杆塔处发生的负反射需要一段时间才能回到雷击点而使该点电位降低。在此期间，雷击点避雷线上会出现较高的电位。可用集中参数等值电路来分析计算 A 点的过电压。设档距避雷线电感为 $2L_s$，雷电流取斜角波，则 $I=\alpha t$，有

$$U_A=\frac{1}{2}L_s\frac{dI}{dt}=\frac{1}{2}L_s\alpha \tag{5-23}$$

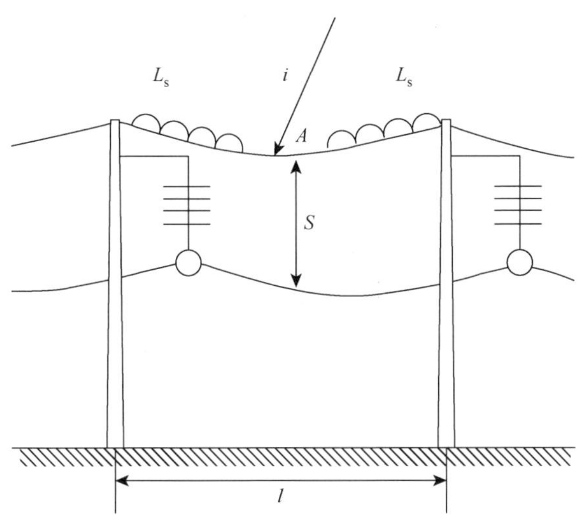

图 5-4　雷击避雷线档距中央

A 点与导线空气间隙绝缘上所承受的电压 U_s 为

$$U_s = U_A(1-K_c) = \frac{1}{2}\alpha L_s(1-K_c) \tag{5-24}$$

研究雷击避雷线档距中央时的输电线路过电压，是为了确定档距中央导线与避雷线间的空气距离（S），如图 5-4 所示。根据理论分析和运行经验，我国相关规程规定，在档距中央，导线和避雷线之间的空气距离按式（5-1）求得。电力系统多年的运行经验表明，按式（5-1）求得的 S 是足够可靠的，即只要满足式（5-24）的要求，雷击档距中央避雷线时，导线与避雷线间一般不会发生闪络。所以，在计算雷击跳闸率时，可不计及这种情况。

5.2.3　感应雷过电压

根据静电感应的原理，当雷云接近输电线路上空时，将在线路上感应出一个与雷云电荷相等但极性相反的电荷，这就是束缚电荷，而与雷云同极性的电荷则通过线路的接地中性点逸入大地。对中性点绝缘的线路，此同极性电荷将通过线路泄漏而逸入大地。若此时雷云对地（输电线路附近地面）放电，或者雷击塔顶但未发生反击，由于放电速度很快，雷云中的电荷便很快消失，于是在输电线路上的束缚电荷就变成了自由电荷，分别向线路左右传播，如图 5-5 所示[32]。

设感应电压为 u，当发生雷电主放电时，由雷云所造成的静电场会突然消失，从而产生行波，沿输电线路向左右两方向传播。

感应雷过电压是由雷云的静电感应而产生的，雷电先导中的电荷 Q 形成的静电场及主放电时雷电流 i 所产生的磁感应，是感应雷过电压的两个主要组成部分。

如果线路上挂有避雷线，由于避雷线的屏蔽作用，导线上的感应雷过电压将会下降。假定避雷线不接地，在避雷线和导线上产生的感应雷过电压可用公式 $U=25\times Ih_d/S$ 进行计算，当两者悬挂高度相差不大时，可近似认为两者相等。但实际上避雷线是接地的，其电位为零，这相当于在其上叠加了一个极性相反、幅值相等的电压（$-U$），并由于耦合作用，在导线上产生 $K_c(-U)=-K_cU$ 的电压。因此，导线上的感应雷过电压幅值为两者的叠加，极性与雷电流相反，即

$$U'=U-K_cU=(1-K_c)U \tag{5-25}$$

式中，K_c 为避雷线与导线之间的耦合系数，其值只决定于导线间的相互位置与几何尺寸。线间距离越近，则耦合系数 K_c 越大，导线上感应过电压越低。

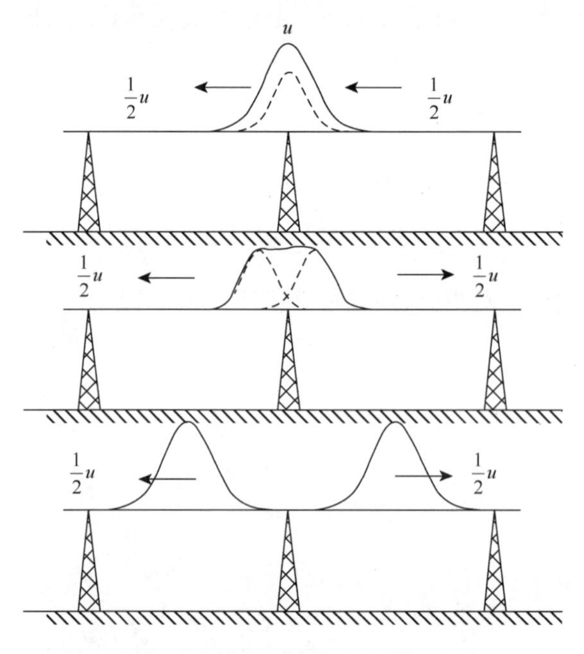

图 5-5　主放电后导线上电荷的移动

5.2.4　雷电侵入波

由于换流站对雷电存在有效屏蔽，雷电直击于换流站的概率很小，换流站内出现的雷击过电压一般都是从进线端侵入的。雷电侵入波过电压与雷电流、系统运行工况和雷击点有关，雷击点靠近进线端杆塔时的过电压相对较严重。由于换流站交流侧进线较多，交流开关场区域的波阻抗比架空线路波阻抗要低，与多数普通交流场的差别是存在交流滤波器及大容量并联电容器组，会对侵入的过电压有阻尼衰减作用。因此，换流站交流侧雷电过电压一般也不太严重。

在进行直流系统绝缘配合时，雷电过电压计算一般可选择进线端 1#到 6#杆塔。系统运行工况可分为：单回线路单滤波器组单极运行方式和多线多滤波器组多极运行方式。需要考虑的影响因素包括：输电线路的冲击电晕、杆塔绝缘子串冲击伏秒特性、线路上产生的感应过电压、线路上的直流电压、进线端杆塔模型、杆塔冲击接地电阻等。当雷击点及雷电幅值相同时，运行的变压器台数越多、进线越多、设备越多时，其雷电应力泄流通道也越多，此时设备整体的雷电过电压水平越低。另外，由于换流变压器的屏蔽作用，来自交流侧的雷电波一般不能侵入换流阀侧。

5.3　交直流场屏蔽失效

换流站交直流场的直击雷的防护通常采用接地良好的避雷针或避雷线。当雷云的先导向下发展到离地面一定高度时，高出地面的避雷针（线）顶端形成局部电场强度集中的空间，以致有可能产生局部游离而形成向上的迎面先导，这就影响了下行先导的发展方向，使其仅对避雷针（线）放电，从而使得避雷针（线）附近的物体受到保护，免遭雷击。避雷针（线）的保护作用是吸引雷电击于自身，并使雷电流泄入大地，为了使雷电流顺利地泄入大地，故要求避雷针（线）应有良好的接地装置。另外，当强大的雷电流通过避雷针（线）流入大地时，必然在避雷针（线）上或接地装置上产生幅值很高的过电压。为了防止避雷针（线）与被保护物之间的间隙击穿（也称为反击），它们之间应保持一定的距离。

若雷电绕过避雷针（线）而直击交直流开关场设备，或者避雷针（线）与被保护物之间的间隙击穿而形成反击，这就是交直流场屏蔽失效。

避雷针（线）的保护范围是用模拟试验及运行经验确定的，在保护范围内被保护物不致遭受雷击。由于放电的路径受很多偶然因素影响，因此要保证被保护物绝对不受雷击是非常困难的，一般采用 0.1%的雷击概率即可。前面说过，雷云先导在高空时是随机发展的，只有当先导到达离地面一定高度 H 时，才受到避雷针（线）电场畸变的影响，而定向地发展，使击于避雷针（线）上。先导放电确定雷击目标的高度 H，称为雷击定向高度。由于避雷针是使电力线发生三维空间的集中，而避雷线是使电力线发生两维空间的集中，即避雷线比避雷针使电场畸变的影响小，其引雷空间小，因此模拟试验时，对避雷针取 $H=20h$，对避雷线取 $H=10h$，h 为避雷针（线）模型的高度。根据模拟试验和运行经验的修正，为便于简化计算，规定了有关避雷针（线）保护范围[32]。

单根避雷针的保护范围如图 5-6 所示，在被保护物高度 h_x 水平面上，其保护半径 r_x 为

$$\left.\begin{aligned} r_x &= (h - h_x)p_h, & h_x &\geqslant h/2 \\ r_x &= (1.5h - 2h_x)p_h, & h_x &< h/2 \end{aligned}\right\} \tag{5-26}$$

式中，p_h 为高度修正系数：当 $h \leqslant 30\text{m}$ 时，$p_h = 1$；当 $30\text{m} < h \leqslant 120\text{m}$ 时，$p_h = 5.5/\sqrt{h}$ 。

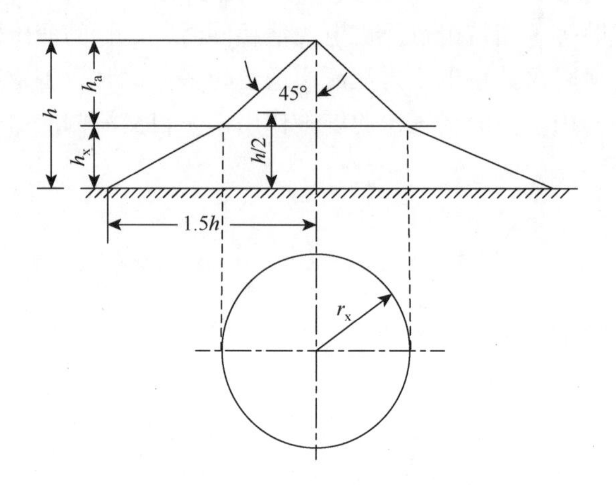

图 5-6　单根避雷针的保护范围

等高双避雷针联合保护的范围比两针各自保护范围之和要大。避雷针的外侧保护范围同样可由式（5-26）确定。当雷电击中两针之间时，单针保护范围边缘外侧的雷可能会被相邻避雷针吸引而击于其上，从而使两针间保护范围加大，其保护范围如图 5-7 所示。

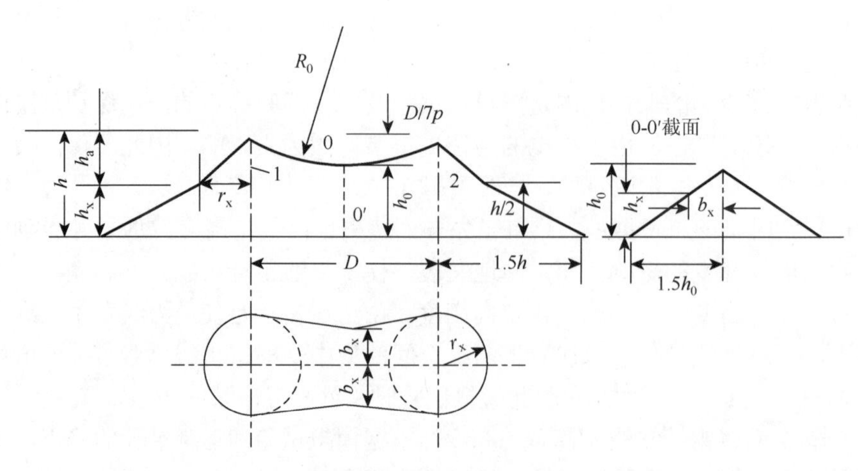

图 5-7　等高双避雷针的联合保护范围

等高双避雷针的联合保护范围的计算可根据式（5-27）进行：

$$\left.\begin{aligned} h_0 &= h - D/7p_h \\ b_x &= 1.5(h_0 - h_x) \end{aligned}\right\} \tag{5-27}$$

式中，h_0 为等高双避雷针联合保护范围上部边缘最低点的高度，m。

当 $D=7p_h(h-h_x)$ 时，$b_x=0$。两针间距离与针高之比 D/h 不宜大于 5，式(5-27)的适用范围为 $b_x<r_x$。

等高三避雷针联合保护范围可按照两针两针地分别计算。只要在被保护物高度的平面上，各个两针的 $b_x>0$，则三针组成的三角形中间部分均处于三针联合保护范围之内。

等高四避雷针及多针，可以按三针三针地分别确定其保护范围，然后再加到一起即多针联合保护范围。

两根不等高避雷针的保护范围可按照图 5-8 所示方法进行。首先按单根避雷针分别作出其保护范围，然后由低针 2 的顶点作水平线，与高针 1 的保护范围边界交于点 3，点 3 即为一假想等高针的顶点，再求出等高避雷针 2 和 3 的保护范围。

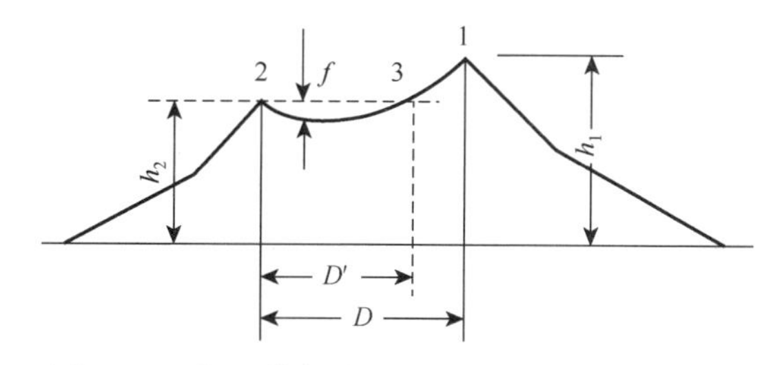

图 5-8　两根不等高避雷针 1 和 2 的联合保护范围

避雷线比同高的避雷针引雷空间要小，又考虑到避雷线受风吹而摆动，因此保护宽度也会降低，但其保护范围的长度与线路等长，两端还有其保护的半个圆锥体空间。

单根避雷线的保护范围如图 5-9 所示。设一侧保护宽度 r_x 的计算式为

$$\left.\begin{aligned} r_x &= 0.47(h-h_x)p_h, \quad h_x \geqslant h/2 \\ r_x &= (h-1.53h_x)p_h, \quad h_x < h/2 \end{aligned}\right\} \tag{5-28}$$

两根等高平行避雷线的联合保护范围如图 5-10 所示。两线外侧的保护范围与单线时相同；两线内侧保护范围的横截面，由通过两线及保护范围上部边缘最低点（0 点）的圆弧确定。0 点高度可按式（5-29）计算：

$$h_0 = h - D/4p_h \tag{5-29}$$

式中，h_0 为 0 点高度，m；h 为避雷线的高度，m；D 为两根避雷线间的水平距离，m；p_h 为高度修正系数。

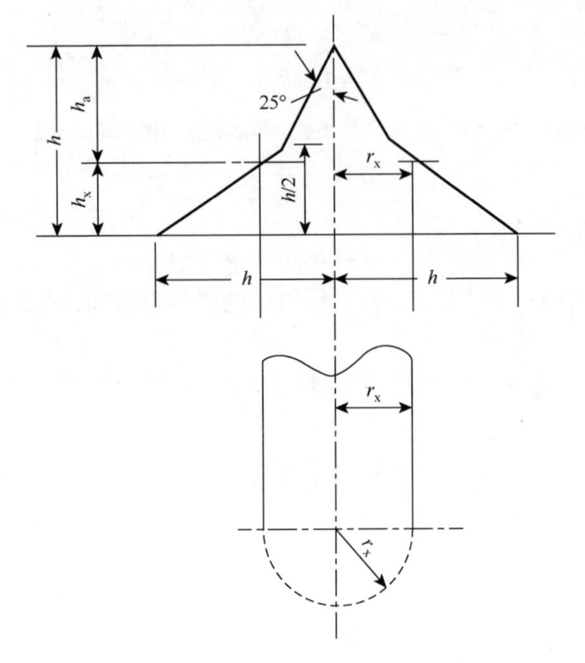

图 5-9　单根避雷线的保护范围

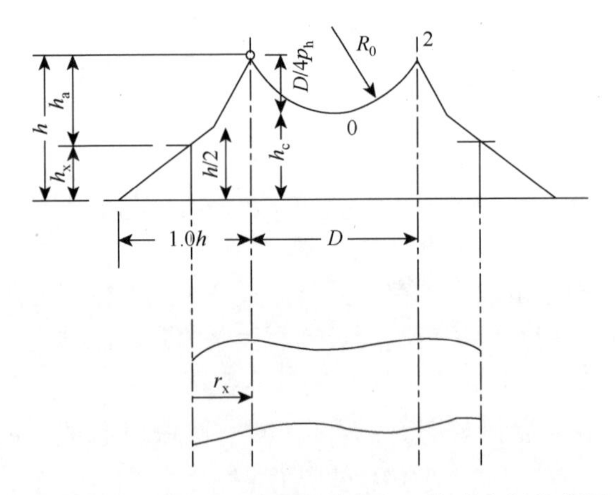

图 5-10　两根等高平行避雷线 1 和 2 的联合保护范围

5.4　直流侧线路雷击过电压

5.4.1　计算模型

直流输电线路只有正、负两极，加上两根避雷线，共计四根导线，比普通单回交流输电线路少一根导线。±800kV 直流系统进线端典型杆塔接线图如图 5-11 所示。

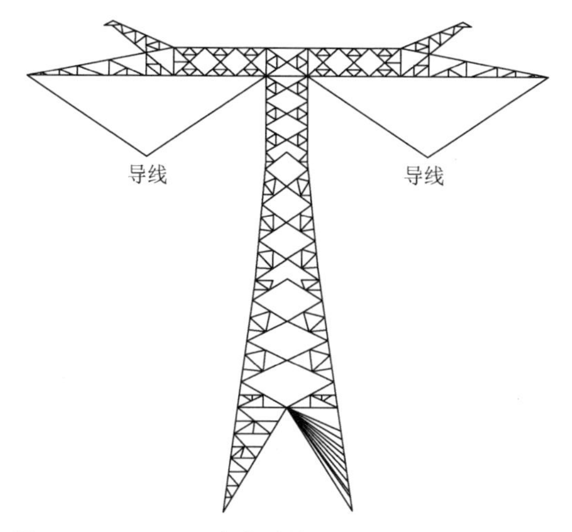

图 5-11　±800kV 直流系统进线端典型杆塔接线图

在计算中，考虑杆塔结构尺寸、导地线型号、档距等线路参数，分别对换流站直流开关场进线端的前 6 根杆塔，以及杆塔与杆塔之间的每一档距分别建模。线路及线路杆塔连接模型如图 5-12 所示。

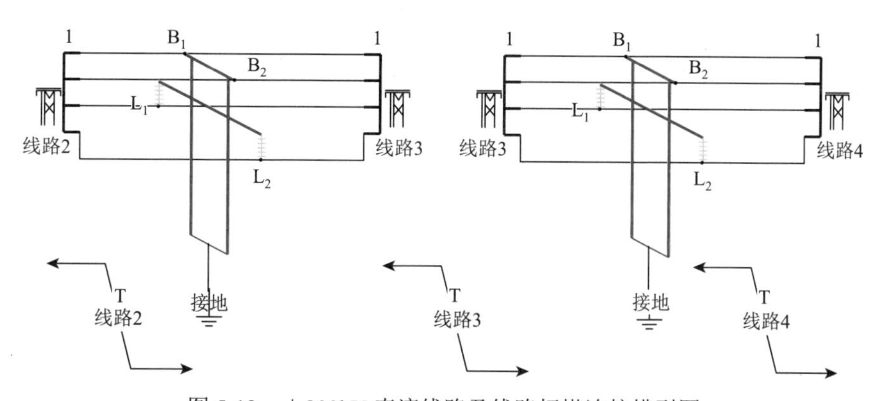

图 5-12　±800kV 直流线路及线路杆塔连接模型图

直流输电线路遭受雷击时，主要有雷直击杆塔或避雷线造成的反击过电压和避雷线屏蔽失效而形成的绕击过电压。直流线路上的直击雷和反击雷除在直流线路上产生雷电过电压外，还将沿线路传入直流开关场。然而反击跳闸率、绕击跳闸率与交流系统相比有以下特点。

（1）反击造成绝缘子串闪络时，一般需要考虑极线的工作电压，由于雷电大多数都为负极性，正极线绝缘子串的闪络概率远高于负极线的闪络概率。

（2）绕击的情况类似，正极线的绕击跳闸率远高于负极线的绕击跳闸率。

只要空气间隙符合规程要求，雷击避雷线档距中央一般不会发生闪络，当然不会引起反击跳闸。因此，可以认为反击跳闸率主要是由第一种情况决定的。

采用相交法判断绝缘子串的闪络，即比较绝缘子串上的电压和标准波（1.2/50μs）下的伏秒特性值 $U(t)$。绝缘子串上过电压较高时，绝缘子串伏秒特性曲线与绝缘子串上电压曲线相交，相应时刻即为闪络时刻。

如图 5-13（a）所示，绝缘子串两端电压曲线 1 在 t_s 时刻与绝缘子伏秒特性曲线 2 相交，则判为闪络。需要指出的是，若绝缘子串两端电压按图 5-13（b）中曲线 1 变化，尽管它没有与绝缘子伏秒特性曲线 2 相交，但其峰值超过了绝缘子串的 50%冲击闪络电压 $U_{50\%}$，也判为闪络。以曲线 2 和 $U_{50\%}$第二个交点对应的时间 t_s 为闪络发生时刻，如图 5-13（b）所示。

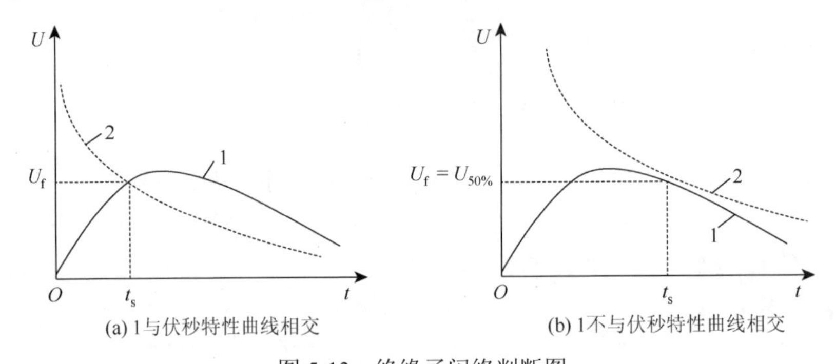

图 5-13　绝缘子闪络判断图

U_f-闪络时刻绝缘子两端电压；$U_{50\%}$-绝缘子串的 50%放电电压

绝缘子串两端的电压、绝缘子串的伏秒特性和绝缘子串 50%冲击闪络电压分别是时间的函数，判断绝缘子串闪络流程图如图 5-14 所示[33]。

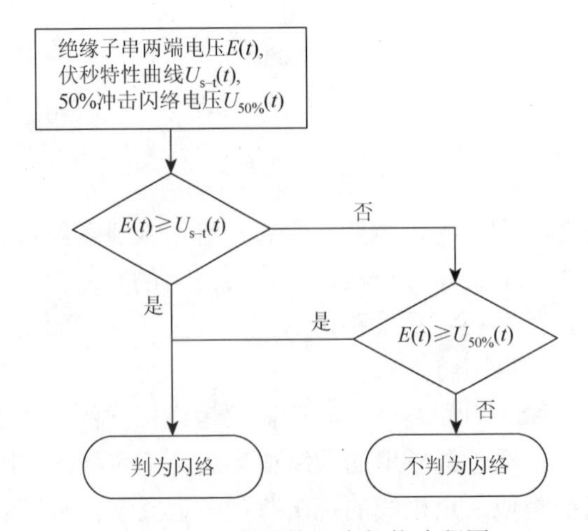

图 5-14　判断绝缘子串闪络流程图

根据图 5-14，在 PSCAD/EMTDC 中，建立 TACS 组合控制模型模拟绝缘子串闪络过程，如图 5-15 所示。

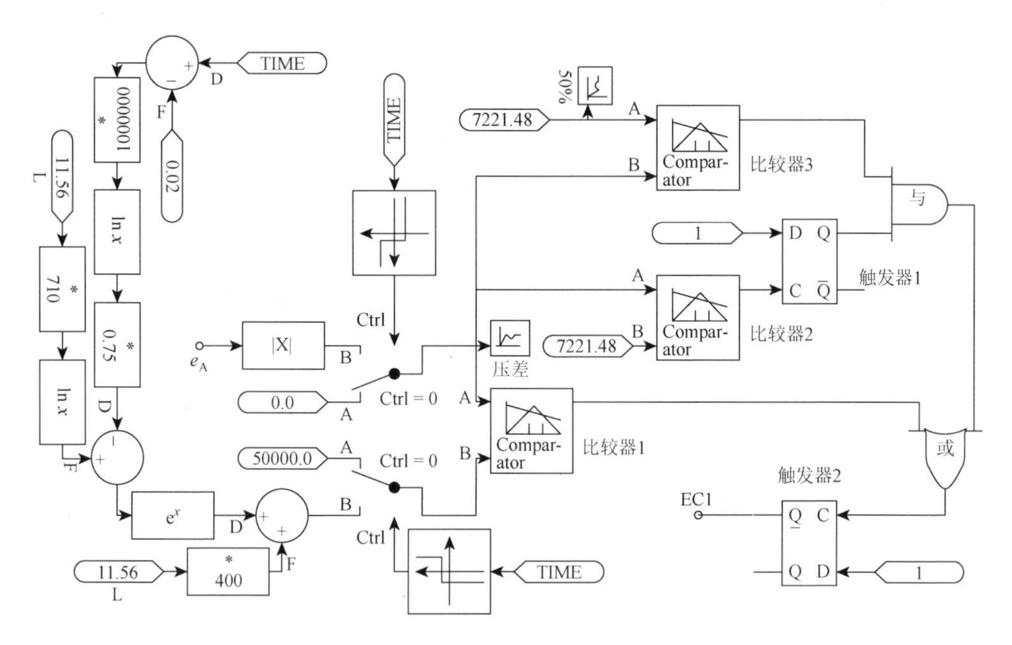

图 5-15　TACS 组合控制模型模拟绝缘子串闪络原理图

图 5-15 可分为以下 4 个部分。

（1）利用 CSM Functions 生成绝缘子串的伏秒特性曲线。

（2）绝缘子串两端的电压与绝缘子串的伏秒特性实时比较部分。比较器 1 的 A 通道为绝缘子串两端的电压曲线，B 通道输入模拟绝缘子串的伏秒特性曲线，当某一时刻“A≥B”时，比较器输出电平。

（3）绝缘子串两端的电压与绝缘子串的 50%冲击闪络电压实时比较部分。由图 5-14 可知，当绝缘子串两端电压第一次超过绝缘子串的 50%冲击闪络电压时刻，不闪络；当绝缘子串两端的电压第一次落后绝缘子串的 50%冲击闪络电压时刻，闪络。比较器 2 的 A 通道为绝缘子串两端的电压曲线，B 通道输入绝缘子串的 50%冲击闪络电压曲线，当某一时刻“A≥B”时，比较器输出电平，触发 D 触发器 1，使其输出端 A 为“1”；比较器 3 的 A 通道为绝缘子串的 50%冲击闪络电压曲线，B 通道输入绝缘子串两端的电压曲线，当“A≥B”时，比较器输出端 B 为“1”；再将 A、B 相与即可。

（4）将上述（2）和（3）的输出信号求或，并把结果送入触发器 2 的触发端。触发器 2 的输出端为控制是否闪络的信号。

5.4.2 直流侧线路雷电绕击过电压

换流站直流侧绕击侵入波过电压研究考虑三种情况：①极线绕击侵入波过电压；②金属回线绕击侵入波过电压；③接地极线绕击侵入波过电压。绕击侵入波过电压大小与各杆塔的最大绕击电流、雷击点距离换流站的距离和线路运行电压极性等因素有关。

1. 直流极线雷电绕击过电压

在绕击侵入波过电压计算中，可根据电气几何模型求出最大的绕击电流 I_m。按照电气几何模型，当雷电流幅值大于 I_m 时，雷或击于避雷线，或击于地面而不会击中导线，也不会发生绕击。所以，绕击计算时雷电流幅值取 I_m。而最大绕击雷电流 I_m 与杆塔结构及地面倾角等因素相关。

为考核换流站内电气设备的雷电冲击绝缘裕度，在极线绕击侵入波过电压计算时，一般偏严格考虑。采用单极大地回线的运行方式时，如极线发生绕击，雷电侵入波幅值会较严重。这种运行方式下，换流站投入的设备最少，雷电泄流通道最少，各个设备上的雷电侵入波过电压也越高。

表 5-2 为某±500kV 直流极线发生绕击时，运行电压和雷电流极性对换流站各设备上的过电压影响。计算中考虑 + 500kV 单极大地回线运行和–500kV 单极大地回线运行两种系统运行方式，选取雷击点为 1#杆塔，分别比较不同运行电压对设备上过电压的影响。

表 5-2 运行电压和雷电流极性对设备上过电压的影响

雷电流/kA	运行电压/kV	极线各设备上过电压/kV							
		高压极线耦合电容器	直流电压测量装置	极线隔离开关 DS	直流滤波器 FL 高压侧对地	高端平抗 REA 极线侧	高端平抗 REA 阀侧	阀侧隔离开关 DS	阀侧套管对地
+ 24	+ 800	1578	1537	1507	1482	1483	1223	1223	1223
–24	–800	1578	1538	1508	1483	1483	1183	1183	1183
–24	+ 800	979	979	979	979	979	1071	1071	1071
+ 24	–800	979	979	979	979	979	1073	1073	1073

一般来说，由于工作电压的作用，线路遭受与工作电压相同极性的雷击时设备上的过电压幅值更高。

另外，由于带电感性设备自身的特点，在雷电侵入波过电压的计算中应重点考虑这些设备上的过电压情况。其中，换流变压器由于有平波电抗器和换流阀的阻隔作用，其上的过电压在直流侧侵入波的情况下并不严重。

2. 金属回线雷电绕击过电压

金属回线发生绕击时，雷电沿金属回线侵入换流站，在联络线和中性线设备上产生过电压，对直流极线设备的影响较小。当绕击电流较大时，金属回线杆塔遭绕击时会引起杆塔的空气间隙闪络。

某±500kV 换流站单极负极性金属回线运行方式下，雷电绕击金属回线在设备上产生的过电压幅值（绕击电流为 28kA）如表 5-3 所示。

表 5-3　金属回线绕击过电压水平　（单位：kV）

原极线高压耦合电容器	联络线隔离开关	支柱绝缘子	中性耦合电容	直流电压测量装置	中性母线开关	直流滤波器低压侧	低压阀侧套管
621	375	187	67	93	104	97	119

金属回线遭受绕击时，极线设备的雷电冲击耐受水平较高，过电压情况并不严重；由于中性线电容器的作用，中性线设备上过电压幅值也较低，中性线和联络线设备上过电压均满足绝缘要求。

3. 接地极线路绕击过电压

为考核换流站内电气设备雷电冲击绝缘裕度是否满足要求，在接地极线绕击侵入波过电压计算时，考虑最严格工况，与极线绕击侵入波过电压计算一样，采用单极大地回线的运行方式。接地极线遭受绕击时，由于空气间隙均发生闪络，雷电流部分通过杆塔入地。而中性线电容器电容较大，有效限制了中性线绕击侵入波过电压，使得中性线设备的过电压情况并不严重，整个接地极绕击过电压水平均不高，满足绝缘裕度要求。

表 5-4 为某±500kV 直流换流站直流接地极线路发生绕击时，换流站各设备上的过电压水平。

表 5-4　接地极线各杆塔发生绕击时极线上各设备过电压水平

雷击点	绕击电流/kA	绝缘子闪络情况	中性母线各设备上过电压/kV									
			入口支柱绝缘子 1	入口支柱绝缘子 2	入口支柱绝缘子 3	入口支柱绝缘子 4	低压隔离开关 DS	中性耦合电容 *C*	中性母线开关 HSNBS	直流滤波器低压侧	直流电压测量装置	低压阀侧套管
1#杆塔	19	单基闪络	169	153	140	132	55	34	32	31	33	34
2#杆塔	22	单基闪络	156	139	123	115	54	34	32	31	34	34
3#杆塔	25	多基闪络	138	117	112	107	47	31	30	28	30	34

续表

雷击点	绕击电流/kA	绝缘子闪络情况	中性母线各设备上过电压/kV									
			入口支柱绝缘子1	入口支柱绝缘子2	入口支柱绝缘子3	入口支柱绝缘子4	低压隔离开关DS	中性耦合电容 C	中性母线开关HSNBS	直流滤波器低压侧	直流电压测量装置	低压阀侧套管
4#杆塔	48	多基闪络	144	142	127	99	47	31	35	39	39	34
5#杆塔	59	多基闪络	133	115	101	100	50	32	31	33	34	36
6#杆塔	27	多基闪络	124	106	105	101	41	28	32	36	39	36
最大值			169	153	140	132	55	34	35	39	39	36

5.4.3 直流侧线路雷电反击过电压

1. 极线反击过电压

反击过电压主要考虑两部分：一部分是雷击塔顶及杆塔附近的避雷线，雷电流经杆塔入地，造成塔顶较高电位，使绝缘子闪络；另一部分是雷击避雷线档距中央。计算时主要考虑直流线路进线端各基杆塔。进线端各杆塔反击过电压主要与以下因素相关：①进线端各杆塔的呼称高，呼称高将影响负反射波的传播；②杆塔到换流站的距离，一般来说距离换流站越远的杆塔，遭受反击时侵入波衰减程度越大，过电压也越低；③运行电压极性，运行电压将与侵入波叠加，影响各设备上的过电压水平[34]。

表 5-5 为某±500kV 直流极线发生反击时，换流站各设备上的过电压情况。采用单极运行方式，雷击极线 1 的 1#～6#杆塔，雷电流为 260kA，负极性。

由于 1#杆塔距离门型塔较近，迅速折回的负反射波削弱了其塔顶电位，因此空气间隙不易闪络，侵入波过电压主要为感应分量，幅值较低。

表 5-5 雷击 1#～6#杆塔时换流站各设备上的过电压情况 （单位：kV）

雷击塔号	高压极线耦合电容器	直流电压测量装置	极线隔离开关DS	直流滤波器FL高压侧对地	高端平抗REA极线侧	高端平抗REA阀侧	换流阀顶端对地
1#	613	619	619	617	625	621	615
2#	988	1016	989	726	893	639	552
3#	977	1001	974	700	823	615	549
4#	971	1000	972	674	818	655	539
5#	964	977	968	658	815	625	542
6#	974	963	955	671	808	611	538
最大值	988	1016	989	726	893	655	615

注：单极运行方式，杆塔接地电阻为 10Ω。

2. 接地极线反击过电压

一般来说，接地极线路的绝缘水平较低，幅值较高的雷电流雷击塔顶发生反击时，通常会造成多基杆塔的闪络。且接地极线路绝缘子串两端装有招弧角，文献[35]指出，招弧角空气间隙约为 0.4m，约 300kV 电压即可将其击穿，导致中性线母线侵入波过电压很低，对站内设备没有威胁。

在接地极线反击过电压的计算中，取招弧角放电电压 300kV。负极性单极大地回线运行方式下，接地极线各基杆塔遭受反击时设备上过电压如表 5-6 所示。

表 5-6　接地极线遭受反击时各设备上过电压　（单位：kV）

雷击点	中性线各设备上过电压							
	中性线耦合电容	直流电压测量装置	中性线母线开关	直流滤波器低压侧	中性线平抗极线侧	中性线平抗阀侧	阀侧隔离开关	阀侧套管
1#杆塔	307	303	301	301	231	229	229	229
2#杆塔	281	281	280	280	280	225	224	224
3#杆塔	233	234	234	234	235	222	222	222
4#杆塔	147	148	148	148	148	178	178	178
5#杆塔	154	155	155	155	155	195	195	195
6#杆塔	117	117	117	117	117	161	161	161
最大值	307	303	301	301	231	229	229	229

5.5　陡波前冲击电压

高压直流换流站由于屏蔽失效或阀厅内接地故障等可能产生陡波前冲击电压。不同区域产生陡波前冲击电压的机理和特性都不同，应该使用不同的方法评估陡波前过电压[35]。这些区域包括：

（1）从交流线路到换流变压器网侧端的交流开关场区域；

（2）从直流线路到平波电抗器线路端的直流场区域；

（3）从换流变压器阀侧到平波电抗器阀侧端的换流器区域。

换流器区域由串联电抗与其他两区域隔开，即一端为平波电抗器电抗，另一端为换流变压器漏抗。对于雷击在换流变压器交流侧和平波电抗器外的直流侧引起的行波，一方面，换流变压器和平波电抗器等感性原件会抑制陡波，使其波形变慢；另一方面，交直流开关场区域的波阻抗相对架空线路波阻抗较低，与多数普通交流场的区别是存在交流滤波器、直流滤波器及大容量并联电容器组，这些都会对侵入的过电压有衰减作用。因此，一般情况下，交流侧或者直流侧的陡波侵入换流站时会显著变缓。然而，在大变比变压器的情况下（如直流背靠背换流站）电容耦合的作用，会在换流区接地故障和反击时出现快波前和陡波前过电压。在交流场区域，气体绝缘开关设备（GIS）中的隔离开关或断路器的操作也能够产生波前时间为5～150ns的极快波前过电压。

一般地，由于高压直流换流站具有很强的屏蔽和接地系统，绕击和反击可不予以考虑。极端情况下，如果雷电穿过屏蔽系统，发生绕击也会出现陡波前过电压。产生最严重的陡波前过电压通常是处于最高直流电位桥和换流变压器阀侧接地故障。换流器的杂散电容和阻尼电容放电使故障相的阀承受陡波前过电压。在研究这种工况时，回路模型应考虑详细的杂散电容和母线电感。

5.5.1　对地短路或闪络

当处于高电位的换流变压器阀侧出口到换流阀之间对地短路时，换流器杂散电容上的极电压将直接作用在闭锁的一个阀上，对阀产生陡波过电压，特别是处于12脉波桥的整流组上部具有最高电位的阀避雷器，其放电回路如图5-16所示[36]。而直流滤波器和极电容上的电压将通过平波电抗器施加到未导通的阀上，造成雷电波或操作波过电压。

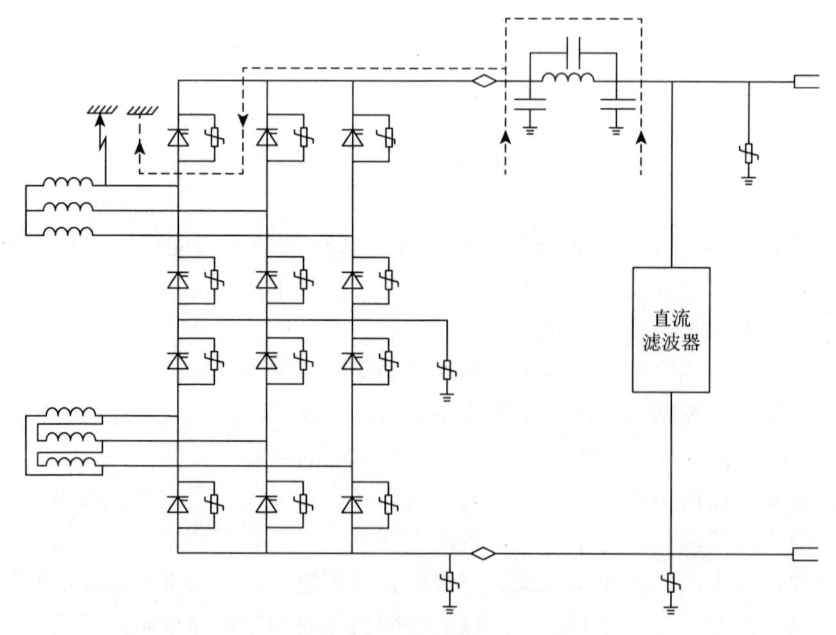

图5-16　换流变压器最高电位阀臂内单阀接地故障产生陡波过电压的放电回路

换流变压器最高电位阀臂内单阀接地故障后，高压端和地之间的杂散电容将会通过该阀臂的阀避雷器放电，油浸式平波电抗器与干式平波电抗器相比将产生更大的放电电流。

根据图 5-16 所示放电回路，放电电流可用式（5-30）来近似计算：

$$\hat{I} = \frac{U - \mathrm{FWPL}}{\sqrt{\dfrac{L}{C}}} \tag{5-30}$$

式中，$\hat{I}$ 是放电电流；U 是直流母线故障前电压；FWPL 是阀门避雷器的保护等级；C 是平波电抗器中的杂散电容；L 是回路电感。其中，回路电感包括如下部分：平波电抗器至阀避雷器的线路电感、阀避雷器电感、避雷器至变压器套管的线路电感、变压器套管上的闪络距离、变压器至平波电抗器的接地电流路径。

在晶闸管阀的设计中，应考虑这样一个偶然事件。阀在正向过电压时被触发，通过避雷器的电流转换到了阀上。需要强调的是，此时电流不作为阀避雷器的配合电流，一般是在反向过电压时确定避雷器的配合电流。在阀正向过电压时，阀保护触发水平对应的阀避雷器操作配合电流是满足要求的。当最终评估阀避雷器的配合电流时，应考虑避雷器特性和冗余晶闸管的容差。

当发生对地闪络时，直流电压和电流的变化将从闪络点向两端换流站传播。根据行波理论，两端测量的电压和电流可认为是前行波和后行波的叠加，行波以固有的幅值和略低于光速的速度传播。通常可用 $a(t)$代表前行波，$b(t)$代表后行波，Z 代表波阻抗。电压和电流的瞬时增量与 $a(t)$、$b(t)$之间的关系如下：

$$\Delta u(t) = [a(t) - b(t)]/2 \tag{5-31}$$

$$\Delta i(t) = [a(t)+b(t)]/(2Z) \tag{5-32}$$

或

$$a(t) = Z\Delta i(t) + \Delta u(t) \tag{5-33}$$

$$b(t) = Z\Delta i(t) - \Delta u(t) \tag{5-34}$$

在高压直流换流站及阀厅内的接地故障引起的陡波前过电压对绝缘配合是非常重要的，尤其是阀侧接地故障。这些代表性过电压的波前时间一般为 0.5～1.0μs，持续时间达 10μs。陡波前过电压幅值和波形通过数字仿真研究确定。而峰值和电压上升到峰值的变化率则更为重要。

5.5.2　部分换流器中换流阀全部导通和误投旁通对

当两个或多个换流器串联时，如果某一换流器全部阀都导通或误投旁通对，则剩下未导通的换流器将耐受全部极电压，造成陡波过电压[37]。

投入旁通对后，旁通对阀提供了换流器的直流电流旁路通路，一方面缩短直流电流分量流过换流变压器的时间，便于交流侧断路器快速跳闸；另一方面降低了整个直流系统的回路阻抗，便于整流侧的快速移相及闭锁。某些特殊故障情况下，盲目投入旁通对不但未能快速隔离故障点，甚至可能会扩大故障范围，造成事故进一步发展。

假如在通信系统故障、逆变侧保护动作启动停运、同时整流侧保护未检测到故障的情况下，整流侧只能依靠后备保护动作来停运。由于后备保护的延时往往比较长，如果此时逆变侧保护动作启动投入了旁通对，将造成逆变侧直流短路并维持较长时间，甚至造成其他保护动作。如在单极金属回线方式下和通信故障的情况下，逆变侧线路故障后备保护动作，投入了旁通对，接着又造成了逆变侧阀组差动保护动作。由于投入了旁通对，不仅造成瞬间的过流，而且高压直流母线和中性母线通过旁通对始终导通；同时由于通信系统故障，逆变侧发出的闭锁命令无法送至整流侧，直流输电系统仍维持一定的电流，最终引起了逆变侧阀组差动保护动作。另外，直流低电压保护动作后果设置不当，启动逆变侧闭锁且投入旁通对，将引起换流变压器阀侧过压。随着旁通对的投入，换流变压器阀侧相当于不接地系统出现了一点接地，另外两相电压随即升高而出现过电压。

5.6 过电压模拟模型与研究方法

5.6.1 系统模拟模型

换流站中存在暂时、缓波前、快波前和陡波前过电压。这些过电压的主频率不同，因此所采用的电路模型也不一样。表 5-7 给出了这些瞬态过程的各种起因以及频率范围的概况。建模时需要明确这些频率范围[38]。

表 5-7 过电压源和相应的频率范围

组	典型的频率范围	主要的代表过电压	过电压产生的源
Ⅰ	0.1Hz～3kHz	暂时过电压	变压器励磁（铁磁谐振） 甩负荷 接地故障发生和清除，线路自激
Ⅱ	50Hz～20kHz	缓波前过电压	出线端接地故障 近区故障 合闸/重合闸
Ⅲ	10kHz～3MHz	快波前过电压	雷电过电压 快波前过电压 断路器重击穿 站内故障
Ⅳ	1～50MHz	陡波前过电压	隔离开关操作 变电站 GIS 内的故障 闪络

对于暂时过电压和操作过电压，由于冲击波的频率低，杂散参数的影响甚微，电路模型可采用工频稳态电路模型，各种参数都可以准确确定。对于雷电过电压，由于主频率很高，杂散参数的影响已上升为主导作用。对于陡波过电压，杂散参数是唯一起主导作用的参数。因此，用于研究雷电过电压和陡波过电压的电路模型与稳态电路模型完全不同，如电容器对陡波的阻抗可忽略不计，而电容器堆的杂散电感成为决定过电压的重要参数，因而在电路中以电感模型表示，同样电抗器以杂散电容模型表示。有时在引线较长时，甚至必须采用分布参数模型。

从一个稳态过渡到另一个稳态的期间将出现瞬态现象。在系统中这种干扰主要是分合断路器或操作其他设备，短路、接地故障或雷电击穿。随后发生的电磁现象是线路上、电缆或母线段上的行波和系统中电感和电容之间产生的振荡。振荡频率由连接线路的波阻抗和传输时间来确定。

从绝缘配合的观点讲，一般将整个高压直流换流站，包括交直流线路，按过电压来源分为不同的区域。这些区域或子系统包括：①交流网络；②高压直流换流站交流部分，包括交流滤波器和任何其他无功源、断路器和换流变压器网侧；③换流桥、换流变压器阀侧、直流平波电抗器、直流滤波器和中性母线；④直流线路或电缆和接地极线路/电缆。

在确定研究模型时，应考虑这些区域或子系统。在不失去研究结果有效性的前提下，其模型可以详细也可适当简化，只考虑换流站两极中的一极，图 5-17 是高压直流换流站的一极简化电路。

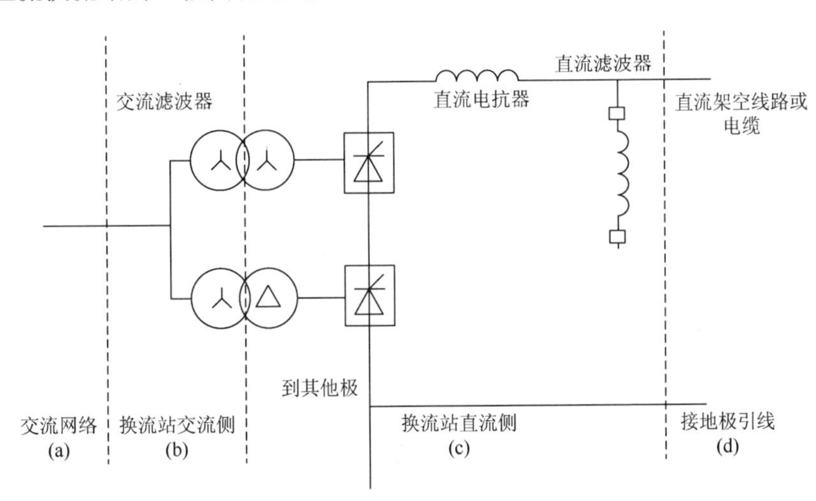

图 5-17　高压直流换流站的一极简化电路

1. 交流网络和高压直流换流站的交流侧

研究缓波前过电压时，高压直流换流站附近的交流网络采用详细的三相模型或合适的等值模型，模型应包括换流站出线、邻近的变压器（包括它们的饱和特性）以及电气上接近的换流器。从高压直流换流站望出的等值网络作为模拟交流系统的主要部分，但也应考虑在各谐振频率上可产生阻尼的负荷的影响。

安装在高压直流换流站交流侧的设备，包括任何无功电源和换流变压器。而换流变压器模型的饱和特性是一个关键参数，在研究过电压特性时必须充分掌握。在几百赫兹频率范围内模拟交流母线、滤波器和避雷器特性。

研究陡波前过电压时，交流线路和母线等使用高频率参数模型，交流滤波器元件参数需考虑杂散电感和电容。波在交流线路上传播时间超过所研究事件的整个计算时间时，交流线路可用波阻抗表示。绕组类设备的所有杂散电容，可用对地和跨接在设备两端的集中电容表示。接地系统、接地连接和闪络电弧应使用合适的模型。

研究交流侧缓波前过电压对阀的影响时，换流变压器分接头应放置在与潮流相符的位置。在不利的系统条件下可能导致交流滤波器/并联电容器和交流网络阻抗、换流变压器之间的铁磁谐振。为了涵盖变压器饱和的变化范围，在研究过程中应该调整故障的起始时刻和故障清除时刻。来自交流侧（普通型高压直流换流站）缓波前过电压对阀避雷器作用的简化电路如图 5-18 所示。

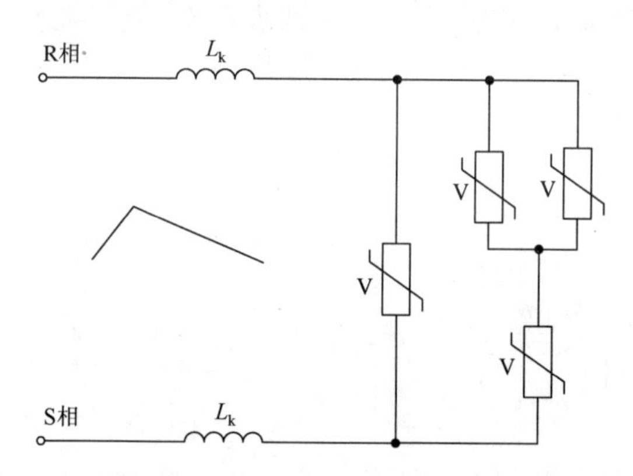

图 5-18　交流侧缓波前过电压对阀避雷器作用的简化电路图

2. 直流架空线路/电缆和接地极引线

研究缓波前过电压时，应根据表 5-7 从直流到 20kHz 频率范围模拟直流线路及接地极引线，模拟直流和中性母线避雷器特性时，频率可在几百赫兹范围内。

研究陡波前过电压时，直流线路、接地极引线及母线应使用足够高的高频参数模型。若波在线路传播中从远端反射回来，不出现波过程相交，线路可用波阻抗模拟。计算时，应考虑线路绝缘子 50%闪络电压对过电压幅值的影响。

3. 高压直流换流站的直流侧

计算缓波前过电压时，需模拟直流换流站内直流侧各设备，包括平波电抗器、阀、直流滤波器、中性母线避雷器和电容器等。直流侧避雷器特性模拟时，频率选择在几百赫兹范围内，同时应考虑控制和保护对过电压作用。

计算陡波前过电压时，直流侧设备（平波电抗器、直流滤波器、阀等）的模型应考虑杂散电感和电容；带有绕组设备的所有杂散电容，用对地和跨接在设备两端的集中电容表示。由于控制和保护对这些快速瞬态电压来不及响应，可不予考虑。

5.6.2　过电压研究方法

为了确定换流站过电压和进行绝缘配合研究，通常使用物理模拟和数字计算的方法，常用的手段有暂态网络分析仪（TNA）、高压直流模拟装置和过电压仿真计算程序[39, 40]。

1. 暂态网络分析仪

暂态网络分析仪是用作纯交流系统过电压研究的物理模拟。它由系统电源、变压器、断路器、线路、电抗器和避雷器等的模型元件组成。

在 HVDC 系统中，暂态网络分析仪主要用于换流阀处于闭锁状态下的交流侧过电压研究，如交流故障发生和切除、甩负荷等引起的暂时过电压，投入或切除空载线路、交流滤波器组、电容器组、变压器等的操作过电压，换流变压器饱和与滤波器产生的谐振过电压等。

2. 高压直流模拟装置

高压直流模拟装置主要用于研究高压直流系统的运行特性及其控制系统的特性，也可用于部分过电压研究，如交流故障、换相失败、甩负荷等过电压的研究。

高压直流模拟装置包括交流系统、换流变压器、换流阀及其控制系统、线路、开关、避雷器、滤波器、平波电抗器等，还包括了足够数量的 6 脉波或 12 脉波换流阀的比例模型，用于模拟一个完整的高压直流工程的两个（或多个）换流站。换流阀模型包括了复杂的高压直流控制，可在注入交流系统故障或者换相失败等诸如此类的瞬态过程中实现实际控制性能的模拟。

高压直流模拟装置包含直流架空线/电缆模型，有时为了研究方便，也会包含一个直流断路器模型。有些仿真器还包括一个静态补偿器的比例模型等，允许对甩负荷过电压进行评估。避雷器模型可以根据研究的不同要求而设置不同的复杂程度。还必须合理设置杂散电容和电感，因为高压直流模拟装置主要是用于评估控制系统的行为，以及低于 1000Hz 频率的暂态过电压。变压器的模型应该考虑到饱和度、磁滞、剩磁和其他损失。

高压直流模拟装置是一种非常灵活的工具，它的组件参数可很容易调整，也可方便地调整大量的暂态条件以确定最严重的情况，特别是对于直流换流阀或换流阀组、直流电抗器、直流架空线或者电缆等。然而，仿真器的物理特性也限制用户的使用范围，一些系统元件模型的有限可用性限制了完全通过模拟器来完成研究的范围。

3. 过电压仿真计算程序

故障条件下直流输电系统可采用电磁暂态计算程序（EMTDC/PSCAD）进行仿真，这是国际上通用的适合于交直流系统各种过电压计算的程序。它具有复杂系统的数学模型及交直流系统主要设备（包括阀及其控制系统、线性和非线性元件）的数学模型，可以较精确地给出换流站各点在不同故障和操作方式下的过电压和避雷器的电流及能量，也可用于换流站雷电过电压的计算分析。但由于该程序中缺乏线路电晕特性的数字模型，对于雷电进行波过程计算会存在一些误差。图 5-19 为高压直流输电系统的 CIGRE 基准模型，可用于评估直流系统的动态性能。

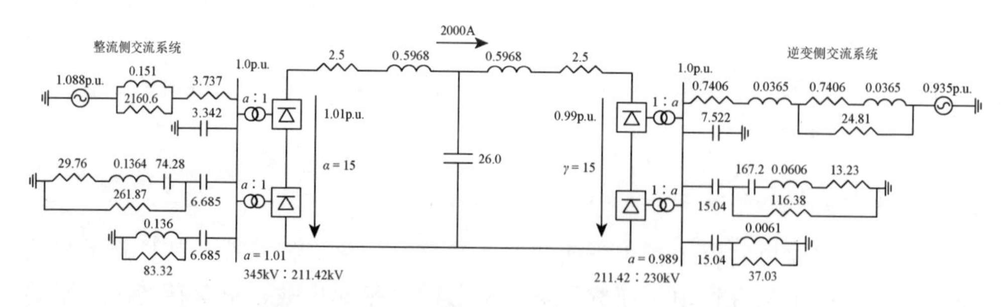

图 5-19　高压直流输电系统的 CIGRE 基准模型

第6章　高压直流换流站绝缘配合方法

6.1　绝缘配合的原则与方法

6.1.1　绝缘配合的原则

高压直流换流站绝缘配合不同于交流系统，其绝缘配合主要考虑串联阀组连接不同端（包括避雷器在内）的对地电位，还需要考虑换流站不同部分不同的绝缘等级，本质上是考虑换流器所承受的没有直接暴露的外部过电压（以电感为界）。

直流输电换流站过电压保护与绝缘配合的目的是根据换流站不同的拓扑图，寻求一种避雷器配置和参数选择方案，保证换流站所有设备（包括避雷器本身）在正常运行、故障期间及故障后的安全。

确定线路与换流站设备的绝缘水平是建设高压直流输电工程时遇到的首要问题，而且随着直流系统电压等级的提高，绝缘费用在工程建设总投资中所占比重越来越大，因此直流输电工程绝缘配合也显得更为重要。特别是对于特高压直流工程，绝缘配合是在技术可行性、经济性的基础上形成最佳方案。

直流换流站的绝缘配合是以避雷器的保护特性作为基础，它的主要内容是：避雷器配置方案的选择、各种避雷器特性参数的选择、换流站各种设备应有绝缘水平的确定。配合方法可依照《绝缘配合 第3部分：高压直流换流站绝缘配合程序》（GB/T 311.3—2017）和相应的直流工程具体功能与要求。

换流站内绝缘配合的基本原则是：交流侧的过电压应尽可能由装在交流侧的避雷器加以限制；直流侧的过电压应由装在换流变压器直流侧的避雷器及其组合加以限制；换流关键设备应由与该设备紧密相连的避雷器直接保护；母线或其他设备可直接由连接于被保护设备两端点之间或设备对地之间的避雷器保护，保护也可由2只或多只避雷器串联来实现；换流站交流侧和直流侧选用无间隙氧化锌避雷器作为保护设备；设备绝缘水平应保持适当的绝缘裕度。

6.1.2　绝缘配合的方法

目前进行绝缘配合的基本方法有惯用法、统计法及简化统计法[32]。

1. 惯用法

惯用法是按作用在绝缘上的最大过电压和最小绝缘强度的概念进行绝缘配合的。即首先确定设备上可能出现的最危险的过电压，然后根据运行经验乘上一个考虑各种因素的影响和一定裕度的系数，从而决定绝缘应耐受的电压水平。但过电压幅值及绝缘强度都是随机变量，很难找到一个严格的规则去估计它们的上限和下限，因此，用这一原则确定绝缘水平常有较大的裕度。

惯用法对有自恢复能力的绝缘（如气体绝缘）和无自恢复能力的绝缘（如固体绝缘）都是适用的。

2. 统计法

在超高压及特高压系统中降低绝缘水平有显著的经济效益，而操作过电压在绝缘配合中起主要作用。绝缘在操作过电压作用下抗电强度分散性很大，若采用惯用法，对绝缘要求偏严，因此从 20 世纪 70 年代起，国内外相继推荐采用统计的方法对自恢复绝缘进行绝缘配合。

统计法是根据过电压幅值和绝缘的耐受强度都是随机变量的实际情况，在已知过电压幅值和绝缘放电电压的概率分布后，用计算的方法求出绝缘放电的概率和线路故障率，在技术、经济比较的基础上，正确地确定绝缘水平。这种方法不仅定量地给出设计的安全裕度，并能按照使用设备费、每年的运行费以及每年的事故损失费的总和为最小的原则，确定一个输电系统绝缘配合的最佳方案。

设已知过电压概率密度函数 $f_g(U)$ 和绝缘的放电概率函数 $p(U)$，且 $f_g(U)$ 与 $p(U)$ 互不相关，如图 6-1 所示。$f_g(U)\mathrm{d}U$ 为过电压在 U_0 附近 $\mathrm{d}U$ 范围内出现的概率，$p(U)$ 为在过电压 U_0 作用下绝缘放电的概率。因二者是相互独立的，由概率积分的计算

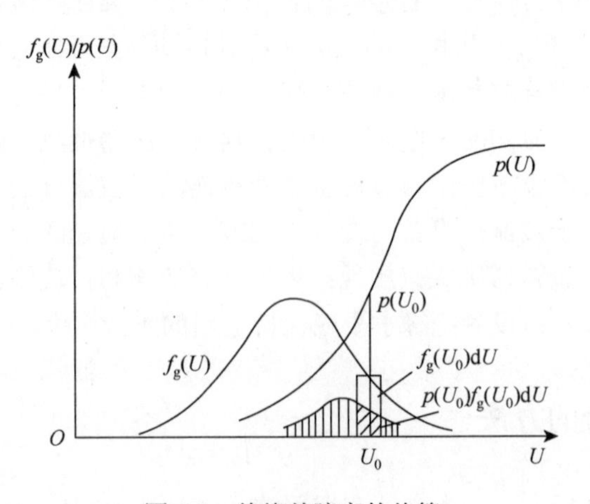

图 6-1　绝缘故障率的估算

公式得到出现这样高的过电压并使绝缘放电的概率是 $p(U)f_g(U)\mathrm{d}U$，即图 6-1 中的阴影部分面积。习惯上，我们只按过电压绝对值进行统计（正负极性约各占一半），再根据过电压的含义，$U \geqslant U_{pn}$（最高运行相电压），得到过电压 U 的范围是 $U_{pn} \sim \infty$。将放电概率积分得

$$R_a = \text{总阴影面积} = \int_{U_{pn}}^{\infty} p(U) f_g(U) \mathrm{d}U \tag{6-1}$$

式中，R_a 为绝缘在过电压作用下遭到击穿造成事故的概率，即故障率。

由图 6-1 可见，增加绝缘强度，即曲线 $p(U)$ 向右方移动，则故障率减小，但投资成本增加。因此用统计法可按需要对某些因素作调整，对技术、经济进行比较，在可接受的故障率的前提下，选择合理的绝缘水平。

3. 简化统计法

在简化统计法中，对过电压和绝缘特性两条概率曲线的形状，作出一些通常认为合理的假定，如正态分布，并已知其标准偏差。根据这些假定，上述两条概率分布曲线就可以分别用与某一参考概率相对应的点表示出来，称为统计过电压和统计耐受电压。由此可计算绝缘的故障率。绝缘配合的统计法至今只能用于自恢复绝缘，如输变电设备的外绝缘。

6.2　能动式绝缘配合方法

6.2.1　换流站设备布置

1. 平波电抗器分置

平波电抗器是特高压直流换流站的重要设备之一，其主要作用是在轻载时防止电流断续，并与直流滤波器共同构成换流站的直流滤波电路，以减小直流电流谐波分量，同时能在某些故障下限制来自直流线路的陡波冲击进入阀厅，抑制直流故障电流的快速增加，在一定程度上保护换流阀免受过电压和过电流的损坏。

高压直流输电工程通常将平波电抗器全部布置于直流极线，特高压工程则将平波电抗器一半布置在直流极线上，另一半布置在中性母线上。将平波电抗器分置于直流极线和中性母线，称为平抗分置[41]。

平波电抗器分置方式可显著降低换流站多个位置，特别是上 12 脉波换流单元各点的最大持续运行电压。特高压直流单极系统的简化等效示意图如图 6-2（a）所示。其中，整流侧是双 12 脉波换流单元串联结构；平波电抗器一半布置在直流极线，另一半布置在中性母线；紧挨平波电抗器的是直流滤波器；整流侧平波电抗器和直流滤波器出口后的平波电抗器分置直流线路和逆变侧总体等效成一个阻抗。

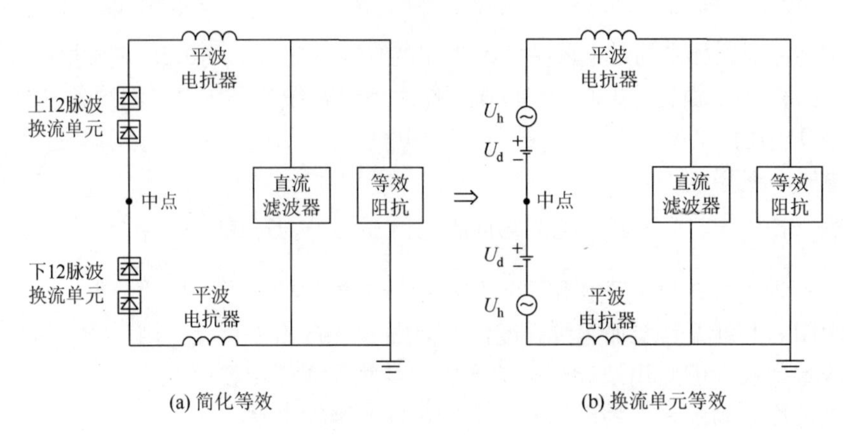

图 6-2　特高压直流单极系统等效示意图

根据图 6-2（b），直流极线平波电抗器阀侧（即阀顶处）的电压为 $2U_d+U_h$，经过极线平波电抗器后的直流线路出口电压为 $2U_d$，在±800kV 特高压直流系统中，$2U_d=800\text{kV}$。因此，采用平波电抗器分置后，上/下 12 脉波换流单元中间母线的电压近似为纯直流电压，$U_d=400\text{kV}$，阀顶电压为叠加有一个换流单元的电压，$2U_d+U_h=800\text{kV}+U_h$。若不采用平波电抗器分置，此时中点电压为一个 12 脉波换流单元电压，即 $U_d+U_h=400\text{kV}+U_h$；阀顶电压为 2 个 12 脉波换流单元电压之和，即 $2(U_d+U_h)=800\text{kV}+2U_h$。采用平波电抗器分置方式后，双 12 脉波换流单元中间母线和阀顶电压都明显降低，如图 6-3 所示。

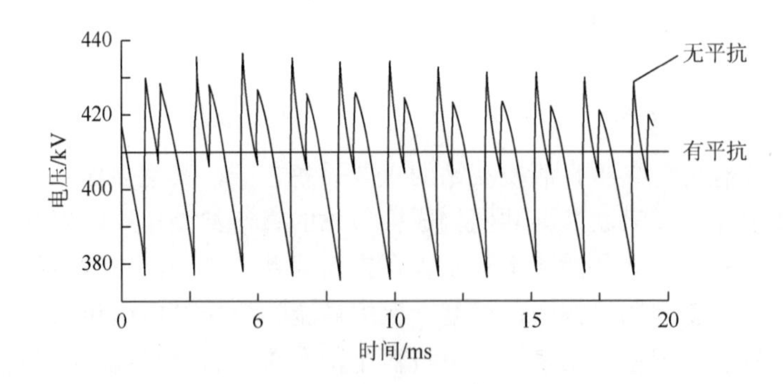

图 6-3　有无中性母线平波电抗时的电压比较

由于平波电抗器分别位于 12 脉波换流单元的两端，整个 12 脉波换流单元内部包括其换流变压器阀侧各点的最大持续运行电压均会得到不同幅度的下降。中性母线装平波电抗器的缺点是：①需选择阀底部设备（包括最低电位的换流变压器阀侧）的绝缘水平高于中性母线的绝缘水平；②高能量避雷器的能量要求需大于中性母线高能量避雷器；③增加了中性母线电抗器等设备的投资。

表 6-1 为在系统稳态运行时，平波电抗器不同布置方式下某±800kV 送端换流站各点稳态电压的峰值及其比较。两端换流站安装 4 台干式平波电抗器，每台电感值为 75mH。平波电抗器分置一般分别布置于极母线和中性母线上，即极母线上串联安装两台平波电抗器共 150mH，中性母线上串联安装两台平波电抗器共 150mH。

表 6-1　某送端换流站平抗分置和集中布置时换流站各点峰值

测量位置		送端换流站峰值		
		平抗分置/kV	平抗极线布置/kV	峰值/%
测点对地	直流极线	820	820	
	高压端换流器顶端	831	849	2.2
	中性母线线路侧	0	0	
	中性母线阀侧	30	0	
	两组 12 脉波换流器中点间	420	429	2.14
	高压端 12 脉波换流器中点母线	652	667.7	2.4
	低压端 12 脉波换流器中点母线	233.5	244.9	4.88
	交流母线	439	439	
	高压端 Y/Y 换流变压器阀侧绕组端子	870	880	1.15
	高压端 Y/D 换流变压器阀侧绕组端子	649.67	667.59	2.76
	低压端 Y/Y 换流变压器阀侧绕组端子	460	462	0.4
	低压端 Y/D 换流变压器阀侧绕组端子	252.56	243.99	−3.5
元件两端	平波电抗器（极线）	16	30	
	平波电抗器（中性母线）	15.8	0	
	阀（各阀桥中最大值）	244.7	245	

从表 6-1 中可以看出，平波电抗器分置将使大多数点的电压峰值降低，12 脉波换流器中点母线处的电压峰值降低了 4.88%；高压端换流器顶端、两组 12 脉波换流器中点间、高压端 12 脉波换流桥中点母线、高压端 Y/D 换流变压器阀侧绕组端子的峰值持续运行电压（PCOV）值与平波电抗器分置相比均降低了 2%左右。所以从稳态运行角度考虑，平波电抗器分置会降低各点的 PCOV 值，从而在绝缘配合时可以考虑降低避雷器的参考电压值以降低各点的绝缘水平，但平波电抗器分置对绝缘水平的影响程度需结合过电压计算来研究和考核。

2. 避雷器布置方式

换流站每个位置因工作电压波形的不同而需布置不同类型的避雷器；从过电

压角度看，复杂的系统结构会使得操作、故障、雷击或其他原因产生的过电压种类更加繁多，发展机理、波形、幅值等更加复杂。从避雷器角度看，复杂的系统结构和繁杂的过电压就会需要布置更多种类、更多数量的直流避雷器。即使是同样的设备，只要处于换流站不同位置，对其保护的要求也就不相同[38]。

对于一个双极每极 12 脉波的高压直流回路方案，换流桥交流侧和直流输电回路之间典型的避雷器布置如图 6-4 所示。在某些情况下，根据这一位置上设备的过电压耐受能力及其他避雷器组对过电压保护特性，可省去某些避雷器。例如，桥避雷器（B）和上下桥之间中点避雷器（M）串联组合对直流母线提供保护，代替换流器单元直流母线避雷器（CB）。

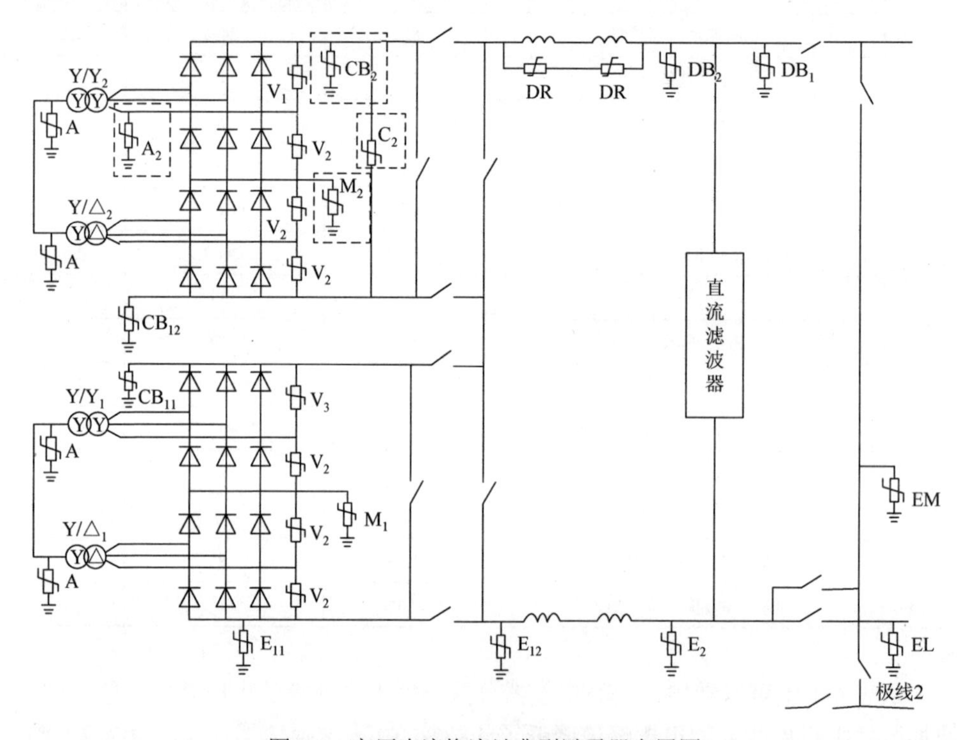

图 6-4　高压直流换流站典型避雷器布置图

每极两个 12 脉波换流器的直流背靠背换流站可以使用类似的保护布置。在直流背靠背情况下，由于运行电压远低于架空线路或电缆输电方式，在换流器和直流场中通常仅需要阀避雷器（V）。当然，有时包括中点避雷器（M）和桥避雷器（B）。

对于直接连接到直流电缆的高压直流换流站，由于极线不可能直接承受快波前过电压作用，直流线路或电缆避雷器（DB 和 DL）也可能被省掉。

在高压直流换流站的交流侧，相对地避雷器（A）对换流器交流母线和交流滤波器母线进行保护。

在交直流滤波器中，滤波器电抗器的保护避雷器一般并接在电抗器的两端或从电抗器的高压端到地，如图 6-4 所示。

在直流电缆和架空线路组合系统中，电缆端部可能安装有避雷器限制来自架空线路的过电压。

选择避雷器布置的基本原则如下：

（1）交流侧产生的过电压，主要由交流母线避雷器（A）限制；

（2）直流场或接地极引线产生的过电压，由直流线路/电缆避雷器（DB 和 DL）、换流器母线避雷器（CB）、中性母线避雷器（E）来限制；

（3）对于高压直流换流站内的过电压，关键设备元件应直接由紧靠连接的避雷器保护。例如，阀避雷器（V）保护晶闸管阀；交流母线避雷器（A）保护换流变压器网侧绕组；换流变压器阀侧绕组由桥避雷器（B）、中点避雷器（M）和一个阀避雷器（V）串联组合提供保护。然而，当直流换流站的换流变压器与换流桥断开时，对换流变压器阀侧绕组应采取保护措施。

6.2.2　控制保护的影响

直流系统是一个高度自动控制的智能系统，其所有的稳态操作以及故障处理都依赖于控制保护系统，控制保护系统的特性对于直流系统特性和换流站过电压有着显著影响。在高压直流换流站，充分发挥直流控制保护系统的功能可以起到保护设备和抑制系统过电压的作用，实现设备绝缘水平的能动式配合，从而降低工程造价[1, 42]。

直流控制保护主要包括主后备保护配合、直流功率控制、直流低压限流（VDCL）、直流闭锁方式和保护触发。这些控制保护的特性直接影响故障或者扰动期间的直流触发脉冲和开关操作时序，从而影响系统过电压[43]。

1. 主后备保护配合

直流系统发生故障后一般由相应保护区域内的主保护动作闭锁，在主保护拒动的情况下，由后备保护发出闭锁指令，后备保护往往相对于主保护会延时一定时间后再闭锁。在延时的这段时间内主要靠直流控制保护的调节特性带故障维持运行，可能造成更高的过电压和过电流。因此，主保护和后备保护的相互配合关系影响换流站过电压和过电流特性。直流保护配合方式众多，典型的有：阀差保护和极差保护的配合、阀短路保护和直流过流保护的配合等。阀差保护检测阀组内部接地故障，通常 5ms 内闭锁单极；极差保护检测极内故障，保护I段延时 8ms、II段延时 350ms 后闭锁单极；在阀组内部接地故障情况下，极差保护为阀差保护的后备保护。阀短路保护检测阀组内部的阀短路故障，在整流站延时 0.5ms 闭锁单阀组；直流过流保护检测阀组内部的直流过电流，在整流站延时 4ms 闭锁单极；阀短路故障会造成阀电流增大，通常由阀短路保护闭锁单阀组，闭锁后另一个阀组恢复正常运行，如果阀短路保护拒动，且直流过电流达到直流过流保护动作定值，则该保护会闭锁整个极。

2. 直流功率控制

直流功率控制方式包括双极功率控制、单极功率控制和单极电流控制。双极功率控制的极会根据对极功率的变化调整本极功率，以维持双极功率恒定；单极功率控制只按照设定值控制本极功率，单极电流控制以本极电流为控制目标。

逆变站发生阀短路故障后，阀短路保护会闭锁阀组，如果闭锁后本极功率下降，而对极处于双极功率控制模式，则对极需要提升功率；但如果对极不是处于双极功率模式而是处于单极功率模式或者电流控制模式，则故障极直流功率全部损失。逆变站阀组闭锁工况下，不同功率控制方式会影响换流站过电压特性。直流线路发生接地故障时，在故障极移相期间，如果非故障极处于双极功率控制模式，它会尽可能补偿故障极损失的直流功率；若非故障极处于单极功率或者单极电流模式，则故障极直流功率完全损失，换流站产生过电压。随着直流电流或换流变压器漏抗的增大，直流线路接地故障及恢复期间更容易出现换相失败，换流站过电压水平亦相应增大。因此，需要合理的直流功率控制方法，实现能动式绝缘配合。

3. 直流低压限流

VDCL 环节是在直流电压降低时对直流电流指令进行限制。它的主要作用有：①交流网扰动后，提高交流系统电压稳定性；②帮助直流系统在交直流故障后快速、可靠地恢复；③避免连续换相失败引起的阀应力。VDCL 环节的电压和电流定值可以调整，而且两个站的斜坡函数或时间常数能独立调整，以便控制限制电流时的速率以及返回时的速率。VDCL 的主要功能是保证直流系统安全可靠地从故障中恢复，而不是限制直流过电压。实际工程中应合理设置 VDCL 限制电流标幺值，也可降低特定区域的过电压幅值。

4. 直流闭锁方式

直流闭锁方式主要处理的环节包括：投入旁通对、封锁脉冲和拉开换流变压器进线断路器的时间配合。直流保护闭锁类型可分为 X、Y、Z 和 S 闭锁。其中，X 闭锁不投入旁通对而直接拉开断路器闭锁；S 闭锁在拉开断路器后投入旁通对闭锁；Y 闭锁和 Z 闭锁在逆变站都是直接投入旁通对闭锁，并同时拉开断路器。由于 Y 闭锁和 Z 闭锁都是直接投入旁通对闭锁，两者对过电压的影响基本相同；Y、Z 闭锁由于投入旁通对闭锁，产生的冲击比 X 闭锁大，显著增加整流站极线区和中性线区过电压水平，但是 X 闭锁比 Y、Z 闭锁造成更高的整流站阀过电压。

5. 保护触发

晶闸管保护触发防止正向过电压，在这种情况下仅需要考虑运行极（特别是逆变运行时）外部故障下的保护触发。

在整流运行方式时，阀在基频周期内有一短时正向闭锁电压，因此正向运行时的过电压小于逆变运行。更为重要的是在交流网络暂态下保护触发动作，不会对阀施加应力作用。

清除交流系统中的故障可能产生操作过电压，并通过换流变压器传输到阀侧。由于阀运行在逆变状态，在基频周期中相当长的时间有一个正方向闭锁电压。在正向过电压下引起保护触发的可能性相对较高。

选择保护触发水平的逻辑是在逆变运行时，交流系统清除故障后不应引起保护动作。因此，在故障清除之后的避雷器电流决定的阀两端过电压应作为保护触发水平的基准。

阀厅内接地故障能够引起一个高的快速暂态电压 dv/dt，这种故障可以通过换流桥差动保护检测出，然后将闭锁换流器。在清除接地故障中，换流器以任何方式关闭保护触发对运行没有任何影响。

6.3　换流站主要设备绝缘水平的选择

目前，直流换流站绝缘配合的方法与交流系统相同，即采用惯用法，也有文献称为确定性法。惯用法的基本思想是在电气设备上可能出现的最大过电压与设备要求耐受电压之间留有一定的裕度，最终选择的设备绝缘耐受电压应等于或高于上述所要求的耐受电压：

$$U_{rw} = kU_{rp} \tag{6-2}$$

式中，U_{rw} 是要求耐受电压；U_{rp} 是代表性过电压，对于受避雷器直接保护的设备，代表性过电压等于避雷器的保护水平；k 是绝缘裕度系数。

在交流系统中，可根据上述计算得到的要求耐受电压。按照标准耐受电压等级，得到设备绝缘耐受电压。但在直流系统，尤其是特高压直流系统中，还没有确定的标准耐受电压等级，考虑到特高压直流系统中绝缘水平的略微提高可导致设备尺寸和制造成本的急剧增加，因此，通常就近取合适的整数值作为设备绝缘耐受电压，并不再沿用操作冲击绝缘耐受水平/雷电冲击绝缘耐受水平的比小于 0.83 的习惯[37]。

6.3.1　绝缘裕度

电气设备的绝缘耐受水平需高于避雷器的保护水平，这样才能保证受到过电压应力时设备的安全性。考虑到设备的绝缘会随时间的推移而老化（如绝缘材料的老化）、天气因素（雨、雾）也会使设备的绝缘能力降低、避雷器自身的老化、环境污染、高海拔地区的影响等诸多因素，需要在避雷器的保护水平上乘以一个系数以获得设备的要求绝缘耐受电压，这个系数即为绝缘裕度，即式（6-2）的系数 k。不同位置、不同绝缘方式的设备对绝缘裕度的要求有所不同。直流系统绝缘配合既要考虑经济性，又要考虑系统的安全稳定运行。绝缘裕度太大会造成不必要的经济浪费，太小又难以确保系统的安全稳定，因而选择适当的绝缘裕度是非常重要的。

《绝缘配合 第3部分：高压直流换流站绝缘配合程序》（GB/T 311.3—2017）对海拔1000m以下的常规直流输电工程换流站设备给出了所示的设备要求绝缘耐受电压与冲击保护水平比值（表6-2）[18]。

表 6-2 GB/T 311.3—2017 推荐绝缘耐受电压与冲击保护水平比值

设备类型		RSIWV/SIPL	RLIWV/LIPL	RSFIWV/STIPL
交流滤波器元件		1.15	1.25	1.25
交流开关场，含母线、户外绝缘等		1.2	1.25	1.25
换流变压器等油绝缘设备	线路侧	1.20	1.25	1.25
	阀侧	1.15	1.20	1.25
换流阀		1.15	1.15	1.20
直流阀厅设备		1.15	1.15	1.25
直流开关场设备（户外）包括直流滤波器和平波电抗器		1.15	1.20	1.25

注：RSIWV-要求的操作冲击耐受电压；SIPL-操作冲击保护水平；RLIWV-要求的雷电冲击耐受电压；LIPL-雷电冲击保护水平；STIPL-陡波前冲击保护水平；RSFIWV-配合系数仅适用于由紧靠的避雷器直接保护的设备；STIPL用于阀避雷器。

现代直流输电系统换流阀大多采用空气绝缘、水冷却的户内悬吊式多重阀结构。由于其造价昂贵，绝缘裕度选取得合理与否对整个工程的造价有很大影响。

换流阀的绝缘具有以下特点。

（1）换流阀安装在阀厅内，室内环境条件可以得到很好的控制，而且阀厅基本保证对外呈微正压，运行中基本不受外界环境因素（如干湿度、温度、灰尘等）的影响，这也是使得换流阀绝缘区别于其他设备绝缘的最重要原因。

（2）换流阀单元有严密的监控装置，易于发现出现故障的晶闸管阀和其他阀组件（包括阀电抗器、均压阻尼电容等），在每一次检修或更换故障元器件后，可以认为阀的绝缘耐受能力恢复到初始值。

（3）随着技术的进步，氧化锌避雷器在运行几年之后仍能够保持良好的伏安特性，也就是说，直接保护换流阀的避雷器在过电压应力下仍能起到充分的保护作用。

（4）由于阀的成本和损耗近似正比于阀的绝缘水平，降低阀的绝缘水平也能相应降低阀的高度和阀厅的高度。

考虑各方面因素，在特高压直流系统中适当降低阀的绝缘裕度在技术上是可行的，并能带来显著的经济效益。表 6-3 和表 6-4 给出了两个±800kV 特高压直流工程中采用的绝缘裕度[44]。

表 6-3　某±800kV 特高压工程绝缘裕度（一）

设备	操作冲击/雷电冲击/陡波冲击
换流阀	15%/15%/25%
换流变压器	15%/20%/25%
平波电抗器	15%/20%/25%
直流阀厅设备	15%/15%/25%
直流场	15%/20%/25%

表 6-4　某±800kV 特高压工程绝缘裕度（二）

设备	操作冲击/雷电冲击/陡波冲击
换流阀	10%/10%/15%
其他直流设备	15%/20%/25%
直流场	15%/20%/25%

6.3.2　绝缘水平的确定

直流换流站交直流设备绝缘水平的确定需要分开进行。换流站交流侧主要为 500kV 系统，可按照相关标准的推荐进行确定。直流侧绝缘水平的确定目前还缺乏相关标准，按照本节开头所述惯用法进行。

1. 交流侧绝缘水平

换流站交流侧主要为 500kV 系统，可按照相关的标准推荐实施。根据《绝缘配合　第 1 部分：定义、原则和规则》（GB 311.1—2012）和《交流电气装置的过电压保护和绝缘配合》（DL/T 620—1997）推荐规定，交流 500kV 和 35kV 电气设备绝缘水平分别如表 6-5 和表 6-6 所示。

表 6-5　交流 500kV 电气设备绝缘水平　　（单位：kV）

设备名称	设备耐受电压值						
	雷电冲击耐压峰值			操作冲击耐压峰值		1min 工频耐压有效值	
	全波		截波				
	内绝缘	外绝缘		内绝缘	外绝缘	内绝缘	外绝缘
变压器	1550	1550	1675	1175	1175	680	680
其他电器	1550	1550	1675	1175	1175	740	740
断路器端口间	1550 + 450	1550 + 450	—	1175 + 450	1175 + 450	740 + 315	740 + 315
隔离开关端口间	—	1550 + 450	—	—	1175 + 450	—	740 + 315

表 6-6　交流 35kV 电气设备绝缘水平　　（单位：kV）

设备名称	设备耐受电压值				
	雷电冲击耐压峰值			1min 工频耐压峰值	
	全波		截波		
	内绝缘	外绝缘		内绝缘	外绝缘
35kV 电气设备	185	185	—	95	95

2. 直流侧绝缘水平

换流站内的换流阀、换流变压器、母线等设备可以由一只避雷器直接保护，也可以由两只或多只避雷器串联保护。一般地，可通过细致的电磁暂态仿真来确定各避雷器的配合电流和保护水平。

当设备由多只避雷器串联保护时，串联避雷器的保护水平由各避雷器保护水平直接相加决定，相应的配合电流以各串联避雷器中的配合电流确定。实际上最大配合放电电流不可能在同一故障中同时出现在串联的每只避雷器上，因此该方法给绝缘配合留有额外的裕度。

6.4　换流站最小空气间隙距离的选择

换流站内空气间隙主要指阀厅内和直流场设备的安全净距和直流母线对地及母线间的安全净距，位置与分布如图 6-5 所示[44]。在换流站内设备绝缘水平确定后，就要求各设备对周围设备及接地体具有一定的空气间隙距离。由于换流站内直流设备的高压端都处于很高的电压下，在各设备如换流阀组、平波电抗器等的顶部和四周棱角突出部位安装了大尺寸的均压环或屏蔽环，以改善电场分布。因此，设备对周围接地体的空气间隙实际上就是设备的均压环或屏蔽环对周围墙壁或其他接地体构成的最小空气间隙。

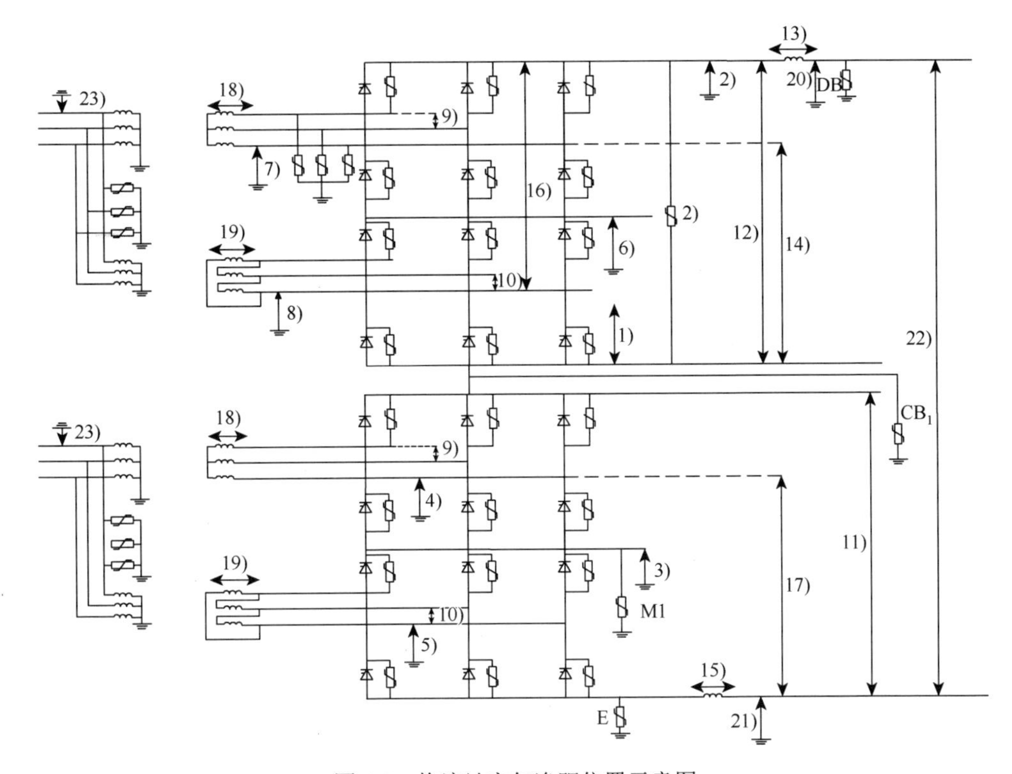

图 6-5　换流站空气净距位置示意图

图中数字 1）～23）分别表示需确定空气净距的各个位置

换流站直流侧空气间隙主要考虑直流、交流、雷电和操作冲击合成电压的作用。由于换流站的设备带电导体多为固定电极，因此空气间隙主要由雷电和操作冲击所决定。设计空气间隙时需要各种换流站真型雷电波、操作波放电电压特性曲线。为了较准确地计算直流侧空气间隙，不仅需要架空软导线、管形硬母线与构架之间的放电特性曲线，而且需要带电电气设备均压环与构架之间、管形母线与阀厅钢柱之间的放电特性曲线。确定阀厅内的空气间隙距离时，还需要考虑大气密度修正和湿度修正。

对雷电冲击而言，国外大量的试验数据表明，其间隙的 50%雷电冲击放电电压与间隙长度呈线性关系，而对操作冲击而言，50%放电电压与间隙长度是非线性关系。一般情况下，由于操作冲击下间隙的饱和特性，阀厅内的操作电压下要求的空气间隙远大于由雷电冲击决定的间隙距离，所以取操作冲击计算值作为该点的最小间隙距离。因此，典型空气间隙的操作冲击放电特性是确定换流站最小空气间隙的决定性因素，也是影响工程安全性和经济性的重要因素之一。

6.4.1　空气间隙的耐受电压

直流、交流以及冲击电压复合作用下的空气间隙特性是直流输电系统绝缘配合的基础。针对高压直流系统典型绝缘结构，国内外研究人员大量研究棒-棒、棒-板电极，以及导体对塔结构的空气间隙闪络特性。一般情况下，棒-棒、棒-板间隙的纯直流电压闪络特性与间隙长度呈线性关系。在干燥情况下，棒-板纯直流正极性闪络临界值（CFO）约为负极的一半。在潮湿环境下，负极性时 CFO 减小 45%而正极性不变。棒-棒电极间隙的纯直流 CFO 受电极或潮湿环境影响比较小。

正极性时棒-板间隙操作冲击 CFO 是负极性的一半，湿度对棒-棒、棒-板间隙闪络电压的影响都很小。对于棒-棒间隙，正极操作冲击 CFO 大约比负极少 25%，同样，湿度对两极的影响较小。对于给定的间隙间隔，正极性时雷电冲击击穿至少比操作冲击高 30%。

图 6-6、图 6-7 分别给出了正极性操作冲击（120/4000μs）叠加不同直流电压棒-棒、棒-板间隙的闪络电压[35]。

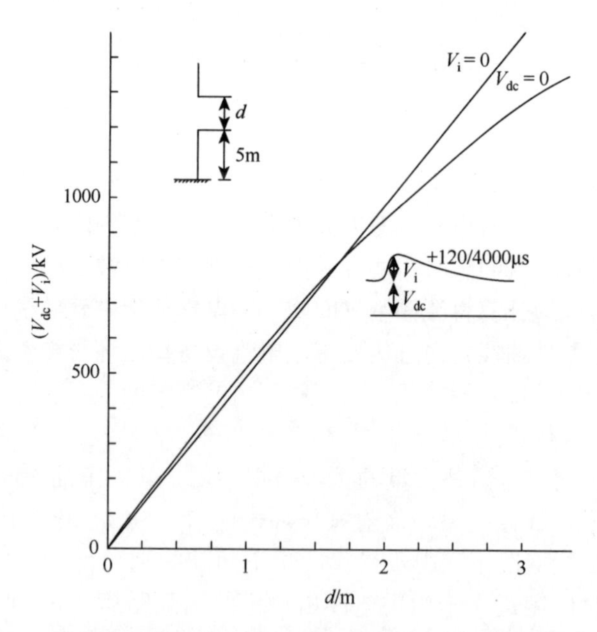

图 6-6　干燥和潮湿条件下棒-棒间隙正极性直流与操作压的闪络电压

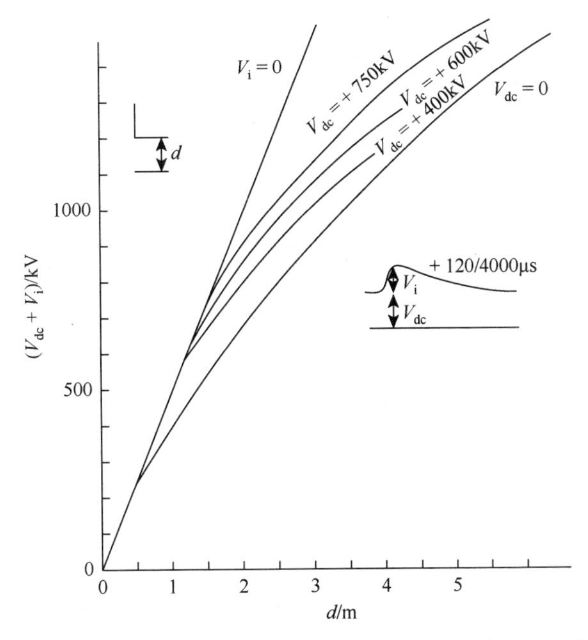

图 6-7　干燥和潮湿条件下棒-板间隙 50%闪络电压（正极性直流与操作压复合作用）

由图 6-6、图 6-7 可见，正极性直流电压叠加正极性操作冲击下棒-板间隙的闪络电压高于操作冲击单独作用。部分研究人员还研究了直流和操作冲击电压单独作用以及直流和操作冲击电压复合作用下，直流传输塔和换流站母线的空气间隙闪络特性，直流叠加冲击时其闪络电压受电极形状和出现电晕的影响。对于换流站母线，两个终端的绝缘支柱类型也会影响间隙的击穿电压，其击穿电压取决于电极的形状、复合电压和出现电晕等级的比例。但总体考虑，与总电压幅值相等的操作冲击单独作用下闪络特性普遍适用于操作冲击/直流复合电压。

6.4.2　非自恢复绝缘的耐受电压

换流站设备绝缘系统会应用到不同的绝缘类型，即油纸、SF_6 气体、换流器阀支架用环氧树脂板以及光纤维光导等。换流变压器上的油纸绝缘结构是最常用的绝缘系统，本章仅考虑该种绝缘结构。

1. 油纸绝缘结构中的直流电压分布

与取决于油和油浸渍纸两种介电常数比例的绝缘结构下的交流电压分布，或者说电压分布与介电层之间的电容成反比不同，直流电压分布与介电元件电阻率成正比。这个结论仅在严格意义上是正确的，施加直流电压一段时间后，暂态过程中两种特性都会起作用。油和油浸渍纸两种介电常数的比例不会超过 1/2，电阻率可能改变 1/300，并且受很多因素影响。油浸渍纸和油的电阻率，受温度、水分含量、场强以及施加电压时间的影响会有很大变化。

例如，在一个非常干燥的变压器上，油浸渍纸与油的电阻率比值在 20～300，但是随着运行时间变长，这种绝缘材料中水分含量的增加，比值会下降到 1～100。当油浸渍纸电阻率非常高时，可以认为大部分施加的直流电压会由油浸渍纸来承受。此外，如果温度增加 25℃，纸电阻率大约会下降 1/10。这意味着，运行在高温度梯度下，变压器线圈纸绝缘存在较大的温度差，温度较低的外层纸绝缘承受更大的应力。

当施加直流电压 U 突然反转极性变成 $-U$，相当于 $2U$ 的压差施加在绝缘结构上。紧接着极性反转，电压分布受介电常数比例的支配而改变，油被置于相对于稳态条件下 $1.4U$～$1.6U$ 的更高电场中。这个电压是暂态的，并随时间常数衰减，而时间常数由绝缘结构的电容和电阻所决定。

图 6-8 给出了油纸绝缘结构中极性反转对电压分布的影响[35]。在初始时刻，电压分布瞬间呈容性分布（曲线 1），然后随着时间而变为阻性分布（曲线 2）。电压反转相当于在已 $-U$ 上叠加一个大小为 $+2U$ 的阶跃波（曲线 3），极性反转后立即形成曲线 4 中的分布。曲线 4 的分布最后会衰减为曲线 2 的镜像分布，即为最终电压分布。

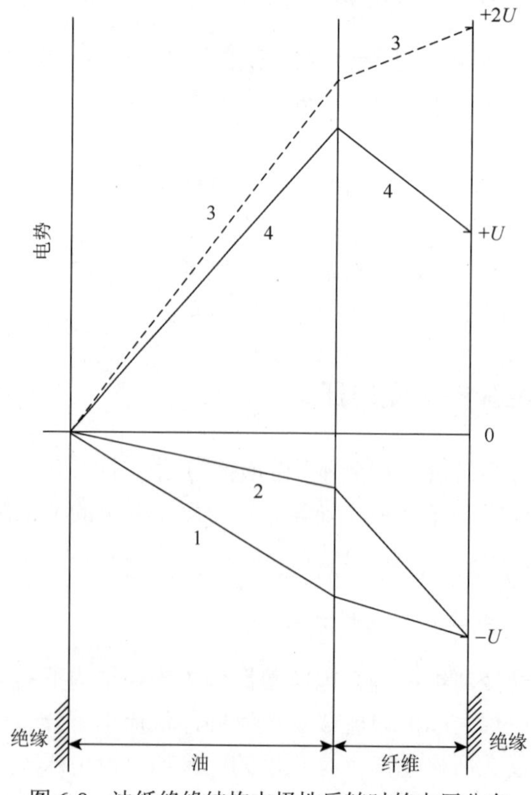

图 6-8　油纸绝缘结构中极性反转时的电压分布

2. 直流、交流和冲击电压复合作用下油纸介质的耐压特性

直流、交流和冲击电压的油与油浸渍纸的典型耐电压分别如图 6-9、图 6-10 所示[35]。由图 6-9、图 6-10 可知，均匀电场下，油间隙的直流耐受电压比交流耐受电压低 20%～30%，而油浸渍纸的直流耐压是冲击电压的两倍。不均匀场中，半径较小的正极性（负极电极接地）作用下油间隙直流耐压约为负极性下的 75%。

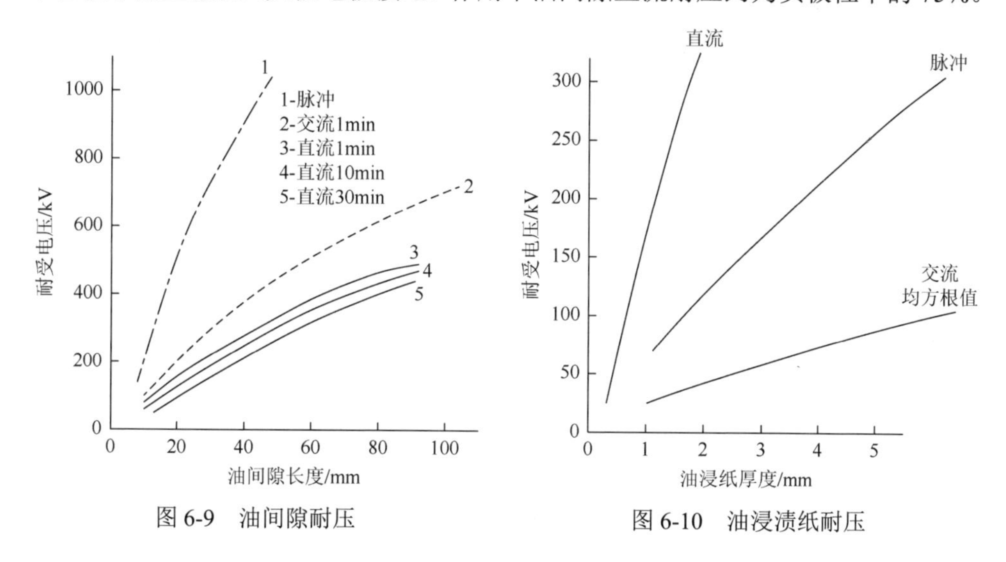

图 6-9　油间隙耐压　　图 6-10　油浸渍纸耐压

复合电压的影响必须在油纸介电结构设计时予以考虑。图 6-11 和图 6-12 分别给出了冲击电压和交流电压叠加直流电压时的油纸组合绝缘的电压分布[35]。

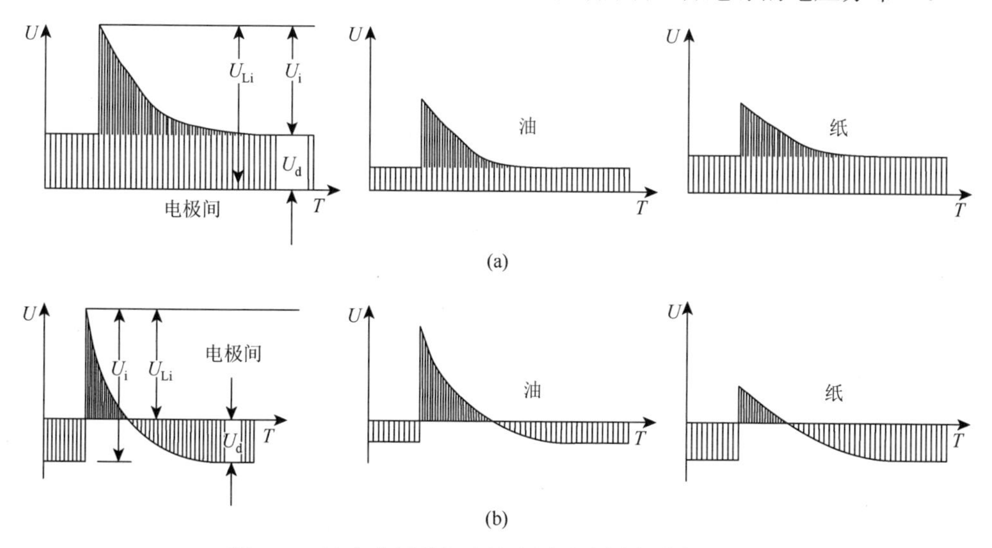

图 6-11　冲击电压叠加直流电压时油纸介质电压分布

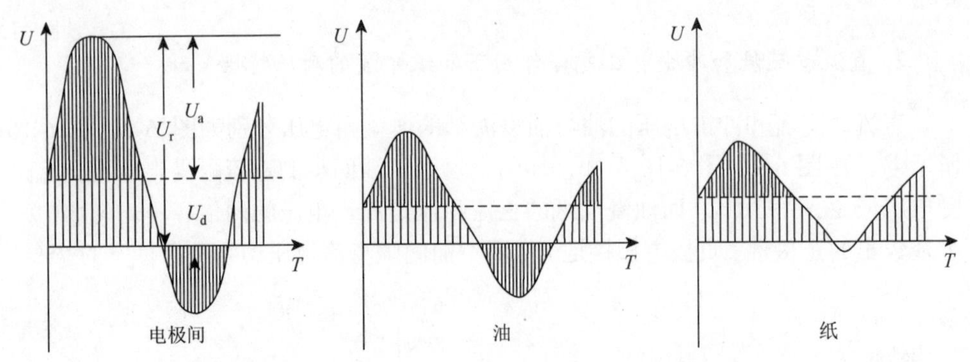

图 6-12　交流电压叠加直流电压时油纸介质电压分布

图 6-13 给出油纸绝缘试验模型，图 6-14 和图 6-15 分别给出了直流电压分量变化对交流击穿电压和冲击击穿电压的影响[35]。

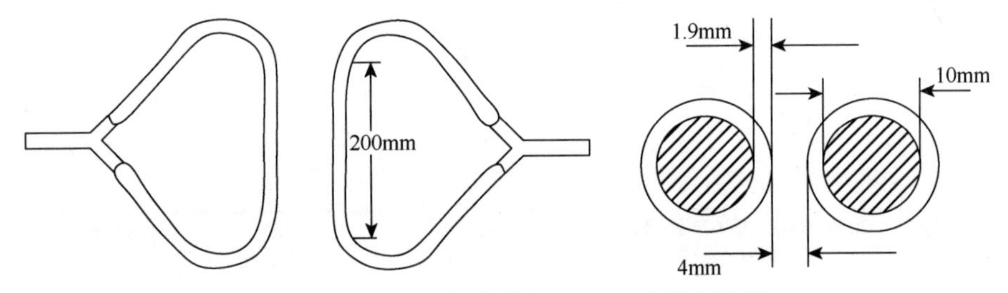

图 6-13　1.9mm 油纸绝缘的 4mm 油间隙圆铜弓

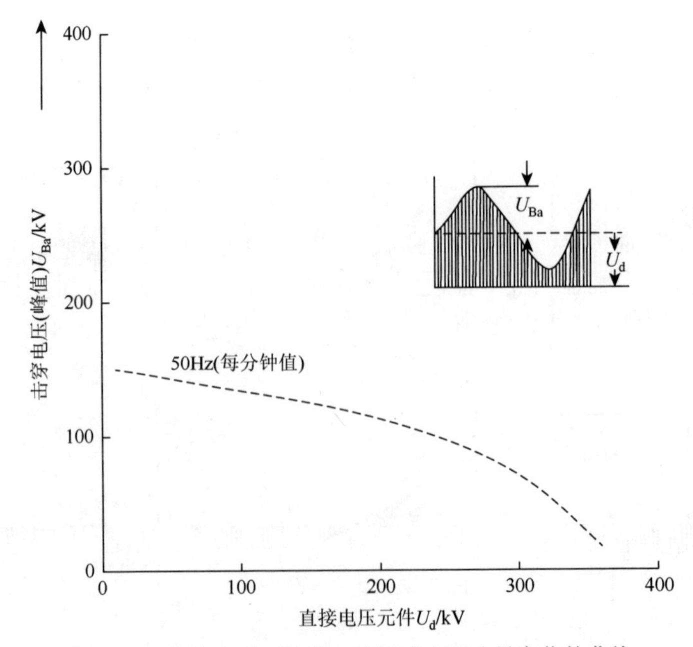

图 6-14　交流电压（峰值）随直流电压分量变化的曲线

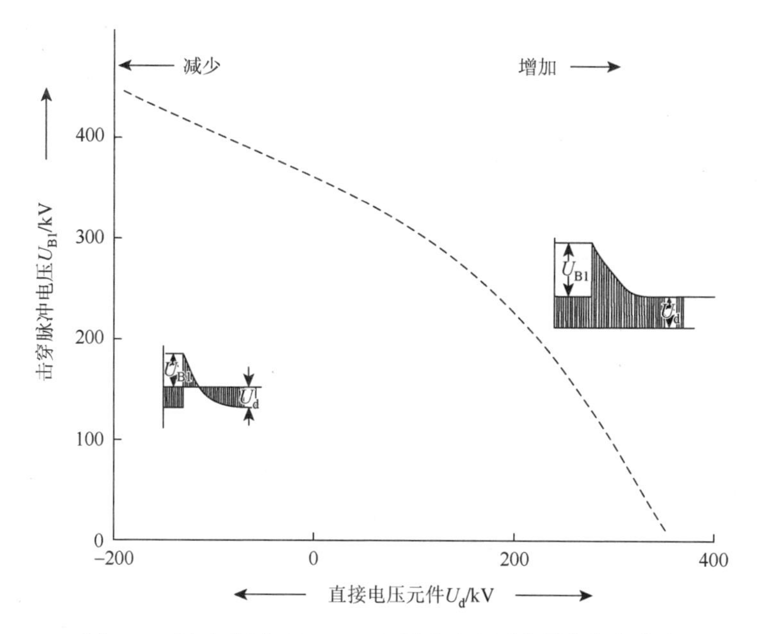

图 6-15　冲击电压（1.2/50μs）随直流电压分量变化的曲线

直流电压叠加了增强极性的冲击电压，随着直流电压分量在给定绝缘结构中的增加，其击穿冲击电压等级会降低。油间隙主要受到冲击电压中的容性分量的影响，而固体绝缘受到冲击电压和直流电压共同的影响。直流电压叠加了削减极性的冲击电压，绝缘结构的冲击电压击穿强度随着负直流电压的增加而增加，击穿主要决定于冲击电压，通常始于油间隙。

直流电压叠加交流电压，叠加交流电压时直流电压绝缘结构的击穿特性与叠加了增强极性的冲击电压时非常相似，交流电压会使得直流电压下的击穿强度降低。在复合电压的情况下，绝缘强度取决于冲击电压或交流电压与直流电压的比例。

6.4.3　阀厅

由于阀厅内安装有空调，其调节作用会影响到阀厅内的空气湿度和温度。在确定阀厅空气间隙时，首先需要根据换流站避雷器配置和绝缘配合，确定阀厅内各点的雷电冲击绝缘水平和操作冲击保护水平，然后结合阀厅环境条件海拔、大气密度、湿度进行校正计算。

用于最小空气间隙计算的临界冲击放电电压（50%闪络水平）为

$$U_{50}=\frac{U_{\mathrm{SIWL}}}{1-2\sigma} \tag{6-3}$$

式中，U_{50}为相应冲击电压波形下的50%放电电压，kV；U_{SIWL}为设备相应的操作冲击保护水平；σ 为《绝缘配合 第 2 部分：使用导则》（GB/T 311.2—2013）规定的标准偏差[45]。

修正到标准大气条件下的 50%冲击放电电压 $U_{50\text{-corr}}$ 为

$$U_{50\text{-corr}}=\frac{U_{50}}{K_{\mathrm{t}}}=\frac{U_{\mathrm{SIWL}}}{K_{\mathrm{t}}(1-2\sigma)} \tag{6-4}$$

式中，K_{t} 为大气修正系数。

最小空气间隙的确定最好根据放电试验曲线计算。当没有放电曲线时，可由式（6-4）计算得到临界冲击放电电压。

操作冲击：

$$U_{50\text{-corr}}=500k_{\mathrm{j}}d^{0.6} \tag{6-5}$$

雷电冲击：

$$U_{50\text{-corr}}=540k_{\mathrm{j}}d \tag{6-6}$$

式中，d 为最小空气净距，m；k_{j} 为表征电极形状特性的间隙系数，不同的系数代表不同的电极形状，选择如下：导线对板 $k_{\mathrm{j}}=1.15$，导线对导线 $k_{\mathrm{j}}=1.3$，棒对棒 $k_{\mathrm{j}}=1.4$。通常，取雷电和操作冲击所决定的最小空气净距值中的较大值，作为最小空气净距值。需要注意的是，在直流换流站中，对空气净距起主导作用的是操作冲击。

6.4.4 直流场

直流场空气间隙的确定方法与阀厅基本类似。假定在站址规定的气象条件下 50%冲击放电电压为 U_{50}，U_{50} 通过系统过电压研究，由操作冲击耐受水平（switching impulse withstand level，SIWL）和雷电冲击耐受水平（lighting impulse withstand level，LIWL）计算得到，将此电压修正到标准大气条件下放电电压 $U_{50\text{-corr}}$，然后根据标准气象条件下的最小空气净距公式计算要求的最小安全净距。表 6-7 为某±800kV 换流站不同位置空气净距典型电压值[44]。

表 6-7　某±800kV 换流站空气净距典型电压值　　（单位：kV）

保护项目	避雷器	LIWL	$U_{50-\mathrm{LChu}}^{①}$	$U_{50\text{-LSui}}$	SIWL	$U_{50-\mathrm{LChu}}^{②}$	$U_{50\text{-SSui}}$
阀	V				454	757	555
直流极线平抗阀侧	A_2				1546	2578	1889
低压端 12 脉波换流桥中点	M_1				500	834	611
低压端 Y/Y 换流变压器阀侧	M_1+V_3				955	1592	1167
低压端 Y/D 换流变压器阀侧	V_3+E_1				726	1211	887
高压端 12 脉波换流器中点	V_3+CB_1				1266	2111	1547

续表

保护项目	避雷器	LIWL	$U_{50-LChu}^{①}$	$U_{50-LSui}$	SIWL	$U_{50-LChu}^{②}$	$U_{50-SSui}$
高压端 Y/Y 换流变压器阀侧	A_2				1546	2578	1889
高压端 Y/D 换流变压器阀侧	$V_3 + CB_1$				1266	2111	1547
换流变压器 Y/Y 阀侧相-相	A′				544	907	665
换流变压器 Y/D 阀侧相-相	sqrt（3）×A′				544	907	665
双 12 脉波换流器中点母线	CB_1				812	1354	992
极母线到双十二脉波换流器中点	C_2				812	1354	992
直流极线平抗端子间	DR_2				737	1229	900
Y/Y2 阀侧相到双 12 脉波桥中点	2×V				909	1516	1111
中性母线平抗端子间	E_1、E_2				302	503	369
直流母线阀侧到高压端 Y/D 阀侧相	2×V				909	1516	1111
低压端换流变压器 Y/Y 阀侧相到中性母线	2×V				909	1516	1111
Y/Y 换流变压器阀侧绕组两端	A′				314	523	384
Y/D 换流变压器阀侧绕组两端	sqrt（3）×A′				544	907	665
直流极线平抗线路侧	DL	1895	2959	2168	1527	2547	1866
中性母线平抗线路侧	E_2	384	599	439	302	503	369
直流极线线路侧到中性母线	$DL + E_2$	2279	3558	2607	1830	3052	2236
网侧交流母线相对地	A	1550	2420	1773	1175	1959	1436

注：A′表示传输到阀侧的交流母线避雷器保护水平。
①50%雷电放电电压；②50%操作放电电压。

6.5　换流站直流场设备外绝缘设计

换流站直流场设备外绝缘设计是高压直流工程的重大关键技术之一，也是保证整个直流系统正常稳定运行的条件之一。换流站直流场设备外绝缘设计主要是换流站支柱绝缘子的选型和爬电比距的选择。随着电压等级升高，直流积污更加严重，对爬电比距的要求也会更高。支柱绝缘子的高度过高会极大影响其机械特性，包括抗弯、抗拉强度以及抗振强度等。

爬电距离的确定是保证交直流场绝缘体在持续运行电压下安全运行的必要条件，在进行绝缘配合研究中，必须确定交直流场的最大持续运行电压。在规定的爬电比距下，确定爬电距离。

目前，直流换流站交流场设备的外绝缘，按照《污秽条件下使用的高压绝缘子的选择和尺寸确定 第 1 部分：定义、信息和一般原则》（GB/T 26218.1—2010）的规定进行选择[46]。

阀厅室内环境条件可以得到很好的控制，运行中不受外界自然环境和污秽的影响。因此，阀厅内设备的爬电比距可取得较低。电力行业标准《±800kV 高压直流输电系统成套设计规程》（DL/T 5426—2009）[47]推荐阀厅内设备（包括阀的外绝缘、套管、避雷器和绝缘子等）的爬电比距不小于 14mm/kV。由于户内环境是可以控制的，设备的绝缘要求可以由适当的试验来确定，而不是由爬电比距来确定。对确定换流阀内绝缘来说，采用漏电路径不是特别合适，采用燃弧距离更合适。

绝缘子上的污秽将降低其承受运行电压的能力，特别在潮湿条件下。此时，绝缘子部分表面的污秽会被湿润，污秽分布不均匀及泄漏电流的增加引起的干燥区导致整个电压分布不均匀，最终形成闪络。雨、雪、凝露和雾等天气条件下可诱发这种情况。绝缘子的伞外形、伞形倾角和绝缘子的直径都影响着绝缘子的污秽耐受能力。在这种情况下，套管、直流电流测量装置、直流电压分压器和其他类似设备的内部芯子结构都影响内部和外部电压分布。在确定使用绝缘子的类型和形状时需要考虑所有这些因素。

在各种实际运行的直流接线中，由于露、雾或雨使污秽沉积轻度不均匀湿润，出现过大量的套管闪络情况。以前轻污区和中等污秽区的爬电比距的典型值是 25～34mm/kV，近期多个直流工程规定户外穿墙套管的爬电比距约 40mm/kV，有些甚至高达 60mm/kV，但仍有闪络发生。运行经验表明，仅靠加长爬距不是解决套管闪络问题的最好办法。爬电距离与污闪水平是一个复杂问题，涉及很多参数，如绝缘子伞形结构。良好的伞形结构可以有效降低爬电比距。另外，套管表面涂硅脂或 RTV 等涂料对防止闪络有较好的效果。图 6-16 给出了不同电压等级直流换流站所选用的爬电比距。从图中可以看出，更高电压等级并不会采用更大的爬电比距。

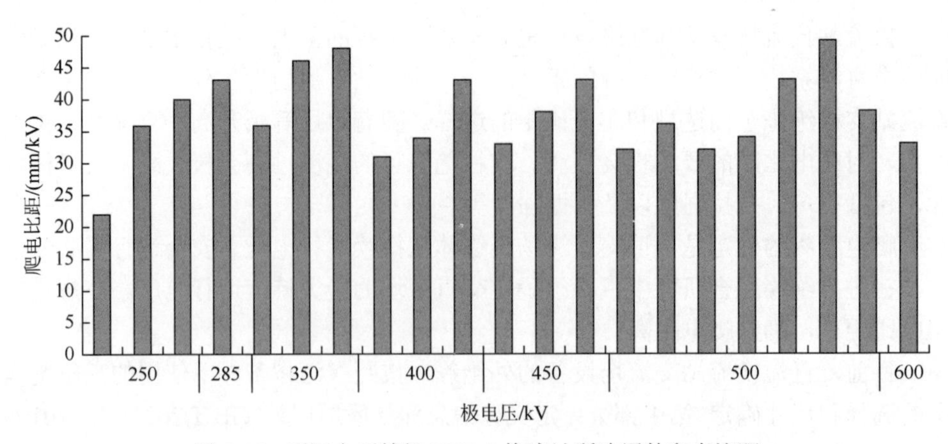

图 6-16　不同电压等级 HVDC 换流站所选用的爬电比距

换流站直流场用支柱绝缘子可选择以下绝缘子：传统的纯瓷绝缘子、复合绝缘子以及喷涂 PRTV 涂料的瓷绝缘子。在支柱绝缘子爬电比距的设计过程中，首先需要确定换流站的污秽水平，进而根据预测得到的污秽水平及绝缘子闪络特性，采用污耐压法来确定需要的爬电比距，并根据绝缘子结构来确定绝缘子的长度。

污耐压法是根据实际换流站直流支柱绝缘子在不同污秽程度下的耐污闪电压曲线，使得选定绝缘子的耐污闪电压大于最大运行电压，并留有一定裕度。该方法包括以下三步：①确定由污秽预测得到换流站的污秽参数，如直流场支柱绝缘子污秽度、等值盐密等；②确定绝缘子的设计耐受电压；③计算绝缘子的爬电比距。

当换流站交流设备的污秽度确定之后，可通过直交流等值盐密比（简称直交比）来确定直流设备的污秽程度。直交比的选择需要考虑多种因素，包括气象、环境条件，以及绝缘子型号、伞形等。确定直交比后，就可根据交流支柱绝缘子的污秽度，计算得到直流支柱绝缘子等值盐密，该参数将作为污耐压法设计外绝缘的依据和基础。

通常，绝缘子的耐受电压可按式（6-7）来计算[48]：

$$U_{\mathrm{wd}} = U_{50}(1 - n\sigma) \tag{6-7}$$

式中，U_{50} 为绝缘子串的 50%放电电压；σ为放电电压的标准偏差，通常取 7%；n 为安全系数，工程中一般取 3。

由于直流污秽研究还很不够，国际上也无统一的技术标准和设计规范，目前国内外直流工程外绝缘设计，主要是依据相同地区直、交流系统的运行经验按爬电比距确定污秽耐受特性，或按自然及人工污秽试验来得到绝缘子在不同盐密时的耐受电压。

根据绝缘子在不同污秽程度时的耐受电压和绝缘子的结构参数，可换算得到所需绝缘子爬距。通常，在设计中还需考虑 1.1 倍的安全裕度。

$$\lambda = 1.1 \times \frac{1}{U_{\mathrm{wd}}} \frac{l}{d} \tag{6-8}$$

式中，λ 为要求的爬电比距，mm/kV；l 为绝缘子爬电距离，mm；d 为绝缘子公称高度，mm。

爬电比距的选择还应考虑过电压与污秽联合的作用。污秽对雷电冲击闪络电压影响不大，仅比清洁湿试值低 10%～30%。对于操作冲击来说，波尾时间存在一个阈值。低于此阈值时，引起污秽闪络的是工作电压，而不是冲击电压。对于具有 2ms 波尾的冲击来说，闪络电压大约是交流电压的 2 倍，而波头时间的影响不大。

在轻污秽情况下，直流污闪电压与交流污闪电压有效值是近似等值的；随着污秽程度的增加，直流电压的相对值大约降低到交流电压有效值的 60%。在轻污秽时，操作冲击闪络电压是 $2\sqrt{2}\,U_{dc}$，大约是直流电压的 2.8 倍；污秽增加时，一般都是直流工作电压下的闪络，操作冲击闪络几乎不可能发生。

交流侧的暂时过电压较复杂，已有研究结果表明：对于悬式绝缘子，持续时间为 0.1s 时，闪络电压是工作电压的 1.1 倍，而对于设备外绝缘，则为 1.5 倍。当存在较大的谐波分量时，此值会有所降低。工作电压总是存在的，当出现危险的潮湿条件时，会出现过电压与工作电压叠加的污秽闪络。另外，污闪故障可能产生过电压，在评价冲击与临界污秽条件同时出现的概率时，必须考虑这一点。

6.6　雷电和陡波前冲击绝缘配合方法

高压直流换流站对于雷电和陡波前冲击，可以分为三个区段，并以不同的方法分别加以考虑。

（1）交流开关站区段：从交流线路入口到换流变压器的网侧端。

（2）直流开关站区段：从直流线路入口到直流电抗器的线路端。

（3）换流器区段：换流变压器的阀侧端到直流电抗器的站侧端之间。

换流器区段通过大的串联电抗与其他两个区段分开。雷击交直流线路产生的行波，由于串联电抗和对地电容的联合作用而衰减，其波形类似操作波，因此应按操作冲击配合考虑。在换流器区段，反击和接地故障会引起雷电或陡波前冲击。只有当雷电穿过换流站的屏蔽系统（避雷线、避雷针）时，在高压直流设备的绝缘配合中才需考虑直击雷。交直流开关站区段与架空线路以较低阻抗相连。与常规交流开关站不同之处仅在于增加了交直流滤波器和可能较大的电容器组，对过电压都有一定的衰减效应。

6.6.1　雷电冲击绝缘配合方法

雷击时会对系统注入某一波形和幅值的电流，此电流可视为恒电流源，它与系统阻抗关系不大。总的冲击电压受到与设备并联的避雷器控制，绝缘配合时需计及通过避雷器的雷电流的幅值，以及避雷器雷电阻抗的影响。此外，还需考虑避雷器与被保护设备之间的距离，该距离会影响设备端部的保护水平。

避雷器的保护水平由式（6-9）确定：

$$U_{proc} = I_c R_e \tag{6-9}$$

式中，I_c 为通过避雷器的临界雷电流幅值；R_e 为特定雷电流波形下的避雷器雷电阻抗。

开关站区段和换流器区段的临界雷电流是不同的。

开关站区段：按照我国现行的过电压保护规程来确定临界雷电流幅值。

换流器区段：雷电调查表明，雷电流和击距成正比，因此接地的避雷线或避雷针可以收集到较大的雷电流，只有小于一定值的雷电流才能穿过避雷线，其幅值取决于接地部分之间的最大距离。如果避雷线架设得足够高，线间距离 10m，可能出现绕击的临界雷电流，最大值可限制到 2kA。准确的数值取决于具体的屏蔽布置，并可按有关资料提出的方法来确定。对于小电流幅值，绕击的概率是非常低的。屏蔽布置方式应这样选择：可能导致绕击的最大临界雷电流不会使站内任何设备受到过大的应力，引起的过电压应低于站内绝缘水平的最大允许值。因为高压直流站的换流器大部分在室内，仅有短的接线在户外，如果屏蔽适当，可排除对换流器区段的直击。

避雷器的雷电阻抗特性取决于电流的波形。对于雷电绝缘配合，取 8/20μs 电流波形作为标准波形。避雷器的最大残压由串、并联阀片数、材料特性和阀片的尺寸决定。

6.6.2　陡波冲击绝缘配合方法

在开关站区段，可采用交流系统类似的绝缘配合方法。对于换流器区段，某些直流设备（如阀、换流变压器的阀绕组等）是串联的，所以应给予特殊考虑。在低绝缘水平的设备两端可能出现相对较高的陡波冲击，需用避雷器来限制。

对于常规的高压直流换流站，如果变压器套管出现对地闪络，则最高强度出现在最高端阀上，典型的陡波冲击波前可达 1000kV/μs。陡波冲击时避雷器的保护水平通常比标准波冲击时高，在选择陡波冲击耐受试验值时应考虑这一因素。

6.7　换流站绝缘配合案例

6.7.1　避雷器保护方案

以某±800kV 直流工程换流站为例进行换流站绝缘配合计算，根据系统参数建立直流工程仿真计算模型，研究获得换流站各点电压波形，典型电压波形如图 6-17 所示[44]。

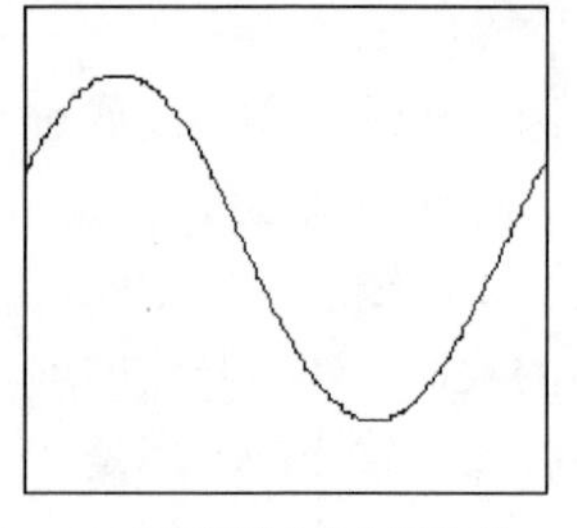

(a) 交流母线对地电压波形

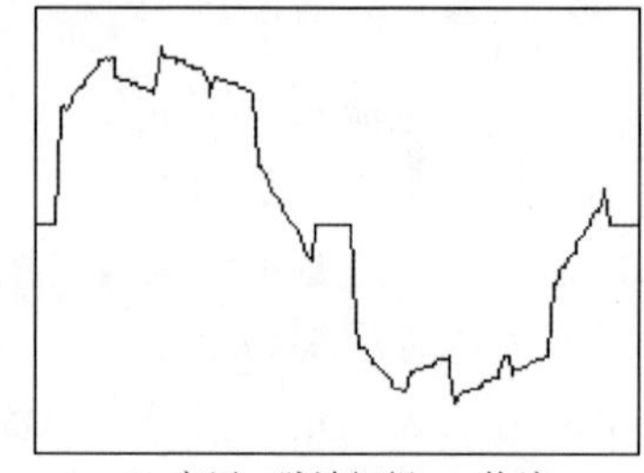

(b) 高压12脉波阀组Y/Y换流变压器阀侧相间电压波形

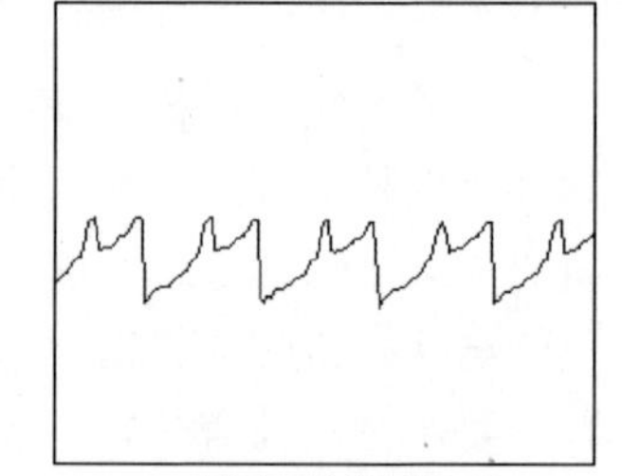

(c) 低压12脉波阀组6脉波桥中点电压波形

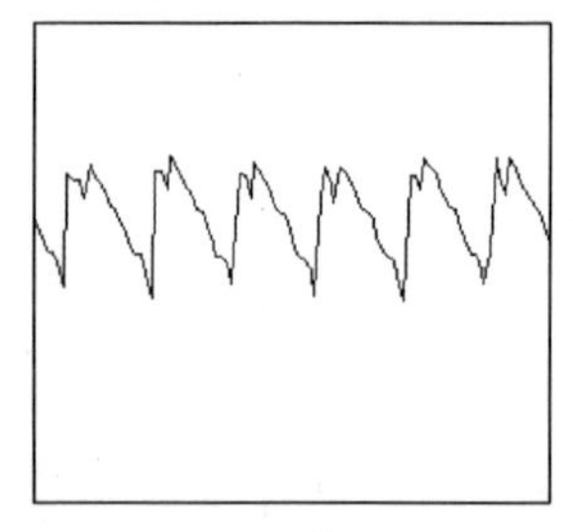

(d) 直流极线阀侧电压波形

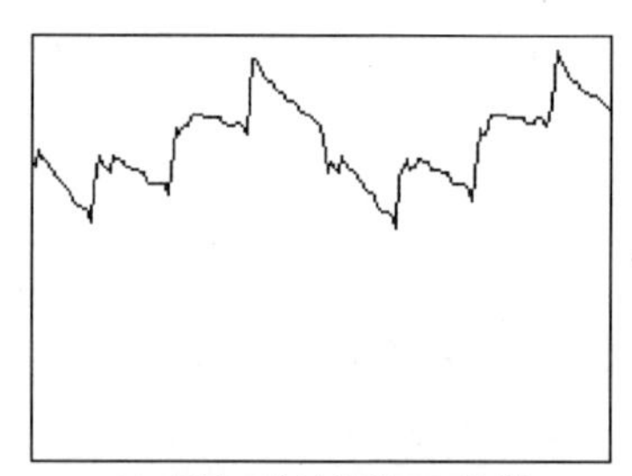

(e) 高压12脉波阀组Y/Y换流变压器阀侧中性点对地电压波形

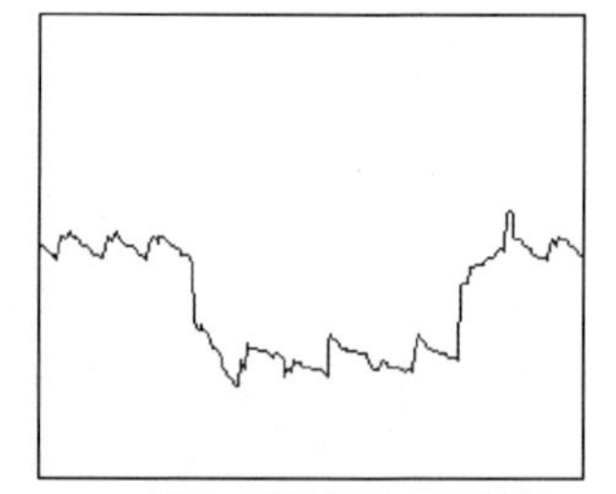

(f) 高压12脉波阀组Y/Y换流变压器阀侧相对地电压波形

图 6-17　换流站各点电压波形图

在换流站直流场，并联直流母线和设备保护点之间或保护点到地之间的避雷器可以保护母线和设备。采用两个或两个以上避雷器串联保护时，其避雷器串联保护水平为各避雷器保护水平之和。

在交流场中如何选定交流母线避雷器是很关键的。选择交流母线避雷器时需综合考虑缓波前过电压、暂时过电压、故障和操作引起的操作过电压；同时，在换流站的布置设计中，使其尽量靠近交流滤波器组和换流变压器。根据工频过电压研究结果，该避雷器可选额定电压 399kV 的交流避雷器，这主要考虑了两点：一是为了保证在换流站操作过电压下交流系统中原有的避雷器不会过载；二是适当降低交流母线避雷器的额定电压可以降低阀避雷器保护水平，从而降低了阀的绝缘水平要求[35]。

换流站避雷器保护的典型方案如图 6-18 所示，表 6-8 列出了所用避雷器的描述[35]。

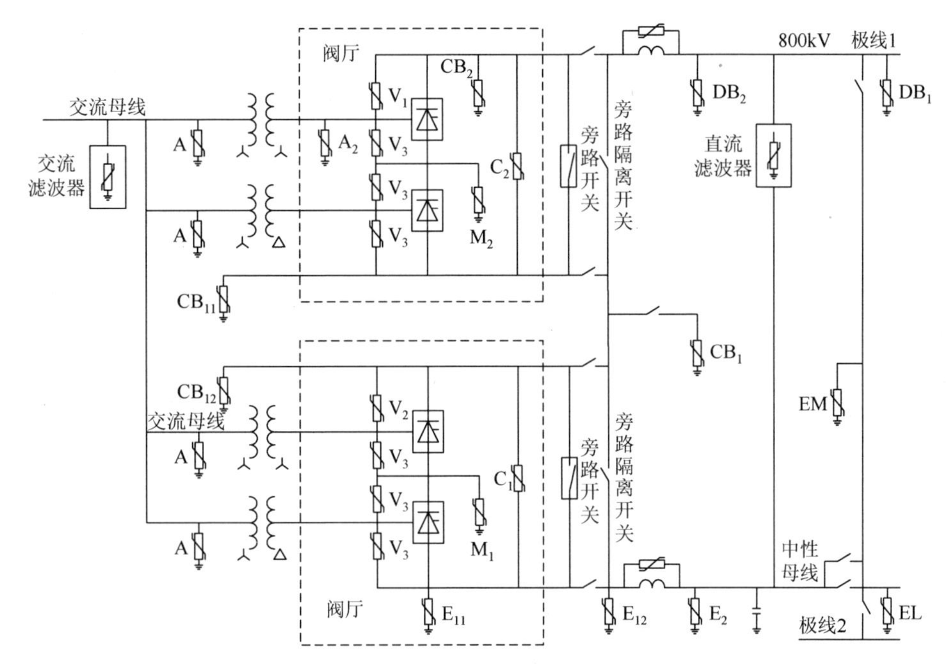

图 6-18　±800kV 换流站阀组串联方式下避雷器配置方案

表 6-8　避雷器描述

避雷器	描述
$V_1/V_2/V_3$	阀避雷器
M_1	下 12 脉波换流器 6 脉波桥避雷器
M_2	上 12 脉波换流器 6 脉波桥避雷器
CB_1/CB_2	上下 12 脉波换流器间中点母线避雷器（对地）
CB_2	上 12 脉波换流器直流母线避雷器（对地）
C_2	上 12 脉波换流器避雷器
A_2	上 12 脉波单元 Y 换流变压器阀侧避雷器（三相）
DB_1/DB_2	直流线路避雷器
$E_{11}/E_{12}/E_2$/EL/EM	中性母线避雷器
A	交流母线避雷器
DR_1/DR_2	平波电抗器并联避雷器

6.7.2　换流站的过电压防护

1. 交流侧过电压保护

交流母线侧避雷器紧靠换流变压器和每大组交流滤波器母线上，主要保护换流变压器交流侧和交流滤波器母线。A 型避雷器的能量要求和操作冲击保护水平由交流系统故障清除所引起的操作冲击决定。A 型避雷器的雷电负载主要取决于来自交流系统的雷电侵入波，其配合电流一般取 20kA。

2. 阀厅的过电压保护

（1）晶闸管阀。晶闸管阀的保护主要由并联的阀避雷器（V_1、V_2、V_3）来完成，阀避雷器承受操作冲击过电压、雷电冲击过电压和陡波前冲击过电压。

（2）上 12 脉波换流单元。高压端 Y/Y 换流变压器阀侧相对地绝缘可由避雷器 A_2 保护，也可由 $M_2 + V_3$ 或 $CB_{12} + 2V_3$ 保护。直接由 A_2 保护时保护水平最低，避雷器 A_2 不承受严重的操作应力，因此配合电流可取得较低，其雷电应力由侵入阀厅的雷电冲击引起，因此配合电流也很小。

高压端 Y/D 换流变压器阀侧相对地绝缘由避雷器 $CB_{12} + V_3$ 保护。

上 12 脉波换流器 6 脉波桥母线由避雷器 $CB_{12} + V_3$ 直接保护，该避雷器不会承受较为严重的操作应力，配合电流可取得较小，其雷电应力由侵入阀厅的雷电冲击引起，故配合电流很小。

（3）12 脉波换流单元中间母线。上下两换流器之间的母线由 CB_{11} 和 CB_{12} 保护。平波电抗器对称布置在极线和中性母线上，因此双换流器运行时的运行电压（CB_{12}）基本为纯直流电压。当仅有下换流器运行时，运行电压为直流电压叠加交流纹波，因此对避雷器 CB_{11} 要求的电压更高。在下换流器独立运行时，CB_{12} 断开，此时母线由 CB_{11} 保护。

（4）下 12 脉波换流单元。低压端 Y/Y 变压器绕组的阀侧相对地绝缘由避雷器 $M_1 + V_3$ 保护，低压端 6 脉波组母线由避雷器 M_1 保护。

3. 直流母线的过电压保护

（1）直流极线。换流站直流极线平波电抗器线路侧的开关设备主要由直流极线避雷器 DB_1 和直流母线避雷器 DB_2 决定。直流极母线过电压最严重的工况是由直流线路侵入的雷电或因直流场屏蔽失效发生的雷击。由直流线路侵入的雷电冲击最大幅值由直流线路最高耐受电压决定，雷电冲击受到直流极线避雷器 DB_1、直流滤波器以及 DB_2 的限制。

（2）直流极线平波电抗器。平波电抗器阀侧的直流母线可直接由 CB_2 保护，也可由 $C_2 + CB_{12}$ 保护。两种保护的效果基本相当，都可采用。这两种避雷器都不会承受严重的操作应力，配合电流可取得较小。雷电应力由侵入阀厅的雷电冲击引起，因此配合电流也很小。

极线平波电抗器端子间也由避雷器保护，雷电冲击是决定因素，最严酷的情况是反极性雷击极母线。串联连接的两平波电抗器两端之间的绝缘最高电压由直流电压加上直流母线避雷器的雷电保护水平（$U_{max} + DB_2$）确定，或者由与平波电抗器并联的避雷器DR确定。当由U_{max} + DB_2确定雷电保护水平时，达到2360kV左右，远远超出1950kV的雷电冲击绝缘水平。因此某±800kV直流工程采用与平波电抗器并联的避雷器保护。

4. 中性母线的过电压保护

（1）阀侧中性母线。中性母线平波电抗器阀侧相关设备由避雷器E_{11}和E_{12}保护。其中，E_{11}置于阀厅内，用于限制雷电过电压；避雷器E_{12}置于阀厅外，用于限制线路或阀厅内接地故障引起的各种操作冲击，需要承受很大的能量，其操作配合电流约为7kA，不会超过10kA。

（2）线路侧中性母线。平波电抗器线路侧的各种开关设备主要由中性母线避雷器E_2保护，主要用于限制中性母线上的雷电侵入波冲击，其雷电配合电流为5kA。

（3）接地极引线和金属回线。接地极引线和金属回线上的开关设备分别由避雷器EL和EM直接保护，分别用于限制来自接地极引线和金属回路的雷电和操作冲击。EL和EM的雷电配合电流分别为10kA、20kA。

（4）中性母线平波电抗器。中性母线平波电抗器端子间的雷电绝缘水平由避雷器$E_{12}+E_2$确定，由于中线母线平波电抗器的雷电耐受电压与直流极线平波电抗器相同，一般不会承受严重的雷电冲击。

6.7.3 避雷器参数

在确定避雷器的保护策略后，需要确定避雷器的保护水平以确定设备的保护水平和绝缘耐受水平。通过细致的电磁暂态仿真，反复修改避雷器参数，过电压水平满足要求，计算得到某±800kV直流工程送端换流站避雷器保护水平如表6-9所示。

表6-9 某±800kV换流站避雷器保护水平计算结果

避雷器	U_{PCOV}/kV	U_{CCOV}/kV	U_{ref}/kV	LIPL/kV（配合电流/kA）	SIPL/kV（配合电流/kA）
$V_1/V_2/V_3$	297/279	254/238	212/197	402（1）/374（1）	416（6/2/3）/388（6/2/3）
M_1	297/278	254/238	331/312	474（1）/446（1）	462（0.5）/435（0.5）
M_2	712/693	669/653	840/816	1200（1）/1167（1）	1170（0.5）/1138（0.5）
CB_{11}、C_2	487/466	473/444	555/520	793（1）/743（1）	753（0.2）/706（0.2）
CB_{12}	415/415	415/415	485/462	661（1）/661（1）	640（0.4）/640（0.4）
CB_2	912/881	888/859	1016/982	1417（0.5）/1369（0.5）	1380（0.2）/1334（0.2）
A_2	912/881	888/859	1016/982	1417（0.5）/1369（0.5）	1380（0.2）/1334（0.2）
DB_1	816/816	816/816	998/998	1621（20）/1625（20）	1391（1）/1391（1）
DB_2	816/816	816/816	998/998	1545（10）/1545（10）	1391（1）/1391（1）
E_{11}	120/70	70/15	308/308	450（1）/450（1）	—/—

续表

避雷器	U_{PCOV}/kV	U_{CCOV}/kV	U_{ref}/kV	LIPL/kV（配合电流/kA）	SIPL/kV（配合电流/kA）
E_{12}	120/70	70/15	296.5/296.5	400（1）/400（1）	428（10）/428（10）
E_2	70/15	70/15	273/273	400（10）/400（10）	394（10）/394（10）
EL	15/15	15/15	243/243	400（10）/400（10）	—/—
EM	70/15	70/15	258/258	450（20）/450（20）	—/—
A	318/318	318/318	—/—	949（20）/949（20）	778（10）/778（10）
DR	100/100	100/100	458/458	900/900	747/747

注：U_{PCOV}为含过冲的持续运行电压峰值；U_{CCOV}为不含过冲的持续运行电压峰值；U_{ref}为参考电压；LIPL 为雷电冲击保护水平；SIPL 为操作冲击保护水平。

6.7.4 换流站设备的绝缘水平

1. 绝缘裕度的确定

设备要求的绝缘耐受电压与避雷器保护水平的比值称为设备的绝缘裕度。绝缘裕度选取是否合理对工程造价影响很大。利用良好的避雷器特性和不断改进的模拟分析手段，结合目前高压直流系统的运行经验，设备的最小绝缘裕度不小于表 6-10 中的值。

表 6-10　设备的最小绝缘裕度　　（单位：%）

波形	绝缘裕度			
	油绝缘（线侧）	油绝缘（阀侧）	空气绝缘	单个阀
陡波	25	25	25	15
雷击	25	20	20	10
操作	20	15	15	10

2. 设备绝缘水平的确定

根据避雷器参数、相应的过电压计算结果以及绝缘裕度系数，可以得到某±800kV 直流工程送端和受端换流站内设备的绝缘水平，计算结果如表 6-11 和表 6-12 所示。

表 6-11　某±800kV 送端换流站设备的绝缘水平　　（单位：kV）

保护设备	LIPL	LIWL	SIPL	SIWL	备注
阀桥两侧	402	443	416	458	
交流母线	949	1550	778	1175	
直流线路（平抗侧）	1625	1950	1391	1600	

续表

保护设备	LIPL	LIWL	SIPL	SIWL	备注
极母线	1417	1700	1380	1587	CB_2
	1454	1745	1393	1602	C_2+CB_{12}
	1465	1758	1472	1693	$2V_2+CB_{12}$
上换流变压器 Y/Y 阀侧相对地	1417	1700	1380	1587	A_2
	1602	1922	1586	1824	M_2+V_2
	1465	1758	1472	1693	$2V_2+CB_{12}$
	1597	1916	1585	1823	$2V_2+CB_{11}$
上 12 脉波桥中点母线	1063	1276	1056	1215	V_2+CB_{12}
	1195	1434	1169	1345	V_2+CB_{11}
上换流变压器 Y/△阀侧相对地	1063	1276	1056	1215	V_2+CB_{12}
	1195	1434	1169	1345	V_2+CB_{11}
上下两 12 脉波桥之间中点	793	952	753	866	
下换流变压器 Y/Y 阀侧相对地	876	1051	878	1010	
下 12 脉波桥中点母线	474	569	462	532	
下换流变压器 Y/△阀侧相对地	852	1023	844	971	
阀侧中性母线	450	540	428	493	
线侧中性母线	400	480	394	453	
接地极母线	400	480	394	453	
金属回路母线	450	540	394	453	

表 6-12　某±800kV 受端换流站设备的绝缘水平　　（单位：kV）

保护设备	LIPL	LIWL	SIPL	SIWL	备注
阀桥两侧	374	412	388	427	
交流母线	949	1550	778	1175	
直流线路（平抗侧）	1625	1950	1391	1600	
极母线	1369	1643	1334	1534	CB_2
	1404	1685	1346	1548	C_2+CB_{12}
上换流变压器 Y/Y 阀侧相对地	1369	1643	1334	1534	A_2
	1541	1849	1526	1755	M_2+V_2
	1409	1691	1416	1629	$2V_2+CB_{12}$
	1491	1790	1482	1704	$2V_2+CB_{11}$
上 12 脉波桥中点母线	1035	1242	1028	1183	V_2+CB_{12}
	1117	1341	1094	1258	V_2+CB_{11}
上换流变压器 Y/△阀侧相对地	1035	1242	1028	1183	V_2+CB_{12}
	1117	1341	1094	1258	V_2+CB_{11}
上下两 12 脉波桥之间中点	743	892	706	812	

续表

保护设备	LIPL	LIWL	SIPL	SIWL	备注
下换流变压器 Y/Y 阀侧相对地	820	984	823	945	
下 12 脉波桥中点母线	446	536	435	501	
下换流变压器 Y/△阀侧相对地	824	989	816	939	
阀侧中性母线	450	540	428	493	
线侧中性母线	400	480	394	453	
接地极母线	400	480	394	453	
金属回路母线	450	540	394	453	

上述结果是换流器采用串联方式下的避雷器配置。当换流器采用并联方式时，系统主回路由极线并联连接的两个 12 脉波阀组（每组 800kV）组成，每个阀组可单独在 800kV 下运行。

换流器并联方式下避雷器典型布置如图 6-19 所示。

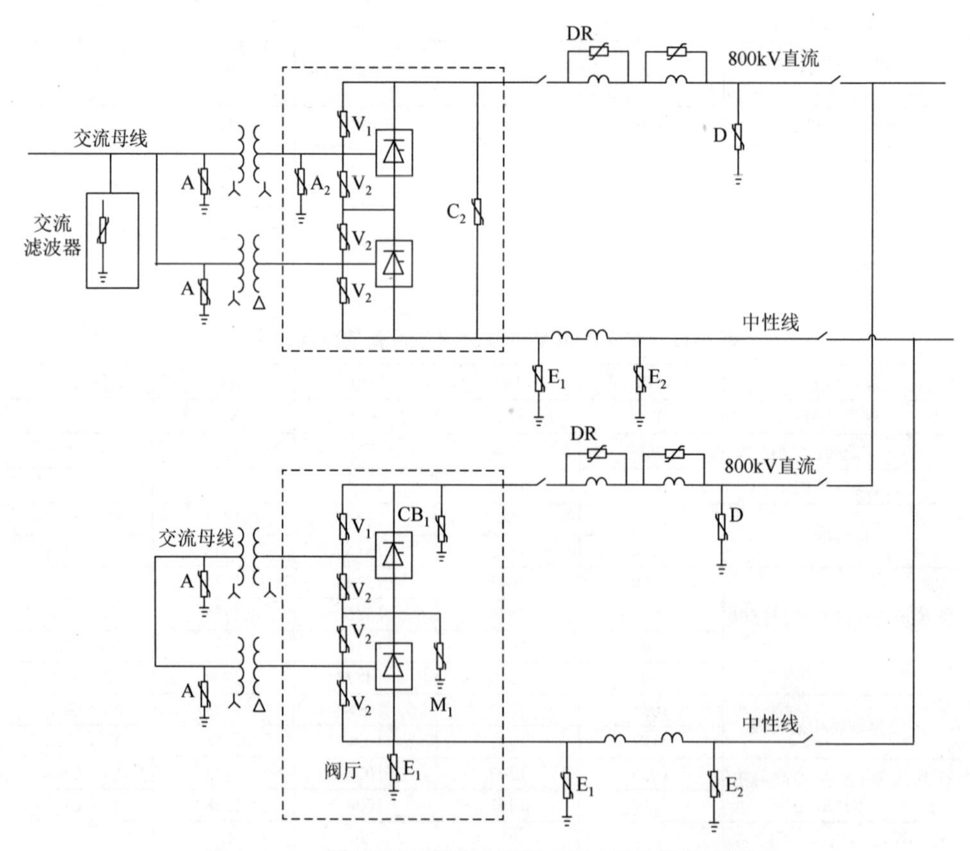

图 6-19　12 脉波换流器阀组并联运行时避雷器典型布置

根据绝缘配合方法确定的换流器并联方式下换流站交直流避雷器保护水平和配合电流如表 6-13 所示，换流站设备绝缘水平如表 6-14 所示。

表 6-13　并联阀组换流站交直流避雷器保护水平和配合电流

避雷器	MCOV/CCOV/kV	LIPL/kV	操作配合电流/kA	SIPL/kV	雷电配合电流/kA	并联柱数	泄放能量/MJ
A	318	907	20	780	2	2	8.9
A_2	946	1344	0.6	1344	1	1	9
V_1	493.4	756.9	1	791.6	3	4	10.77
V_2	493.4	756.9	1	791.6	3	4	10.77
M_1	493.4	853	0.6	868	1	1	3.51
C_2	953	1580	5	1442	1	2	4.6
D	816	1579	10	1330	10	2	9
E_1	＜120	288	20	245	2	2	3.6
E_2	＜80	288	20	245	2	4	3.6
DR	＜100	719	10	641	1	1	2

注：MCOV（maximum continuous operation voltage）——最大持续运行电压；
CCOV（crest continuous operation voltage）——峰值持续运行电压。

表 6-14　并联阀组换流站设备绝缘水平

保护项目	避雷器	LIPL/kV	LIWL/kV	雷电冲击裕度/%	SIPL/kV	SIWL/kV	操作冲击裕度/%
阀两端子间	V	756.9	870	15	791.6	910	15
交流母线	A	907	1450	60	780	1050	35
直流极线平抗线路侧	D	1579	1900	20	1330	1600	20
直流极线平抗阀侧	A_2	1344	1800	34	1344	1600	19
极线平波电抗器端子间	DR	719	1050	46	641	950	48
阀侧换流器 12 脉波换流桥之间	C_2	1580	1950	23	1442	1675	16
阀侧换流器 Y/Y 换流变压器阀侧	A_2	1344	1800	34	1344	1600	19
阀侧换流器 Y/D 换流变压器阀侧	$V_2 + E_1$	1077	1425	32	1045	1300	24
阀侧中性母线	E_1, E_2	320	450	40	254	325	28
线路侧换流器 Y/Y 换流变压器阀侧	$M_1 + V_2$	1609	2100	21	1659	1950	18
线路侧换流器 Y/D 换流变压器阀侧	$V_2 + E_1$	1077	1425	32	1045	1300	24
线路侧换流器 12 脉波换流桥中点	M_1	858	1050	22	863	1050	22
中性母线平抗阀侧	E_1	288	450	56	245	325	32
中性母线平抗线路侧	E_2	288	450	56	245	325	32

通过对两种主回路接线（阀组串联、阀组并联）方式下的换流站绝缘配合研

究表明，两种连接方式下极线避雷器和中性母线避雷器的保护水平基本相同，串联方式下高压端 Y/Y 换流变压器阀侧绕组的绝缘水平与并联方式下 Y/Y 换流变压器阀侧绕组的绝缘水平相同；而与 12 脉波阀组单独运行有关的避雷器，如阀避雷器 V、12 脉波换流器避雷器 C_2、12 脉波换流器中点母线避雷器 M_1，在换流器并联方式下因各避雷器的 PCOV 的增加，其单个避雷器的保护水平将会大幅增加，从而造成单个避雷器高度的增加。

换流变压器阀侧绝缘水平对换流变压器设计、生产和运输而言是非常重要的，这两种方案下四台换流变压器的绝缘水平比较如表 6-15 所示。

表 6-15　两种主回路接线方式下换流变压器阀侧绕组绝缘水平比较　（单位：kV）

换流变压器		双 12 脉波换流器串联		双 12 脉波换流器并联	
		LIWL	SIPL	LIWL	SIPL
1	上 Y/Y 换流变压器	1800	1600	1800	1600
2	上 Y/D 换流变压器	1550	1300	1425	1300
3	下 Y/Y 换流变压器	1300	1050	2100	1950
4	下 Y/D 换流变压器	950	750	1425	1300

表 6-15 表明，在双 12 脉波换流器并联方式下，两台换流变压器阀侧绕组的绝缘水平远远大于采用串联方式下的绝缘水平，将大大增加换流变压器的制造和运输难度。

3. ±800kV 与±500kV 直流工程绝缘配合的差别

（1）双 12 脉波阀组接线高端 Y/Y 换流变压器阀侧绕组的绝缘水平直接决定了换流变压器的制造、试验及运输难度，有效地降低该点的绝缘水平是绝缘配合的一个目标。该点的保护方式有两种：第一种是采用高压端 12 脉波换流器中点母线避雷器 M_2 和阀避雷器 V_3 串联保护，第二种是采用高压端 12 脉波换流变压器阀侧避雷器 A_2 直接保护。±500kV 直流系统多选用第一种方式，特高压直流工程根据过电压特性和绝缘配合方法，大多采用第二种方式。

（2）由于 800kV 系统电压等级有了很大的提高，相应极线的绝缘水平也远远高于 500kV 直流系统。若继续采用油浸式平波电抗器用于 800kV 系统，其制造难度和成本太高，所以在 800kV 系统中采用干式平波电抗器。

（3）平波电抗器在系统运行中有可能承受的最大雷电过电压为最大雷电冲击电压（其值等于直流母线避雷器 DB 的最大雷电保护水平）和反极性直流电压的叠加，当直流额定运行电压为 800kV 时，在没有任何保护设备对平波电抗器进行直接保护时，平波电抗器上承受的最大雷电过电压冲击将高达 2395kV。为了抑制这种过电压对平波电抗器造成的损坏，800kV 系统在极线平波电抗器两端增加了平波电抗器避雷器。

（4）单台干式平波电抗器的最大电抗值较小，需要 4 台才能满足系统要求，若全部布置在极线上，会显著增加极线设备布置的难度，所以 800kV 系统设计时可以考虑将平波电抗器的一半布置于中性母线。极线保留 50%平波电抗器，阻隔直流线路侵入阀厅的雷电及陡波过电压效果与 100%平波电抗器时相同。同时，布置在中性母线上的平波电抗器还可以阻隔来自金属回线及地极线的雷电波，并且可以降低阀组高压端接地故障时对中性母线平波电抗器线路侧的中性母线避雷器的应力，这对于提高中性母线避雷器以及整个换流站的运行可靠性至关重要，同时也使±800kV 特高压直流工程在中性母线的避雷器布置及绝缘水平的确定与500kV 系统有所不同。

4. 平波电抗器分置的影响

因为平波电抗器分置时中性母线和极母线平波电抗器上的谐波电压降大小相等、方向相反，理论上使串联的两个 12 脉波换流器中点母线的电压几乎为纯直流电压，从而使高压端 12 脉波换流器各点对地 PCOV 可按常规 400kV 的 12 脉波换流器各点对地 PCOV 的公式计算，然后加上中间母线的直流电压，其值将小于平波电抗器集中布置下的值，这样可降低上组高电位 12 脉波换流器各点的 PCOV，因而在该种布置方式下，可选择安装于该点避雷器的参考电压 U_{ref} 低于平波电抗器全部装在极线的方案下的避雷器的参考电压，降低避雷器保护水平，也降低了高电位 12 脉波换流器各点的绝缘水平，但各点降低的幅值不等，具体参见表 6-16。

表 6-16　平波电抗器不同布置方式下各避雷器最大过电压

避雷器	故障类型	平波电抗器分置			平波电抗器集中布置		
		电压/kV	电流/kA	能量/MJ	电压/kV	电流/kA	能量/MJ
阀避雷器 V_1	BP 下高压端 Y/Y 换流变压器阀侧绕组与阀之间连接母线对地闪络故障	388.5	2.67	6.13	388.9	2.7	6.2
阀避雷器 V_2	408kV/816kV 运行方式下，高压端 Y/Y 换流变压器阀侧绕组与阀之间连接母线对地闪络故障	388.8	1.31	2.4	388.9	1.31	2.6
阀避雷器 V_3	交流母线单相、三相故障及其清除	395	0.9	1.1	395	0.9	1.0
直流极线避雷器 DB/BL	BP 下逆变侧闭锁而旁通对未解锁	1299	0.67	2.4	1310	0.8	2.98
高压端 12 脉波换流器避雷器 C_2	高压 408/816kV 运行方式下，逆变侧丢失交流电源	696	0.8	1.01	693.9	0.73	0.91
低压端 12 脉波换流器中点母线避雷器 M_1	BP 下逆变侧闭锁而旁通对未解锁	435	1	1.05	345	—	—
直流中点母线避雷器 CB_1	低压 408/816kV 运行方式下，逆变侧丢失交流电源	681	0.48	0.6	703	0.9	1.07
中性母线避雷器 E_1H	MR 下高压端 Y/Y 换流变压器阀侧绕组与阀之间连接母线对地闪络故障	262.8	8.0	14.4	255	3.9	8.9

续表

避雷器	故障类型	平波电抗器分置			平波电抗器集中布置		
		电压/kV	电流/kA	能量/MJ	电压/kV	电流/kA	能量/MJ
中性母线避雷器 E_2H	BP 下高压端 Y/Y 换流变压器阀侧绕组与阀之间连接母线对地闪络故障	255.3	1.52	0.55	253.6	1.22	3.1
	MR 下高压端 Y/Y 换流变压器阀侧绕组与阀之间连接母线对地闪络故障	252.9	1.13	4.28	255	3.4	8.47
中性母线避雷器 E_2	接地极线开路故障	256	0.51	1.77	248	0.216	1.024
换流变压器阀侧避雷器 A_2	逆变站丢失交流电源	1285	0.31	0.97	1299	0.49	1.75

平波电抗器布置方式对各个避雷器 PCOV/CCOV 的影响取决于避雷器位置及保护原理。按照图 6-18 所示的避雷器布置方案，A_2 避雷器的 CCOV 在平波电抗器分置时和集中布置下有较大不同。平波电抗器分置时 A_2 的 CCOV 为 885kV，平波电抗器集中布置时 A_2 的 CCOV 提高至 905kV，则其参考电压也会相应提高至 974kV；操作配合电流为 1kA 时，其保护水平由 1344kV 增加到 1395kV。若要保证换流变压器阀侧的操作耐受水平为 1600kV，则安全裕度为 14.6%，不能满足绝缘配合的裕度要求，所以平波电抗器分置对降低 A_2 避雷器的保护水平是有效的。

当高压、低压 12 脉波换流器单独运行时，平波电抗器的布置对避雷器 C_2、CB_1 的 PCOV 影响不大，即对避雷器 C_2、CB_1 参考电压的选择影响较小。平波电抗器分置和集中布置对阀避雷器和直流极线避雷器的 CCOV 影响也很小。

对于中性母线避雷器，平波电抗器分置的缺点是显而易见的，首先造成 E_1H 避雷器的能量要求大于 E_2H；若考虑减少 E_1H 避雷器的能量要求，可以提高 E_1H 避雷器的参考电压，使阀底部设备的绝缘水平高于中性母线的绝缘水平，从而提高低压端换流变压器阀侧绝缘水平。

对于低压端 12 脉波换流桥中点母线避雷器 M_1，CCOV 为阀避雷器 CCOV 加 E_1H 避雷器的 CCOV，因为平波电抗器分置会造成 E_1H 避雷器 CCOV 的增加，所以相应也会增加 M_1 避雷器的 CCOV。

综上所述，平波电抗器的两种不同布置方式对各避雷器都有不同程度的影响。无论采用分置还是集中布置，都需遵循绝缘配合原则进行绝缘配合的优化。但从换流站布置、平波电抗器形式、制造难度、制造成本及运行成本等因素综合考虑，经过经济、技术比较后可知，平波电抗器分置方案优于集中布置方案。

第7章　高压直流换流站避雷器配置

7.1　直流避雷器

直流输电系统的安全运行离不开过电压保护装置，现代直流输电系统均采用无间隙金属氧化物避雷器（MOA）作为过电压保护的关键设备，它对过电压进行限制，对设备提供保护，在整个工程绝缘水平的确定中起着决定性作用。合理的避雷器配置，不仅能有效提高系统的可靠性，还能降低设备的成本，在技术性和经济性上达到最优。

7.1.1　直流避雷器特性

直流避雷器的运行电压不同于交流避雷器，直流侧有直流谐波、换相过冲等，直流输电系统中的内部过电压产生的原因、发展的机理、幅值、波形是多种多样的，要比交流系统复杂许多。因此，换流站各点电压都不同，避雷器应力随所处位置的不同而不同。总之，直流避雷器的运行条件要比交流避雷器严酷得多，因而系统对直流避雷器提出的技术要求更高。

直流避雷器的结构、工作条件、作用原理、保护特性等均与交流避雷器不同。其差别主要表现在以下几个方面。

（1）交流避雷器可利用电流自然过零的时机来切断续流，而直流避雷器没有电流过零点可资利用，因此灭弧较为困难。

（2）直流输电系统中电容元件（如长电缆段、滤波电容器、冲击波吸收电容器等）远比交流系统多，而且在正常运行时均处于全充电状态，一旦有某一只避雷器动作，这些电容元件将通过该避雷器进行放电，所以换流站避雷器的通流容量要比常规交流避雷器大得多。

（3）正常运行时直流避雷器的发热较严重。

（4）某些直流避雷器的两端均不接地。

（5）直流避雷器外绝缘要求高。

直流避雷器的运行条件要比交流避雷器严酷得多，因而对直流避雷器提出的技术要求很高[49]。因此，对直流避雷器所提出的技术要求是：非线性好，灭弧能力强，通流容量大，结构简单，体积小，耐污性能好。

20 世纪 70 年代以后发展起来的金属氧化物避雷器具有许多突出的优点而成为现代直流输电系统中主要选用的过电压保护装置。金属氧化物电阻片是构成金属氧化物避雷器的重要元件，由氧化锌和其他添加材料，如氧化铋、氧化钴、氧化铬、氧化锰和氧化锑等混合，并磨制成极小的颗粒后压制烧结而成。烧制后的芯片材料主要由低阻性的氧化锌颗粒构成，颗粒直径约为 10μm，在其周围由厚度约为 0.1μm 的高阻性氧化物薄膜紧密包裹，随着电场强度的变化，薄膜的电阻率可在 1～10^{10}Ω·cm 变化，相对介电常数为 500～1200，极端情况可达 1600。电阻片的伏安特性是整只避雷器伏安特性的基础，对过电压的限制和绝缘配合有着重要影响。

电阻片的导通机理可分为三个阶段。第一阶段为低电场下的绝缘特性。此时高阻薄膜可看成能量屏障，阻止电子在氧化锌颗粒之间移动；电场有降低屏障能量值的作用，从而允许部分电子以热扩散的方式穿过。在正常工作电压下通过的漏电流很小（≪1mA），接近于绝缘状态。其电流密度可表示为

$$J_s = J_0 \exp[-(\phi_B - Ee^3/(4\pi\varepsilon))/(kT)] \tag{7-1}$$

式中，J_0 为常数；ϕ_B 为屏障值；e 为电子电量；ε 为介电常数；E 为电场强度；k 为玻尔兹曼常量；T 为热力学温度。

第二阶段为中等电场下避雷器的限压特性。当薄膜内的电场强度达到约 10^6V/cm 时，电子将以隧道效应通过薄膜的能量屏障，电阻片阻值急剧变小，表现出优良的非线性限压特性。其电流密度可表示为

$$J_s = J_1 \exp[-(A\phi_B^{0.5} / E)] \tag{7-2}$$

第三阶段为高电场强度下的导通特性。此时由穿过薄膜的隧道效应所产生的电压降已很小，电压降大多集中在氧化锌颗粒上，电流电压之间逐渐呈近似线性关系，一般将避雷器的操作冲击保护水平和雷电冲击保护水平选在这个区内。电流密度随电场强度的增大逐渐逼近式（7-3）表达的规律：

$$J_s = E / \rho \tag{7-3}$$

避雷器的伏安特性对过电压幅值和绝缘配合有重要的影响。从材料开发的角度出发，采用以 V/mm 表示的电场强度对以 A/mm^2 表示的电流密度的变化曲线是最理想的，但在工程中应用最广泛的是单块芯片的伏安特性或以标幺值电压表示的伏安特性。图 7-1 是某氧化锌避雷器电阻片的典型伏安特性。

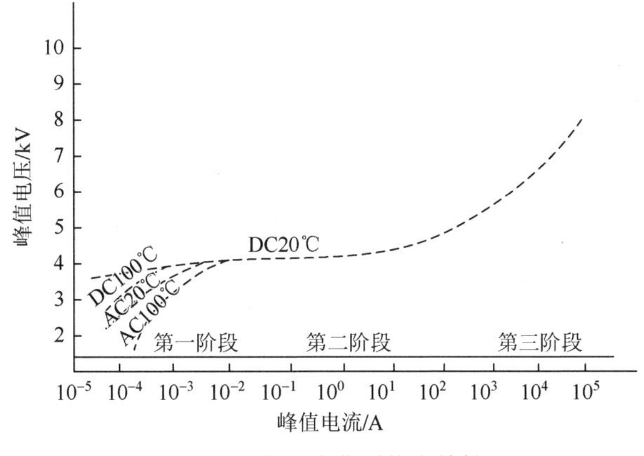

图 7-1　电阻片典型伏安特性

在电流低于 10^{-2}A 区域时，避雷器特性随温度变化很大，对应于电子热扩散的导电模式。当电流在 10^{-2}～10^{4}A 范围变化时，即隧道效应的导电模式，避雷器的电压变化很小，其伏安特性可用式（7-4）表示，在对数坐标上可表示为一条直线。

$$I = CU^{\alpha} \tag{7-4}$$

式中，C 为与避雷器芯片几何尺寸相关的常数；α 为与材料特性相关的非线性系数，一般为 10～50，从降低设备绝缘水平的角度出发，应选用 α 较大的材料，在工程估算时一般选为 30。

直流避雷器在经受各种过电压时会吸收能量，使得金属氧化物电阻片温度升高，在恢复正常持续电压运行后，泄漏电流会比正常温度时更大，从而再次对电阻片加热。为了在吸收能量发热后，避雷器还能在系统持续运行电压下稳定运行，要求合理地选取避雷器参数，使直流电阻片的散热快于发热，保证整只避雷器的热稳定性。因此，从避雷器自身安全角度考虑，希望第一阶段的特性曲线越高越好，这样通过避雷器的泄漏电流就越小；从保护水平角度考虑，希望第二、三阶段的特性曲线越低越好，这样冲击电流下残压越低，越有利于降低设备绝缘水平。

7.1.2　直流避雷器特点与性能参数

1. 直流避雷器的特点

高压直流避雷器（HVDC MOA）制造难度大、技术水平高。与交流避雷器相比，直流避雷器具有以下特点[49]。

（1）种类多。即使在同一个电压等级下，随高压直流换流站的位置不同，大致也可以分为 7 种，最多可达 10 余种。

（2）持续运行电压差异大。交流避雷器的持续运行电压基本为基波电压。而直流避雷器因被保护设备的不同，持续运行电压可分为：直流（含少量脉波）、直流电压叠加换相过冲电压、交流（不一定基波）等三种。换流站内部既有直流系统又有交流系统，随着直流避雷器安装点的不同，运行中电压应力也不同。避雷器的额定电压、通流容量、荷电率的差异也很大。

（3）不同电压波形作用下，避雷器耐受老化的工作条件和电压强度是不同的。特别是直流电压叠加换相过冲电压工况下，功率增大，使直流避雷器耐受老化的机理变得更复杂。

（4）通过能量大。高压直流换流站内采用大量储能元件，对直流回路的暂态过电压起着阻尼、衰减作用。但是电感电容也是产生振荡过电压的起源。在高压直流系统中，操作过电压或者故障时，高压直流避雷器吸收的能量比交流避雷器大很多。

（5）研究工作复杂化。在高压直流换流站中配置的避雷器，需要进行更多的研究。各种避雷器之间相互影响、相互制约，比交流避雷器的配置复杂得多。

在直流换流站内，高压直流避雷器按其持续运行电压大致可以分为 4 组，见图 7-2。

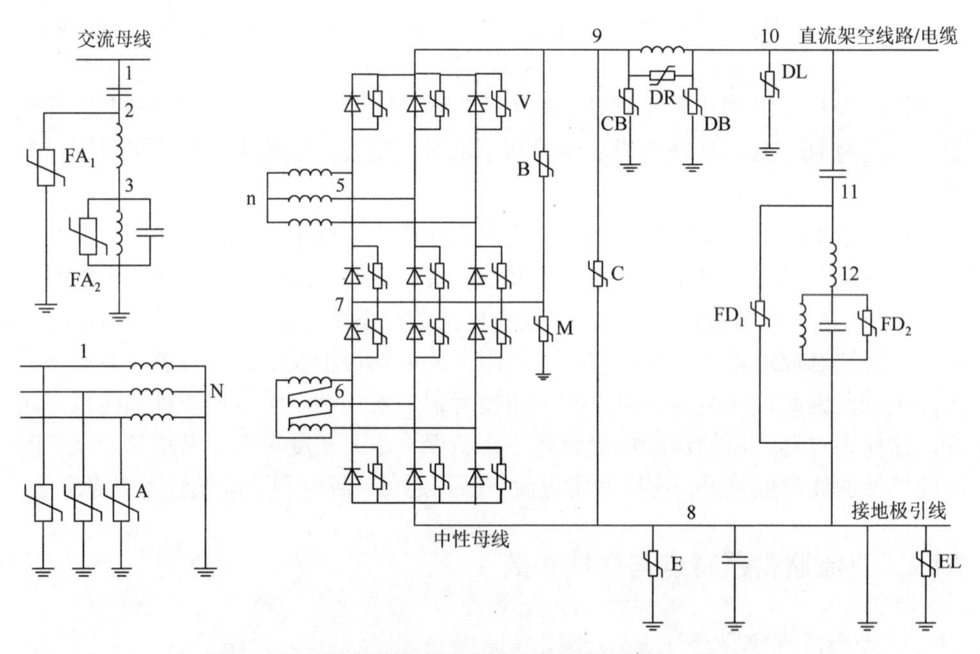

图 7-2　高压直流换流站用直流避雷器示意图（单极）

换流站内的避雷器可分为以下几类。

（1）跨接在换流阀、6/12 脉波桥阀的高压端与地之间的避雷器（V、C、B 和 M）；

（2）一端带直流电压，另一端接地的避雷器（CB 和 DB）；

（3）持续运行电压较低避雷器（E 和 DR）；

（4）跨接直流滤波器的一部分，但要承受持续运行电压的避雷器（FD）。

2. 直流避雷器的性能参数

氧化锌避雷器的性能基本参数定义如下。

（1）避雷器参考电压 U_{ref}。它是衡量一只避雷器材料特性、几何尺寸和串联片数的主要参数，是在厂家规定的一个电流水平下避雷器两端电压的峰值。这个电流一般为数毫安，处于避雷器伏安特性第一阶段和第二阶段之间的过渡部位。

（2）避雷器参考电流 I_{ref}。它是避雷器加上参考电压时的阻性电流峰值。

（3）避雷器额定放电电流。它用于衡量避雷器放电能力的放电电流峰值，电流波形为 8/20μs。

（4）避雷器保护残压 U_{res}。它是指当通过规定波形和幅值的放电电流时避雷器两端间的电压峰值。

（5）避雷器保护特性。它用陡波、雷电波、操作波三个规定的波形、规定的配合电流幅值以及在通过这些电流时避雷器保护残压来表示。

（6）避雷器持续运行电压。高压直流避雷器承受的持续运行电压不同于交流避雷器，它不仅是单一的工频电压而是直流电压、基频电压、谐波电压和高频瞬态电压的合成。

无间隙氧化锌避雷器的持续运行电压是换流站过电压研究和绝缘配合的一个重要组成部分，它直接关系到对避雷器本身的要求以及被保护设备的绝缘水平。持续运行电压是换流站某处对地，或两点之间可能出现的持续时间为数分钟以上的运行电压，在这样的电压下避雷器不失去热稳定性，也不会发生显著老化。持续运行电压以 50Hz/60Hz 下交流电压有效值表示。在换流站中，很多避雷器在持续运行时的电压都不是理想的正弦波电压，而是其他不规则的电压波形。图 7-3 给出了图 7-2 换流站典型结构中不同点对地（G）或对另一点不包括换相过冲的持续运行电压的典型波形。

（7）避雷器持续运行电流。它是指当避雷器上施加持续运行电压时的阻性电流。

（8）配合电流。与避雷器保护水平相对应的电流称为配合电流，是避雷器在过电压下流过电流的最高估计值，主要考虑四种电流波形：①陡波冲击电流，其波前为 1（0.9～1.1）μs，波尾不长于 20μs；②雷电冲击电流，其波前为 8（7～9）μs，波尾为 20（18～22）μs；③操作冲击电流，其波前为 30～100μs，波尾为 60～200μs；④长操作冲击电流，其波前达 1000μs，波尾达 2000μs。

考虑避雷器的能量、并联避雷器的柱数以及每个避雷器的峰值电流后，最后选择的避雷器峰值电流就是与残压相对应的配合电流，同时也确定了直接保护设备的代表性过电压。用于避雷器试验和保护水平评价的操作波，雷电波和陡波的

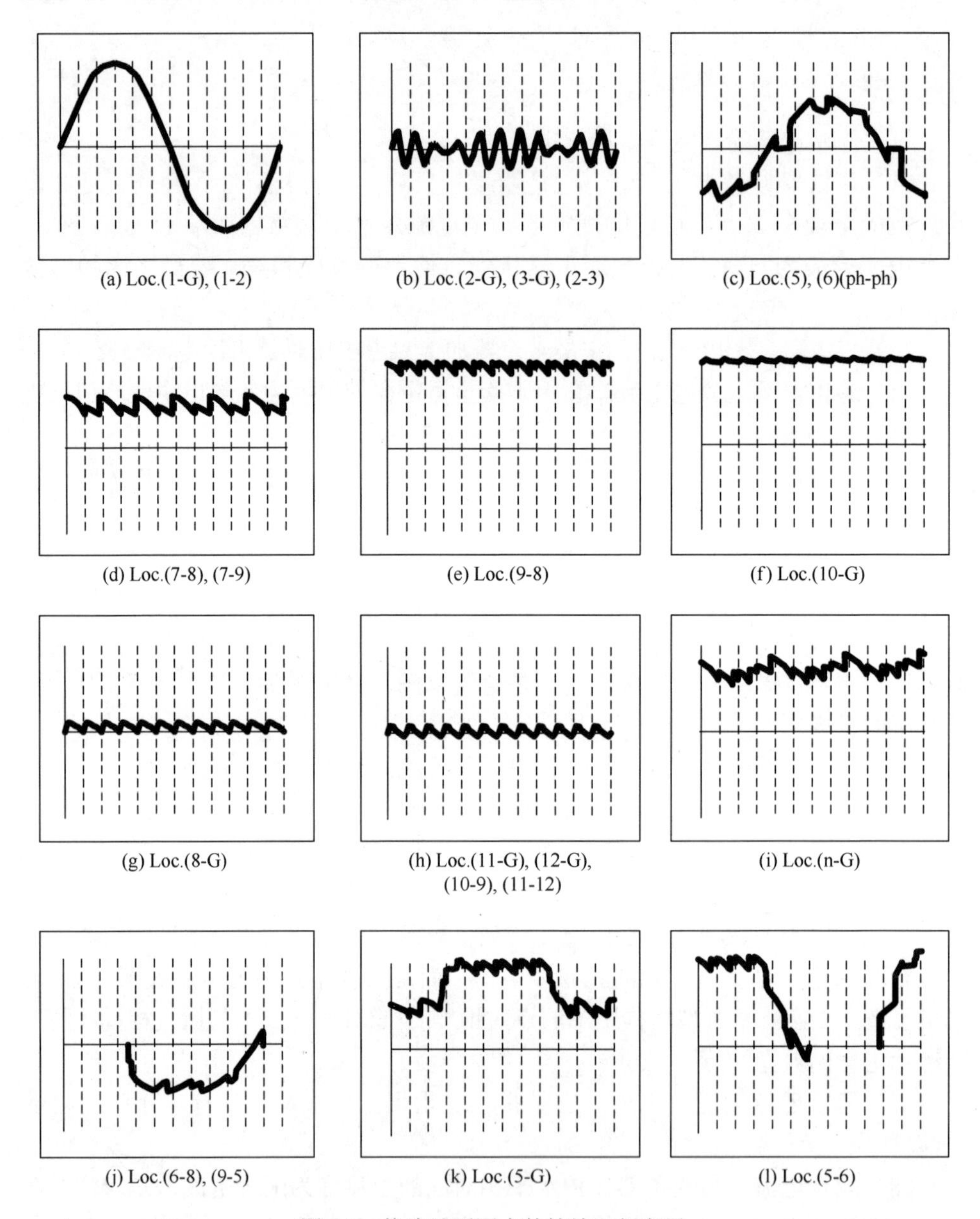

图 7-3　换流站不同点的持续运行电压

图中位置对应于图 7-2，各个分图题表示位置

相应配合电流见《交流无间隙金属氧化物避雷器》(GB 11032—2010)。对于暴露在大气过电压的高压直流换流站部分，确定避雷器雷电冲击的配合电流应考虑站屏蔽的设计（尤其对户外的阀），确定屏蔽失效时的最大电流。

在各种故障期间避雷器的放电电流持续时间可能变化。因此，在规定避雷器能量时，必须考虑放电电流的幅值和持续时间，包括由相关操作顺序导致的避雷器重复动作。出现在基频好几个周波中重复放电电流脉冲可被视为单次放电，该单次放电的累积能量等于重复放电脉冲的实际能量累积。从稳定观点讲，重复电流脉冲应该按照长周期考虑。当确定等效能量时，应该考虑短的脉冲持续时间内产生的能量降低避雷器能量耐受能力。

（9）在规定避雷器能量时，研究计算避雷器能量值应考虑一个合理的安全因数。这个安全因数的范围为 0%～20%，该因数依赖于输入数据和所用模型的容差以及出现高于选用工况能量的关键故障工况的概率。避雷器的寿命由三个因数决定：①冲击电流的峰值；②冲击电流的宽度；③冲击电流的周期。

（10）额定电压。它是针对交流应用的避雷器铭牌参数，近似参考电压。在一般交流母线上应用时为最高持续运行电压的 1.3～1.4 倍。因此，在最高持续运行电压下运行的避雷器持续运行电流比参考电流还要下降 2～3 个数量级。

（11）避雷器耐受暂时过电压幅值随时间的关系。除了持续运行电压，避雷器还需考虑的一个重要应力是暂时过电压。在常规交流应用中，用于线路末端的避雷器比用于母线的避雷器额定电压要高 5%～6%。用于衡量避雷器耐受暂时过电压能力的一个指标是耐受时间随暂时过电压幅值变化的曲线，如图 7-4 所示。

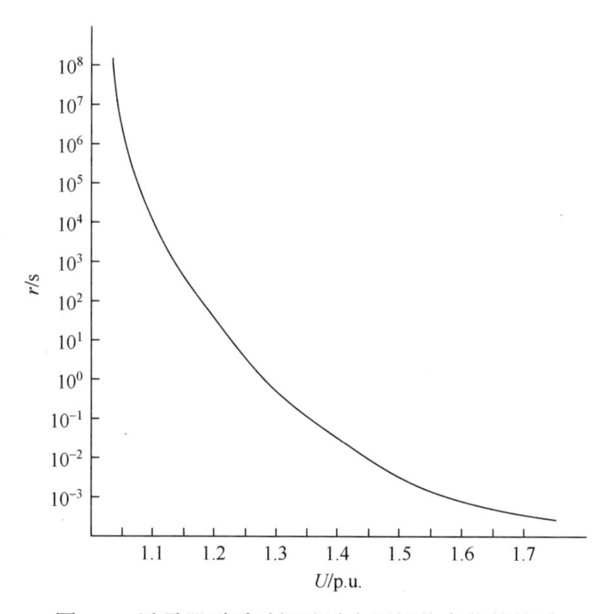

图 7-4　避雷器耐受时间随过电压幅值变化的关系

（12）热稳定性和能量吸收能力的关系。避雷器发热来自三个方面：在持续运行电压下流过避雷器本体引起的发热；外界环境引起避雷器运行温度的变化；避雷器在吸收过电压能量后引起的温度升高。当避雷器发热小于散热能力时，避雷器处于稳定的运行状态；当发热大于散热能力时，避雷器运行就会失去稳定的运行状态，最终发生热崩溃而损坏。避雷器电阻片在吸收能量后的热力学温度受工艺及材料性能的限制，存在一个临界温度点。

7.2　直流换流站避雷器配置

7.2.1　配置原则

直流换流站避雷器配置的基本原则[35]如下：

（1）换流站交流侧产生的过电压由交流侧的避雷器进行限制，交流母线避雷器应承担起主要的限制过电压作用；

（2）换流站直流侧产生的过电压由直流侧的避雷器进行限制，即应由换流站直流线路进线点处、直流母线处和中性母线处的避雷器来限制；

（3）换流站内重要设备由紧靠它的并联避雷器直接进行保护，例如，换流阀都有阀避雷器直接保护，换流变压器网侧绕组有交流母线避雷器直接保护；

（4）对某些设备的保护可以由两只或多只避雷器串联来实现，例如，下组换流变压器阀侧套管的对地绝缘保护是通过几只避雷器串联实现的。

7.2.2　避雷器参数选择中的关键因素

1. 交流母线避雷器

高压直流换流站交流侧由换流变压器网侧避雷器和与换流站结构有关的其他位置的避雷器保护（图 7-2）。这些避雷器的设计考虑对交流系统应用标准及对换流变压器阀侧、网侧过电压的限制要求，同时考虑从换流变压器网侧传到阀侧的缓波前过电压。避雷器的设计要针对接地故障清除后系统恢复这种极苛刻工况，其中包括变压器饱和过电压和甩负荷产生的过电压以及断路器分闸时重燃过电压。

由于直流输电系统运行时都必须在交流母线上投入交流滤波器，将交流母线谐波电压限制到很低的水平，在选择交流母线避雷器时，一般不考虑这种较小的谐波，而直接考虑母线最高持续运行电压，如 500kV 交流母线最高持续运行电压常取 550kV，单项对地电压为 318kV，一般交流母线避雷器额定电压取 399kV。

2. 阀和桥避雷器

阀避雷器参数选择应同时考虑持续运行电压、暂时和缓波前过电压，以及快波前和陡波前过电压。

持续运行电压。它由带有换相过冲和换相缺口的若干正弦波段组成，换流器运行在整流状态和逆变状态的阀上电压波形已在图 7-3 中给出。确定避雷器的参考电压时，应考虑包括换相过冲 PCOV。换相过冲大小取决于触发角 α，应特别注意换流器以大的触发角运行时的过冲量。

在不考虑换相过冲时，阀上所承受的电压最大值为$U_{vp}=\sqrt{3}\pi U_{d0}$，其中 U_{d0} 为换流器理想空载直流电压，与换流变压器阀侧空载电势的关系为$U_{d0}=3\sqrt{2}E/\pi$。因此，阀上所承受的最大电压实际上是换流变压器阀侧绕组线电压峰值。在直流系统主回路参数设计中，可求得 U_{d0} 的额定值 U_{dioN} 以及稳态运行中允许出现的最大值 U_{diomax}，而大多数直流工程中 $U_{diomax}=U_{d0N}$。但是，考虑测量系统的误差和换流变压器抽头的调节死区等因素，计算实际运行中可能达到的绝对最大值为 U_{dioabs}，一般要比 U_{diomax} 大 2%～3%，并留有一定的设计裕度 0.5%～1%，从而得到用于阀避雷器设计的 $U_{dioVmax}$。避雷器等效持续运行电压的有效值为$U_{EOC}=\pi U_{dioVmax}/(3\sqrt{2})$。

上述讨论中没有考虑换相过冲的影响。在现代换流阀中，阻尼回路的效果更好，换相过冲一般不大，且对避雷器产生影响的换相过冲都发生在阀电压突变的上升沿，对最高电压影响不大，可将最大持续运行电压适当提高，来等效考虑换相过冲的影响。

暂时和缓波前过电压。通常在靠近高压直流换流站的接地故障清除及随后的交流侧甩负荷期间就会产生最大的暂时过电压传递到阀侧。能够显著引起阀避雷器泄放操作波电流的事件如下：

（1）在换流变压器与最高电位换相组之间接地故障；

（2）清除一个靠近高压直流换流站的交流接地故障；

（3）仅一个换相组中的电流熄灭（如果适用）。

故障瞬间的直流电压、直流电抗器电感、变压器漏抗和线路/电缆等参数决定了处在最高电位三个避雷器的最大应力。对于换流器并联运行的直流系统，当在保护还没有闭锁换流器时，无故障换流器仍向接地故障处提供电流，将增加避雷器额外应力。对上半桥三个避雷器的能量和电流设计取决于直流系统额定电流、控制系统的动态特性、平波电抗器的电感和保护方案。

快波前和陡波前过电压。在大变比变压器的情况下（如直流背靠背换流站）需要考虑电容耦合的作用。阀和阀避雷器一般仅能承受换流区接地故障和反击时的快波前和陡波前过电压。如果雷电穿过屏蔽系统，绕击就应予以考虑。但是由于高压直流换流站具有很强的屏蔽和接地系统，绕击和反击常常不予以考虑。产生最严重的陡波前过电压通常是处于最高直流电位桥和换流变压器阀侧接地故障。

桥避雷器连接在一个 6 脉波桥的直流端子之间。最大持续运行电压与阀避雷器相同。以下情况可对桥避雷器产生操作放电电流：

（1）清除靠近高压直流换流站的一个交流故障；

（2）6 脉波桥的电流熄灭。

因为桥避雷器与阀避雷器并联，所以从交流侧传递的操作过电压通常在桥避雷器上引起一个很小的放电电流。

3. 换流器避雷器

换流器直流侧电压峰值受换流器 U_{dio} 和运行角度的影响。对于工程中常用的12 脉波换流器的最高持续运行电压，常出现在直流电压较高的运行工况。其计算工况为：换流器具有绝对理想空载电压，对应较大的触发角或关断角，同时直流电压运行在可能的最大值，考虑所有这些因素，可取最大持续运行电压约为最大直流电压的 1.1 倍。

换流器单元避雷器一般不会遭受到大的操作特性放电电流的作用。但是，当换流器串联时，旁通开关在运行期间闭合，将会对该避雷器产生操作放电作用。尽管雷电作用不是决定该避雷器参数的关键，但当雷电作用传播到阀区时，该避雷器对雷电也起到一定的限制作用。

4. 直流线路避雷器

直流线路避雷器主要限制雷电侵入波过电压。适当选择主回路的参数常常可以避免产生缓波前过电压，同样可以避免谐振过电压。在双极架空线运行中一极接地故障，在完好极上将产生一个感应过电压。过电压的幅值取决于故障的位置、线路的长度和线路的终端阻抗。通常，这些类型的过电压并不是决定两端设备绝缘的关键因素。

直流线路的运行电压为纯直流电压，其中的小幅值纹波对于避雷器的持续运行应力影响甚微，可忽略不计。对于现代直流输电工程，由于控制保护系统的完善，线路避雷器不考虑耐受大的暂时过电压和严重的操作过电压，其主要作用是限制直流开关场设备的雷电过电压水平。

5. 直流母线避雷器

直流母线避雷器与直流线路避雷器耐受的运行电压相同。在正常运行时，这两台避雷器几乎并联运行，在雷电冲击下，由直流母线避雷器对平波电抗器绕组等设备提供更直接的保护。

6. 直流中性点避雷器

图 7-5 所示为计算中性点运行电压的示意图。图 7-5（a）所示为双极运行方式，中性点电压 U_1 和 U_2 为接地极中不平衡电流所产生的直流压降。图 7-5（b）所示为单极金属回线运行方式，对于中性点接地一侧，中性点电压为零，对于不接地一侧，中性点电压 U 为极电流在金属回线上产生的直流压降。通常 U_1 和 U_2 均小于 5kV，U 小于 40kV。图 7-5 所示的 U_1、U_2 和 U 可表示为

$$U_1 = (R_{L1} + R_{G1})I_{ab} \quad (7\text{-}5)$$

$$U_2 = (R_{L2} + R_{G2})I_{ab} \quad (7\text{-}6)$$

$$U = R_L I_d \quad (7\text{-}7)$$

式中，R_{L1}、R_{L2}和R_{G1}、R_{G2}分别为两端接地极引线和接地极电阻；R_L为金属回线电阻；I_{ab}为接地极中的不平衡电流；I_d为直流运行电流。

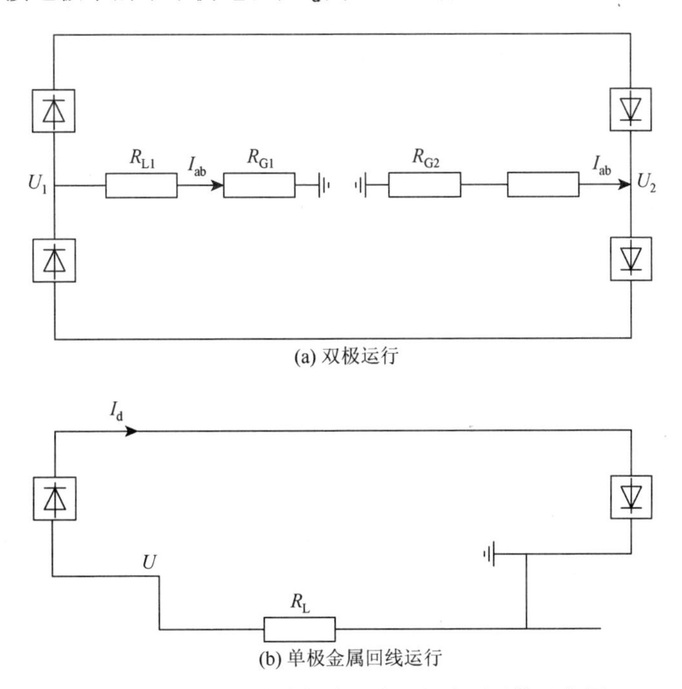

图 7-5　换流站直流中性点正常运行电压计算示意图

在直流极对地短路、换流变压器阀侧套管出口对地短路、交流侧不对称故障等情况下，中性点将出现操作过电压，此时中性点避雷器上将产生较大的应力。图 7-6 所示为对于一个具有确定主回路参数的直流工程，中性点母线避雷器的最大能量要求与避雷器额定电压的关系图。从图 7-6 可以看出，为了同时满足稳态运行电压应力和较小的能量要求，中性点避雷器的额定值要在超过能量峰值的较高电压区域选择。选择中性点避雷器额定电压时还需要考虑另外一个因素。在双极直流系统中，一般要在不接地侧装设 MRTB 和 GRTS，它们由一个常规断路器和 LC 振荡回路，以及并联一个很大的金属氧化物吸能装置而构成，这个吸能装置通常为几十只并联的氧化锌避雷器。为了获得一定的消能能力，这些氧化锌避雷器必须具备一定的额定电压。当这些开关操作时，避雷器动作，在中性点产生一定的残压，为了保证这些开关的正确动作并避免中性点对地避雷器过应力，应将这些避雷器的额定电压选择得明显高于开关消能避雷器的额定电压。

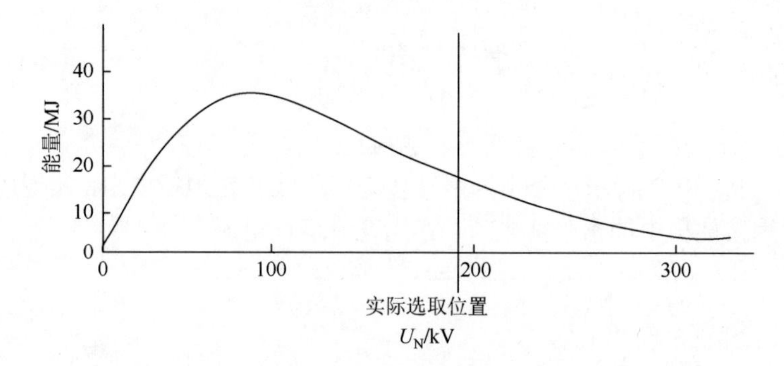

图 7-6　中性点母线避雷器最大能量要求与额定电压的关系

直流中性点开关场是直流输电系统接线变换的主要场所。在双极、单极大地回路、单极金属回路这三种基本运行方式下，接入系统的部分是不同的，因此中性点避雷器配置应考虑这一因素。图 7-7 给出一种中性点避雷器典型配置。

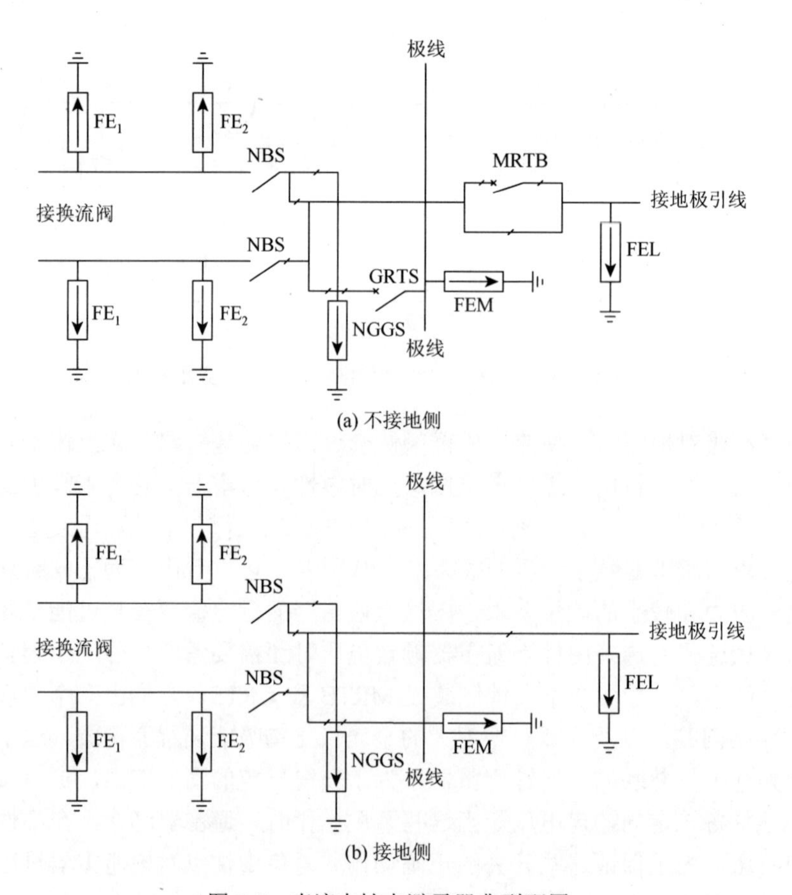

图 7-7　直流中性点避雷器典型配置

7. 接地极引线避雷器

对于接地极设备，如配电开关、电缆和测量设备，需要防止从接地极引线侵入的过电压。避雷器通常安装在线路的进口处。持续运行电压是不重要的。避雷器参数由通过架空线进入的雷电波作用确定。当接地极引线较短时，在不对称故障和换相失败时应考虑对接地极引线避雷器的作用。

8. 直流滤波器避雷器

直流滤波器避雷器通常的运行电压是比较低的，通常包含与滤波器组谐波频率相应的一个或多个谐波电压。因为谐波电压可导致避雷器相对高的功率损耗，所以在确定避雷器的额定值时应予以考虑。

直流极接地故障时，滤波器电容器瞬态放电确定对该避雷器的主要要求。

9. 直流平波电抗器避雷器

直流平波电抗器避雷器的运行电压仅包括一个从换流器来的 12 脉波纹波电压。这个避雷器承受换流器母线运行电压和反极性雷电过电压（或为直流母线电压减去雷电过电压）的应力，同时也要考虑雷电通过该避雷器耦合到晶闸管阀。

7.2.3　配置方法

针对换流站避雷器配置，可以将换流站分成图 7-8 所示的三个区域：*A* 区为交流区域，避雷器的配置与常规交流变电所没有本质的区别；*B* 区为换流器区域，该区域的避雷器主要用于保护晶闸管换流阀和换流变压器；*C* 区为直流场区域，该区域的避雷器主要用于保护直流场设备。

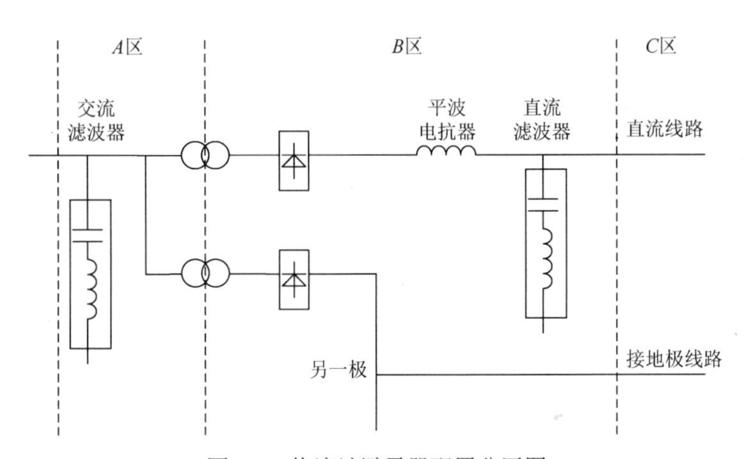

图 7-8　换流站避雷器配置分区图

阀避雷器（V）的主要目的是限制晶闸管阀上出现过高的过电压。避雷器和晶闸管正向保护触发构成阀的过电压保护。因为阀的成本和阀的损耗近似地正比于阀的绝缘水平，所以应选取保护水平尽可能低的避雷器来保证阀的安全。

阀避雷器保护水平与保护触发水平的配合有两种不同方案。第一种方案，阀避雷器限制阀正向及反向出现的过电压，设置阀保护性触发水平高于避雷器保护水平。在这种情况下，保护性触发的作用是平衡快速瞬态电压或陡波电压在阀内部引起的非线性电压分布严重不均。第二种方案，避雷器限制阀反向过电压，保护触发水平为阀避雷器保护水平的 90%～95%。因此，第二种方案仅用于晶闸管的反向耐受电压高于晶闸管正向耐受电压的情况，保护触发水平临界值应设置到足够高，确保在最高的暂时过电压或频繁事件（如开关操作）时保护触发不启动，以减少功率传输中断，发生接地故障时保持运行，故障后有利于加速恢复。

1. 基本配置方案

根据上述原则，图 7-9 所示为目前最常用的每极一组 12 脉波换流器的避雷器典型配置方案。对于空气绝缘的平波电抗器，为降低纵向绝缘水平，经技术、经济比较后可以采用与电抗器直接并联的避雷器；对于油浸式平波电抗器，则不采用并联避雷器而依靠两侧对地的避雷器保护。由于阀避雷器串联可以代替 6 脉波桥避雷器的作用，目前一般不再配置 6 脉波桥避雷器。有时为了降低 Y/Y 变压器阀侧绕组的绝缘水平，可以采用 6 脉波桥母线避雷器。

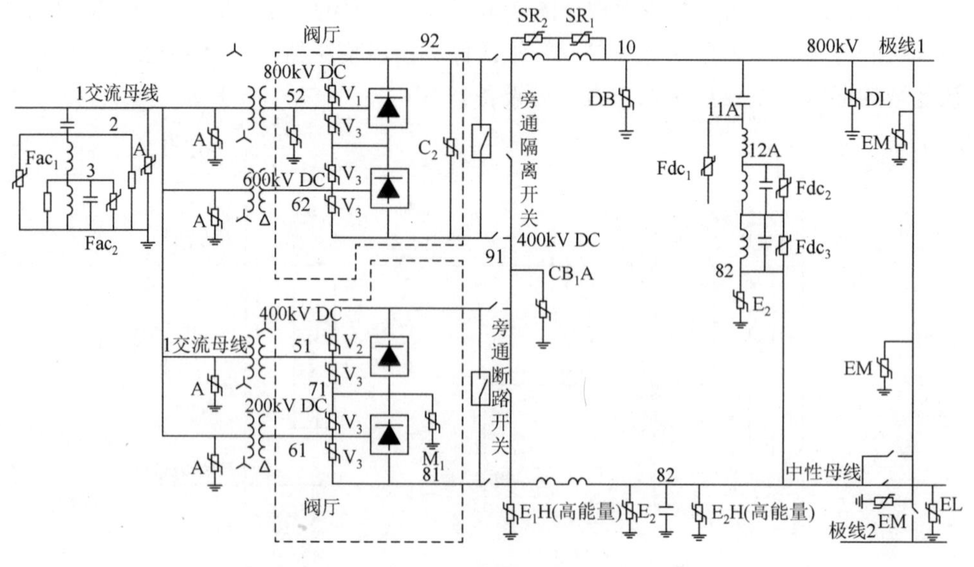

图 7-9　换流站单极避雷器布置方案 I [41]

（1）交流侧A型避雷器用于保护换流站交流侧设备；装于每台换流变压器网侧、换流站交流母线和交流滤波器母线。

（2）阀两端的V型避雷器直接保护阀组，同时与其他类型避雷器串并联保护换流变压器阀侧绕组，V型避雷器按能量大小可分为V_1、V_2和V_3；V_1需满足800kV运行时最高电位换流变压器阀侧绕组接地故障下的能量要求，能量要求最大。V_2需满足下组400kV换流器单独运行时400kV高电位换流变压器阀侧绕组接地故障下的能量要求，能量要求其次。V_3避雷器能量要求由交流侧操作过电压传递到直流侧等事件确定，能量要求最小。

（3）M_1型避雷器保护下组两个6脉波桥间的直流母线，同时与V_3型避雷器串联保护下组Y/Y接线的换流变压器阀侧Y绕组。

（4）A_2型避雷器直接保护处于最高电位的换流变压器阀侧绕组，装于高压阀厅内。

（5）装于上、下组换流器之间的400kV直流母线的避雷器CB_1A用于保护下组旁通断路器、隔离开关和400kV穿墙套管等设备。CB_1A可装于低压阀厅内，可避免温度对伏安特性的影响以及污秽对避雷器外套电位分布的影响等因素。

（6）直流线路DL型和直流母线DB型避雷器装于平波电抗器线路侧和直流母线侧，用于直流开关场的雷电和操作波保护；可据雷电侵入波的计算选择DB型避雷器的数量和在直流母线的布置位置。

（7）C_2型避雷器保护上组12脉波换流器。C_2型避雷器可限制极线雷电侵入波和操作波过电压。下400kV换流器退出、上400kV换流器单独运行工况下，C_2型避雷器也用于保护上400kV换流器。

（8）EM金属回线避雷器安装在金属回线回路上，主要用于金属回线的雷电侵入波保护。

（9）E_2H（高能量）由多个避雷器并联组成。E_2H有两种布置方案：方案Ⅰ的E_2H避雷器装在极1和极2共用的中性母线上，在双极运行、大地回线和金属回线运行方式的直流线路接地故障和阀厅内接地故障下，E_2H避雷器都参与泄放直流滤波器电容和线路电容的储能。

（10）EL接地极线避雷器安装在接地极线回路上，用于来自接地极线路雷电侵入波保护。

（11）E_2型低能量中性母线避雷器一般在直流滤波器底部中性母线上和中性母线冲击电容旁各装1只，可根据雷电侵入波计算结果确定。避雷器的雷电波保护水平（10kA标称放电电流下）可高于E_2H（高能量）避雷器，确保操作过电压下不动作，仅用于雷电波保护。也可选E_2避雷器的特性与EM、EL和E_2H一致。

（12）E_1H（高能量）型中性母线避雷器接于平波电抗器桥侧，用于保护桥的底部设备。E_1H为高能量避雷器，由多个避雷器并联，可装在户外。

（13）直流滤波器 Fdc_1、Fdc_2 和 Fdc_3 避雷器用于保护直流滤波器低压侧元件。

（14）交流滤波器 Fac_1 和 Fac_2 避雷器用于保护交流滤波器内部元件。

实际工程的避雷器配置方案可能与图 7-9 的方案略有区别，如图 7-10 所示。

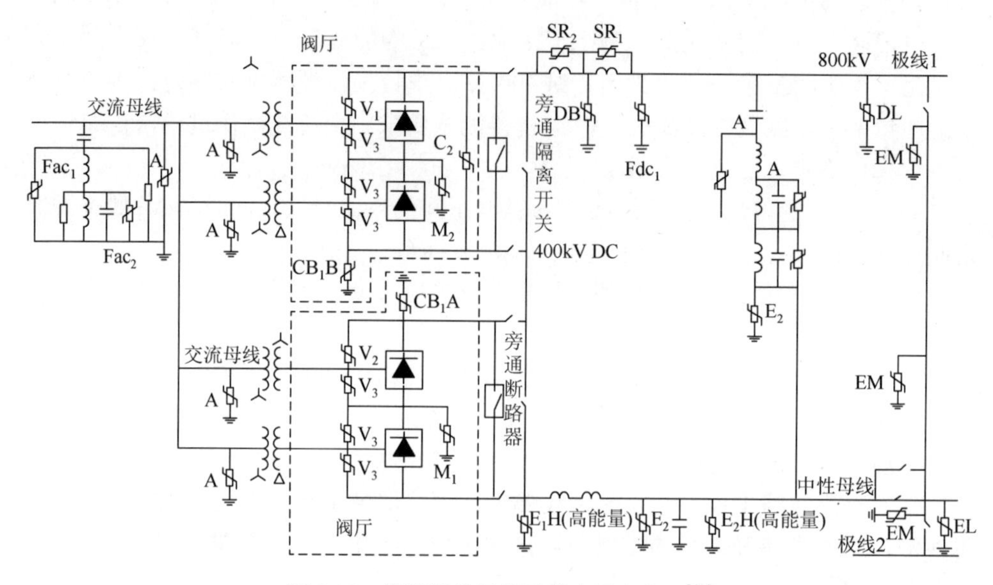

图 7-10　换流站单极避雷器布置方案 II [41]

图 7-9 与图 7-10 所示保护方案的差异如下。

（1）加装 M_2 避雷器，保护上组两个 6 脉波换流桥间的直流母线，同时与 V_3 型避雷器串联保护上组高电位 Y/Y 接线的换流变压器阀侧 Y 绕组。当阀导通时保护直流极母线设备；M_2 避雷器装于高压阀厅内。

（2）加装 CB_1B 避雷器，它装于上组换流器底部 400kV 直流母线，避雷器的直流参考电压（U_{ref}）可低于 CB_1A。当上组 12 脉波换流器切除时，CB_1B 也被切除。CB_1A 避雷器用于下组换流器单独运行时保护 400kV 直流母线设备。

2. 整流站与逆变站避雷器配置的差异

由于直流输电系统运行中直流电流在线路上会产生电压降，逆变站的运行电压比整流站低。当直流线路较短且直流电流较小时，这个电压降一般不大，为了降低设备制造难度、简化设备种类和试验复杂性，可以选择两端换流站的避雷器参考电压等参数一致。目前世界上已运行的常规高压直流输电工程一般都在两端换流站配置相同的避雷器。当直流系统线路较长、输送电流较大时，逆变站运行电压会比整流站低不少，就可能按照逆变站实际运行电压来选取避雷器参考电压，从而可以降低逆变站避雷器的保护水平和设备绝缘水平，在特高压直流工程中具有显著的经济效益。

目前，国内有云南—广东（云广）、向家坝—上海（向上）、锦屏—苏南（锦苏）以及酒泉—湖南等±800kV 高压直流输电工程已投入运行，另外，新疆昌吉—安徽古泉±1100kV 特高压直流输电工程正处于紧锣密鼓的建设当中。云广特高压工程的直流线路长约 1418km，额定电流 4125A，逆变站直流电压比整流站低约 35kV。向上和锦苏特高压工程的直流线路更长，分别达到 1900km 和 2075km，额定直流电流更大，分别达到 4kA 和 4.5kA，两端换流站的运行电压相差均在 50kV 以上。

目前的工程实际中，某±800kV 直流输电工程在两端换流站采用一致的避雷器，而另一个±800kV 直流输电工程在两端换流站选择了不同参考电压的避雷器。

7.3　避雷器参数的选择

直流换流站配置的各避雷器进行合理的参数选取是换流站绝缘配合的重要内容之一。不同的直流输电系统，即使额定直流电压相同，其换流站设备、系统参数也可以不同，配置的避雷器参数也会不同。

7.3.1　参数选择基本原则

在选择避雷器参数时要用到以下三个术语和相应的概念[49]。

（1）PCOV。对于持续运行电压中存在换相过冲时，峰值持续运行电压是指考虑换相过冲的最高电压。

（2）CCOV。它是指持续运行电压中不计换相过冲的最高峰值电压。持续运行电压正比于电压 $U_{\dim}$，由式（7-8）给出：

$$\text{CCOV} = \frac{\pi}{3} \times U_{\dim} = \sqrt{2} \times U_{\text{vo}} \tag{7-8}$$

式中，$U_{\dim}$ 为考虑交流电压的测量容差和换流变压器分接头一级电压偏差的最大理想空载直流电压；U_{vo} 为换流变压器阀侧相对相空载电压（不包括谐波电压）。

（3）等效持续运行电压（ECOV）。它是指一个等效的工频正弦波电压，避雷器在这一电压下持续运行消耗的功率与实际运行电压下相同。

阀的开通与关断产生的转换瞬态电压叠加在换相电压上，特别是在阀关断时，换相过冲增加了换流变压器阀侧绕组的电压，并作用在阀和避雷器上。换相过冲的幅值由以下因素决定：

（1）晶闸管的固有特性（特别是反向恢复电荷）；

（2）阀中串联连接晶闸管的反向恢复电荷分布；

（3）单个晶闸管级的阻尼电阻和电容器；

（4）在阀和换流回路中的各种电容和电感；

（5）触发角与换相角；

（6）阀关断时刻的换相电压。

另外，还应该特别注意阀避雷器和直流侧其他避雷器对于换相过冲的能量吸收。

在进行避雷器参数配置时，需进行过电压研究。过电压研究时应主要考虑以下三方面的因素：①操作或故障前的运行工况，包括交流系统接线方式、系统强度和阻尼、输送功率方向和大小、无功补偿设备投入情况、触发角和关断角、是否由其他过电压引起其他避雷器动作等；②操作和故障情况，主要包括操作和故障形式、故障地点、故障相位和故障阻抗等；③避雷器情况，主要包括避雷器的配置情况，通常在研究一种避雷器在操作和故障情况下时，可假定其他所有避雷器不存在或不动作。过电压研究主要关心通过避雷器的电流幅值和能量，因而可选用较低的特性曲线。表 7-1 所示为针对各种避雷器的过电压研究需考虑的因素。

表 7-1　过电压研究因素汇总表

序号	避雷器名称	稳态工况	故障和操作
1	交流母线避雷器	短路比取稳态最小，故障后可再次损失一回交流线路，功率方向取整流，双极大功率，容性无功补偿设备投入最大	交流线路单相对地金属短路，短路地点靠近换流站交流母线，故障相位使换流变压器剩磁通最大，双极停运，一定时段后切除线路，切除相位使变压器偏磁最严重
2	阀避雷器	短路比取稳态最小，故障后可再次损失一回交流线路，功率方向取整流、双极，其中一极为最大功率，另一极为小功率；容性无功补偿设备投入最大	交流系统故障，切除一回交流连续，引起输送大功率的一极停运
3	换流器避雷器	同阀避雷器	换流变压器阀侧对地短路
4	直流线路避雷器	直流侧不同接线方式、直流滤波器不同投入方式	不同地点的直流单极短路故障
5	直流母线避雷器	同直流线路避雷器	同直流线路避雷器
6	直流中性点避雷器	同阀避雷器、考虑直流侧不同接线方式	换流变压器阀侧对地短路、直流单极对地短路

避雷器在实际运行过程中长期承受工作电压，流过的泄漏电流会导致氧化锌电阻片发热，随着时间的推移就会出现老化现象，进而影响避雷器的可靠性和稳定性，缩短使用寿命，危及系统安全运行。因此，在确定避雷器性能参数时，首先应该确保避雷器 CCOV、PCOV 高于它所安装处的最高运行电压，避免避雷器吸收能量，加速老化。

直流避雷器的荷电率是 CCOV/PCOV 与参考电压的比值，表征避雷器单位电阻片上的电压负荷。持续运行电压 CCOV/PCOV 由直流系统本身决定，因此对换流站大部分避雷器来说，荷电率直接决定了避雷器的参考电压，较低的荷电率使避雷器参考电压较高，在长期运行电压下的泄漏电流较小，不易老化；较高的荷电率使避雷器参考电压较低，可降低避雷器保护水平，对最终降低设备的绝缘水平有重要意义。

从绝缘配合的角度看，避雷器的保护水平越低就越有利于降低设备绝缘水平，从而降低设备制造难度和制造成本。但是，过低的保护水平会使避雷器在过电压应力下吸收能量过大，这就需要数量较多或体积非常大的避雷器来满足高能量的要求，这势必增加了避雷器的制造难度与成本，同时，数量过多、体积过大的避雷器会占用较大的空间，增加了换流站避雷器及其他设备布置的难度。

特高压直流避雷器在过电压应力下吸收的能量可以通过细致的电磁暂态计算确定，其值通常要比常规直流系统避雷器大得多，这就需要采用特性完全一致的多柱避雷器并联来满足能量要求。避雷器并联方式可采用一个瓷套中多柱阀片并联或多只避雷器外并联。通常，厂家应控制多柱避雷器之间的电流分布不均匀系数在要求范围之内。

因此，在选择避雷器参数时，应综合考虑系统最大持续运行电压、荷电率、雷电和操作冲击保护水平和能量要求等因素，使得设备上的过电压水平尽可能低，又不使避雷器的数量过多、造价过高。

7.3.2　交流避雷器参数

交流侧避雷器的主要电气参数有避雷器持续运行电压 U_c 和避雷器额定电压 U_r。交流避雷器持续运行电压 U_c 是允许持久地施加在避雷器端子间的工频电压有效值，是一个很重要的参数。对于无间隙金属氧化物避雷器，运行电压直接作用在避雷器的电阻片上，会引起电阻片的老化。为了保证一定的使用寿命，长期作用在避雷器上的电压不得超过避雷器的持续运行电压，以免引起电阻片的过热和热崩溃。因此，该参数的选择主要考虑系统最大持续运行电压。

交流避雷器额定电压是指施加到避雷器端子间的最大允许工频电压有效值，按照此电压设计的避雷器，能够在规定动作负载试验中的暂时过电压下正确地工作。因此，额定电压是避雷器运行特性的一个重要参数，其选择主要考虑系统的暂时过电压。

对于暂时过电压，主要是工频或接近于工频的过电压，我国电力行业标准《交流电气装置的过电压保护和绝缘配合》（DL/T 620—1997）规定[33]，在 500kV 电压等级系统母线侧的工频过电压一般不超过 1.3p.u.。一般工频过电压的持续时间取决于系统调压措施、扰动形式、继电保护动作时间及断路器动作时间，标准中虽未对 1.3p.u.的工频过电压持续时间提出明确要求，但 500kV 系统中性点有效接地，其工频过电压持续时间一般不超过 1s。

暂时过电压主要是由交流系统暂态引起的，包括运行中的交流滤波器与饱和变压器的反复放电等。有关暂时过电压的计算原则如下。

（1）为了得到最大的应力，高压直流系统在故障之后及故障期间永久闭锁，达到完全甩负荷。

（2）故障持续时间为 100ms，同时故障的初始及释放时间变化，每种故障类型进行 12 种不同工况的仿真模拟计算。

（3）避雷器能量计算在故障清除后不超过 100ms。

（4）考虑避雷器的最大能量时，选取伏安特性曲线下包络线；考虑避雷器最大电压时，选取伏安特性曲线上包络线。

（5）计算交流母线最大能量应力时，交流母线避雷器选取伏安特性曲线下包络线，而阀避雷器选取上包络线。

（6）计算阀避雷器最大能量时，阀避雷器选取伏安特性曲线下包络线，而母线避雷器选取伏安特性曲线上包络线。

（7）计算最大电压应力时，交流母线避雷器和阀避雷器选取伏安特性曲线上包络线。

如果避雷器制造厂商提供了避雷器工频电压耐受时间特性曲线，可以直接根据该特性曲线进行校核，选择的避雷器必须具有足够的耐受暂时过电压的能力，即在经受暂时过电压的持续时间内能够保持热稳定；如果没有避雷器的工频电压耐受时间特性曲线时，可以通过下述方法进行估算。

原则上，只要选择的避雷器在经受暂时过电压的持续时间内能够保持热稳定，即可满足系统要求，但由于不同电力系统、不同种类的暂时过电压具体持续时间各不相同，为了简化避雷器额定电压的选择，国际电工委员会标准 *Surge Arresters-Part4*：*Metal-oxide Surge Arresters without Gaps for AC Systems*（IEC 60099-4）[50]及与之等价的我国国家标准《交流无间隙金属氧化物避雷器》（GB 11032—2010）[51]均规定：在动作负载试验中，避雷器在 60°C的温度下，注入标准规定的能量后，必须耐受相当于额定电压数值的暂时过电压的持续时间为 10s。因此，通过标准 *Surge Arresters-Part5*：*Surge Arresters Selection and Application Recommendations*（IEC 60099-5）[52]推荐的换算公式，可以将 500kV 系统中持续时间为 1s、幅值为 1.3p.u.的工频过电压转换成持续时间为 10s 的等值暂时过电压，而最终选择的避雷器额定电压不低于该等值的暂时过电压即可：

$$U_{eq}=U_t(T_t/10)^m \tag{7-9}$$

式中，U_t 为暂时过电压幅值；T_t 为暂时过电压持续时间；U_{eq} 为持续时间为10s的等值暂时过电压；m 为描述避雷器工频电压耐受时间特性的因子，通常取0.02。

7.3.3　直流避雷器参数

直流避雷器包括：阀和6脉波桥避雷器、直流极线避雷器、中性母线避雷器。

阀避雷器将会承受交流侧和直流侧作用，直流侧对阀避雷器的作用在直流暂态研究中确定，交流侧的过电压通过换流变压器传递到阀侧，与换流变压器变比成比例。其最为关键的工况是三相短路故障清除后，将会对桥上所有避雷器产生过电压应力。

1. 直流避雷器的应力

确定避雷器参数，需进行直流暂态过电压计算，来确定在直流侧故障和操作时对直流侧避雷器最大应力。

对于阀和6脉波桥避雷器，确定其参数时应包括以下应力。

（1）操作应力：主要考虑换流变压器和换流桥之间发生接地故障；控制和保护没有动作，换流器断流；换流阀（即桥臂）短路；触发脉冲丢失；单阀断流（单阀开路）等。

（2）雷电应力：由于换流变压器网侧和阀侧的大电容限制了侵入阀厅的雷电流幅值，直流场承受的雷电仅仅为屏蔽失败后产生，而且经过平波电抗器的阻尼，显著减弱了进入阀厅的雷电流。因此，阀和6脉波桥雷电流较小，一般不会超过1kA。

（3）陡波前冲击应力：产生陡波前过电压主要是对地短路，特别是高压上半桥与换流变压器阀侧绕组之间的接地故障（如套管闪络、对地击穿），在这种状态下，换流桥高压端对地杂散电容，换流变压器、平波电抗器和套管杂散电容都将通过上半桥阀避雷器放电。然而，由于工作母线电感的作用，放电过程中回路电感将限制放电电流。

对于中性母线避雷器，很多设备发生暂态故障时通过中性母线对地释放能量，因此中性母线不同位置需安装不同参数的避雷器。确定其参数时应包括以下应力。

（1）操作应力：主要考虑换流变压器阀侧对地短路、交流网络相对地故障、换相失败、直流母线接地故障、地极线开路、金属回线开路。

（2）雷电应力：主要考虑开关场屏蔽失败、直流极线接地、直流线路雷击以及接地极线路雷击。

对于直流极线避雷器，确定其参数时应包括以下应力。

（1）操作过电压应力：主要考虑直流线路一极接地故障、逆变侧失交流电源、直流侧操作、接地极引线开路、换流器控制故障造成的误触发、换相失败、换流器单元内部接地故障和短路等。

（2）雷电应力：主要考虑直流线路侵入的雷电、直流场屏蔽失效，以及反极性雷击极母线。

2. 主要参数

1）额定电压

直流避雷器选择时，主要考虑以下参数。

避雷器的额定电压必须根据最大持续运行电压选取，并适当考虑暂时过电压水平。如果暂时过电压水平不超过避雷器耐受暂时过电压随时间曲线规定的水平，则一般只考虑最大持续运行电压，并取该电压 1.3～1.4 倍。高压直流避雷器的持续运行电压不同于交流系统，它不是单一的工频电压，而是直流电压、基频电压、谐波电压和高频瞬态电压的合成。阀的开通与关断会产生转换瞬态电压。特别是在阀关断时，换相过冲增加了换流变压器阀侧绕组的电压，并作用在阀和避雷器上。图 7-11 所示为阀避雷器的持续运行电压波形。

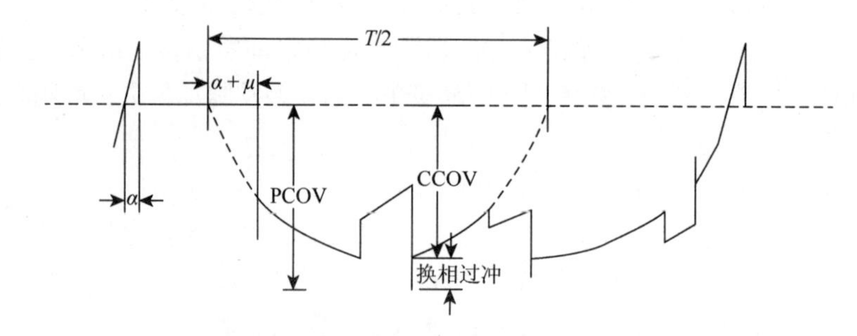

图 7-11　阀避雷器持续运行电压波形

考虑换相过冲的持续运行电压 PCOV 确定为 CCOV 与换相过冲之和。PCOV 的大小与晶闸管换流阀的固有特性及其阻尼电阻和电容、阀和换流回路中的各种电容和电感、触发角与换相角等多种因素有关。目前，高压直流工程中一般取换相过冲为 15%～19%，即 PCOV 与 CCOV 的比值为 1.15～1.19。

2）荷电率

直流侧大部分避雷器的荷电率将直接决定其参考电压。选择合理的荷电率需要综合考虑系统持续运行电压 CCOV/PCOV、直流电压分量大小、环境污秽对避雷器外套电位分布的影响、温度对避雷器伏安特性的影响、避雷器安装位置（室内、室外）等因素。如前所述，荷电率的高低对避雷器的老化程度影响很大，降低荷电率可使避雷器在长期运行电压下的泄漏电流较小，引起的发热能和散热达到平衡，不易老化；提高荷电率可降低避雷器参考电压和保护水平，对最终降低设备的绝缘水平有重要意义。

V 型避雷器与换流阀直接并联，在阀导通时，避雷器两端电压为零；在阀关断时，避雷器两端才承受阀电压。在每个交流周期中，换流阀导通时间约为 2/3 周期，关断时间约为 1/3 周期，因此阀电压引起的泄漏电流在平均一个周期中产生的热量很小。另外，避雷器位于阀厅内部，环境污秽的影响可不考虑，且阀厅安装有空调，室内温度、散热等条件都可以得到较好的控制。因此，一般避雷器的荷电率可取较高值，接近于 1。

D 型避雷器（DB_1、DB_2）在运行中承受很高的纯直流电压，额定电压很高，外绝缘决定其高度，且处于极线平波电抗器外侧和直流线路出口处，故一般安装于室外。因此，一般 D 型避雷器的荷电率不宜选得过高，可选在 0.8～0.9。

CB, A、CB, B、M_1、M_2 避雷器运行中承受叠加有 12 脉波谐波电压的直流电压，谐波电压在避雷器阀片上产生的热量较直流分量小，且这些避雷器均安装在换流站阀厅内部，环境污秽的影响可不考虑，且室内温度、散热等条件可以得到较好的控制。因此，避雷器的荷电率可取较高值，约为 0.9。

阀厅避雷器 CBN_2，中性母线避雷器 E、EL、EM 的持续运行电压很低，一般不考虑荷电率。

3）参考电压

对直流侧大部分避雷器来说，确定了持续运行电压和荷电率后，即可确定避雷器的参考电压，但阀厅避雷器 CBN_2，中性母线避雷器 E、EL、EM 的持续运行电压很低，在某些故障下通过的能量很大，其参考电压的确定需要综合考虑下列因素，进行优化选择：

（1）选择参考电压较低，在交直流接地等故障下，通过避雷器的能量较大，就需要数量相当多的避雷器并联，可能会因各避雷器之间均流效果不好导致某只避雷器过载而损坏，更换特性一致的避雷器难度较大；

（2）选择参考电压较高，所需的避雷器数量会减少，但由于保护水平也较高，考虑绝缘裕度后，中性母线设备、直流滤波器低压侧元件以及靠近中性母线的换流阀和低压端换流变压器阀侧绕组的绝缘水平也会相应提高，增加了成本。

4）避雷器并联的柱数

交流母线避雷器、阀避雷器和中性点避雷器等避雷器的冲击电流可能大于根据现行规程和经验选择的配合电流，或者能量要求大于单只避雷器的生产能力，需要采用多柱避雷器并联。其最简单的方法是使同一瓷套内的多柱避雷器并联。

特高压直流系统过电压工况下，避雷器通常要吸收很大的能量，如阀避雷器在某些故障下的最大吸收能量可达几兆焦，如此大的能量要求，往往就需要采用多柱并联的避雷器。多柱避雷器并联的另一种情形是需要降低被保护设备的绝缘水平。特高压直流系统电压等级很高，设备绝缘水平也很高，通过多柱避雷器并联来降低绝缘水平的原理是：并联后，可以降低各柱避雷器的配合电流，进而降低避雷器保护水平，最终使得所需的设备绝缘水平得到降低。

在进行避雷器多柱并联时，需要特别注意各柱均流问题。在进行多柱避雷器并联时，保证各柱的电流分布均匀是一个需要特别关注的问题。这是因为，避雷器动作时各柱上的电压都相同，那么各柱能量的分布就等于电流的分布。避雷器在实际制造过程中总存在偏差，如果其中某一柱的伏安特性过低，会导致通过的电流过大，吸收的能量过大，一旦超过其最大能量吸收能力，将会影响整只避雷器在过电压下的安全稳定运行。

一般情况下，为达到各柱避雷器能量均匀分布，制造厂家应尽可能采用特性一致的阀片单元构成避雷器，来控制多柱避雷器电流不均匀系数应在一定范围内，该系数定义为

$$\beta = nI_{max} / I_{arr} \tag{7-10}$$

式中，n 为并联柱数；I_{max} 为任意一柱的最大电流峰值；I_{arr} 为整只避雷器的电流峰值。出厂时通过对整只避雷器进行电流分布试验即可得到上述 β。国家电网有限公司企业标准《±800kV 换流站用金属氧化物避雷器技术规范》（Q/GDW 276—2009）[53]中规定，该电流不均匀系数 β 不大于 1.1。

对于常用的避雷器，在冲击电流为某一较大值（通常为 1kA 左右）时，其残压的设计值为 U_p，制造特性误差为±β，即最高保护残压为 U_p（$1+\beta/100$），最低保护残压为 U_p（$1-\beta/100$），β 最大可达 1～2。当这样的两只避雷器直接并联并耐受相同电压时，根据式（7-4）并取 α 为 30 的典型值，如果 β 为 1，则具有高保护特性的避雷器中通过的电流只有具有低保护特性的避雷器中通过电流的 1/2，即 3 只避雷器并联后的效果只相当于 2 只避雷器。如果 α 为 50，则较小的电流只有较大电流的 1/3，因此 4 只避雷器并联的效果只相当于 2 只避雷器的作用。如果 β 取 2，当 α 为 30 和 50 时，较小的电流分别只有较大电流的 1/3 和 1/7。

7.4　避雷器通流能力

在直流输电系统中，直流母线和线路避雷器运行中的热稳定性和能量吸收能力是两个重要技术指标，是运行可靠性的重要保障。与交流系统用避雷器一样，直流避雷器在系统中的作用就是限制系统中产生的雷电过电压及操作过电压，并吸收过电压能量。由于雷电过电压的持续时间较短，一般在数十微秒之间，尽管过电压幅值较高，但能量不大。而操作过电压是由在阀动作过程中产生的、复杂的暂态过程引起的，持续时间较长。对避雷器而言吸收的过电压能量相对较大。

避雷器的能量吸收能力，通常以单次脉冲的能量吸收表示。在避雷器制造中要考虑在设计的热学模型下，当避雷器吸收过电压能量后，散热要大于发热。这样，避雷器才能达到热稳定。可用图 7-12 表示。

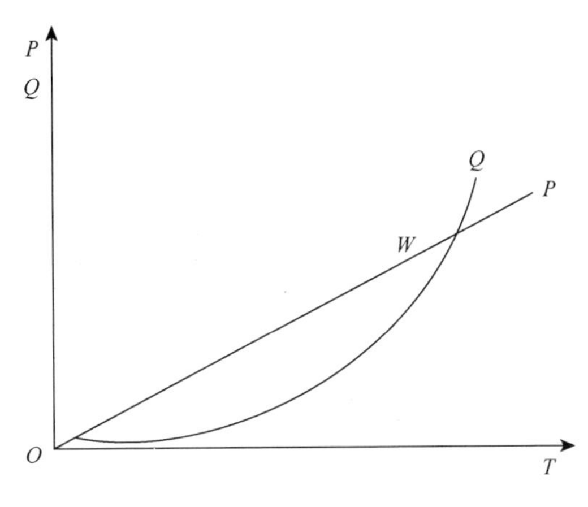

图 7-12　避雷器发热、散热特性图

图 7-12 中，Q 为发热曲线，P 为散热曲线。当避雷器发热小于散热能力时。避雷器处于稳定的运行状态；当发热大于散热能力时，避雷器运行就会失去稳定的运行状态，最终发生热崩溃而损坏。另外，避雷器电阻片在吸收能量后的绝对温度受工艺及材料性能的限制也有一个临界温度点。超过该点，电阻片也会发生性能劣化，这些都是避雷器在设计和运行中需要避免的。由此可见。避雷器能量吸收和热稳定有直接的联系。由于电阻片具有负的温度系数，即随着温度的增加，电阻片的泄漏电流呈上升趋势。因此，当温度达到一临界值时，在特定电压下，电阻片由于能量吸收引起温度增加后，泄漏电流产生的功耗与设计的散热结构所能耗散的能量达到平衡状态。可见，热平衡状态与电阻片的能量吸收能力、所设计的散热结构、电阻片的初始温度、电阻片的荷电率以及电阻片的温度系数等有关。电阻片的初始温度越低，要达到热平衡状态，吸收能量的能力越高；荷电率越低，引起的发热越小。吸收能量的能力越强；散热性能越好，电阻片吸收的能量越高；电阻片的温度系数越小，电阻片吸收的能量越多。因此在直流避雷器制造时，应确保电阻片具有较大的热容量和较小的温度系数，在结构设计时应考虑避雷器具有较好的散热性能，在保证绝缘配合的前提下，尽可能降低运行荷电率。

氧化锌避雷器通流能力一般根据 2ms 方波电流和 4/10μs 冲击电流试验而确定。

$$\overline{W}=\int_0^{\infty} i(t)u(t)\mathrm{d}t \tag{7-11}$$

式中，$i(t)$、$u(t)$为冲击电流和残压的函数式。冲击电流试验规定了电流的波头、波尾时间，以及电流的第一次峰值与反极性峰值之比和第一次峰值的大小。由这些已知量以及冲击电流试验的回路参数求得 $i(t)$，再由避雷器伏安特性得到 $u(t)$，从而求出 $\overline{W}$。

7.5 ±500kV 与±800kV 换流站避雷器配置案例

7.5.1 ±500kV 换流站避雷器配置

1. 保护方案

对于常规型±500kV 高压直流换流站，其典型保护方案如图 7-13 所示。

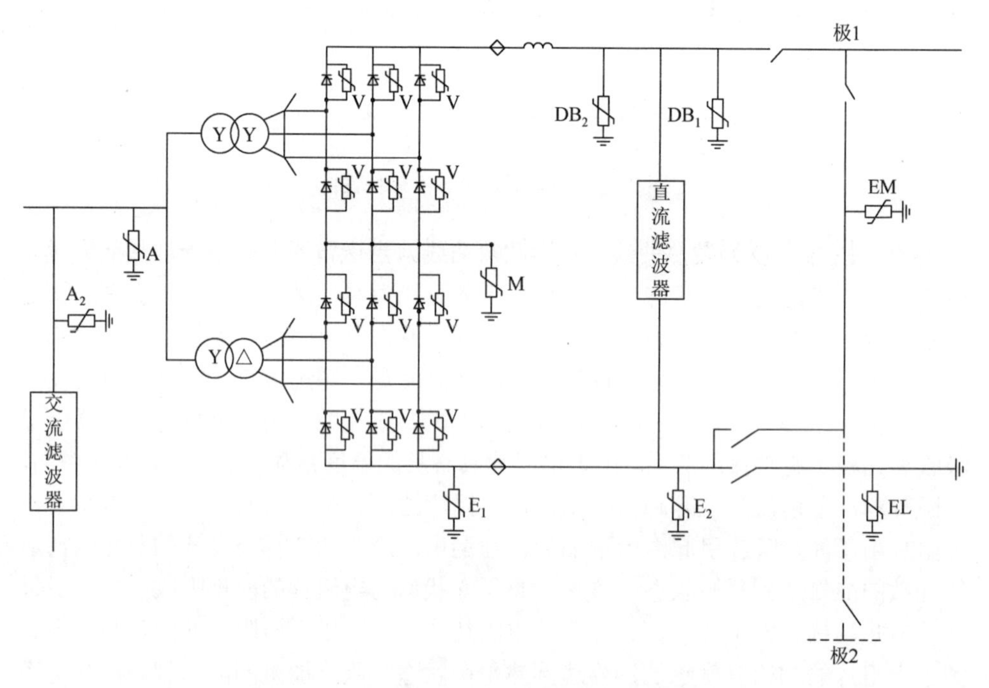

图 7-13 ±500kV 高压直流换流站典型保护方案

对于阀避雷器，避雷器保护与控制正向触发保护如何配合，决定着换流变压器阀侧绕组的绝缘水平，在与其他避雷器的配合中，决定着换流阀不同点对地的绝缘水平。有两种配合方案：①阀避雷器防止阀正向及反向出现的过电压，阀触发水平的临界值高于阀避雷器的保护水平；②在反向时，阀避雷器限制过电压，保护触发临界值为阀避雷器保护水平的 90%～95%作为正向过电压保护。

根据图 7-13 所示的保护方案，通过计算换流站避雷器各点过电压特性，可获得换流站避雷器各点的要求值，如表 7-2 所示。

表 7-2　避雷器持续运行电压和参考电压　（单位：kV）

避雷器	送端换流站		受端换流站	
	持续运行电压	参考电压	持续运行电压	参考电压
阀避雷器 V	365	372	347	352
极线避雷器 DB_1	515	632	515	632
极线避雷器 DB_2	515	632	515	632
地极引线避雷器 E_1、E_2	50	220	10	62
中性母线避雷器 EL	50	105	10	54
金属回线避雷器 EM	50	200	10	54
6 脉波桥中点避雷器 M	401	447	357	397
系统母线避雷器 A	318	399	318	399
滤波器避雷器 A_2	318	420	318	420

根据避雷器安装位置和保护功能工程经验，选定避雷器的配合电流如表 7-3 所示。

表 7-3　避雷器配合电流　（单位：kA）

避雷器	换流站 1		换流站 2	
	雷电冲击电流 8/20μs	操作冲击电流 1ms	雷电冲击电流 8/20μs	操作冲击电流 1ms
V	1	3.1	1	2
DB_1	20	1	20	1
DB_2	10	1	10	1
E_1、E_2	5	—	2	—
EL	10	3	10	18.8
A	20	9	20	9
M	1	1.5	1	1.5
EM	20	12	20	3
A_2	20	3	20	9

2. 保护水平

依据避雷器在不同波形的伏安特性曲线，就可确定出其保护水平，如表 7-4 所示。

表 7-4　避雷器保护水平　（单位：kV）

避雷器	送端换流站		受端换流站	
	雷电冲击保护水平（LIPL）	操作冲击保护水平（SIPL）	雷电冲击保护水平（LIPL）	操作冲击保护水平（SIPL）
V	492	496	466	470
DB_1	1129	937	1129	937
DB_2	1074	937	1029	937
E_1、E_2	358	—	99	—
EL	299	279	81	76
A	842	793	843	793
M	629	636	556	564
EM	278	278	81	76
A_2	1009	850	1009	906

3. 避雷器能量

避雷器能量选择应考虑适当的安全系数，可按 $W=S_2\times W_1$ 来确定避雷器能量。S_2 的取值范围一般为 1.0～1.2，W_1 为系统研究中所获得的最大能量，W 为对避雷器要求的能量，所确定的避雷器能量如表 7-5 所示。

表 7-5　避雷器能量　（单位：MJ）

避雷器	换流站 1 避雷器能量	换流站 2 避雷器能量
V	10.3	6.49
DB_1	6.26	4.92
DB_2	6.26	4.92
E_1、E_2	1.7	0.9
EL	2.7	26.2
A	14.5	14.5
M	6.3	3.9
EM	42.3	1.1
A_2	4.2	4.2

7.5.2　±800kV 换流站避雷器配置

1. 配置方案

某±800kV 特高压直流输电工程换流站采用每极 2 个 400kV 12 脉波换流器串

联的方案。其优点为在一组换流单元设备故障时，通过旁路开关的配合可实现切除故障单元，可保证一半输送功率的输送，从而减少送端紧急切机次数，保持受端系统稳定。另外，减少了单台高压换流变压器的容量，即降低了换流变压器制造和运输的困难。

根据该工程主回路接线特点，避雷器的布置可选用图 7-14（方案 A）或图 7-15（方案 B）所示的避雷器布置方案。这两种方案的不同点如下。

1）高压 Y/Y 换流变压器阀侧绕组保护方案不同

方案 A 采用换流变压器阀侧避雷器 A_2 直接保护高压 Y/Y 换流变压器阀侧绕组，方案 B 通过上 12 脉波换流桥中点母线避雷器 M 和阀避雷器 V_3 串联保护。方案 A 的方式非常直观，并且 A_2 避雷器在设计制造中可取较高的荷电率，将有效地降低 Y/Y 换流变压器阀侧绕组的绝缘水平。但是需要采用 3 只避雷器，并且避雷器 A_2 参考电压较高，使其高度增加，增加了避雷器在阀厅中的占地面积。方案 B 的优点是采用的桥中点母线避雷器 M 仅为 1 只，数量少，且参考电压相对较低，在阀厅中易于布置。但避雷器 M 和阀避雷器 V_3 串联保护换流变压器阀侧 Y/Y 套管，使该位置的保护水平高于方案 A，相应地提高了换流变压器的制造成本，并对换流变压器的生产及运输带来较高的要求。

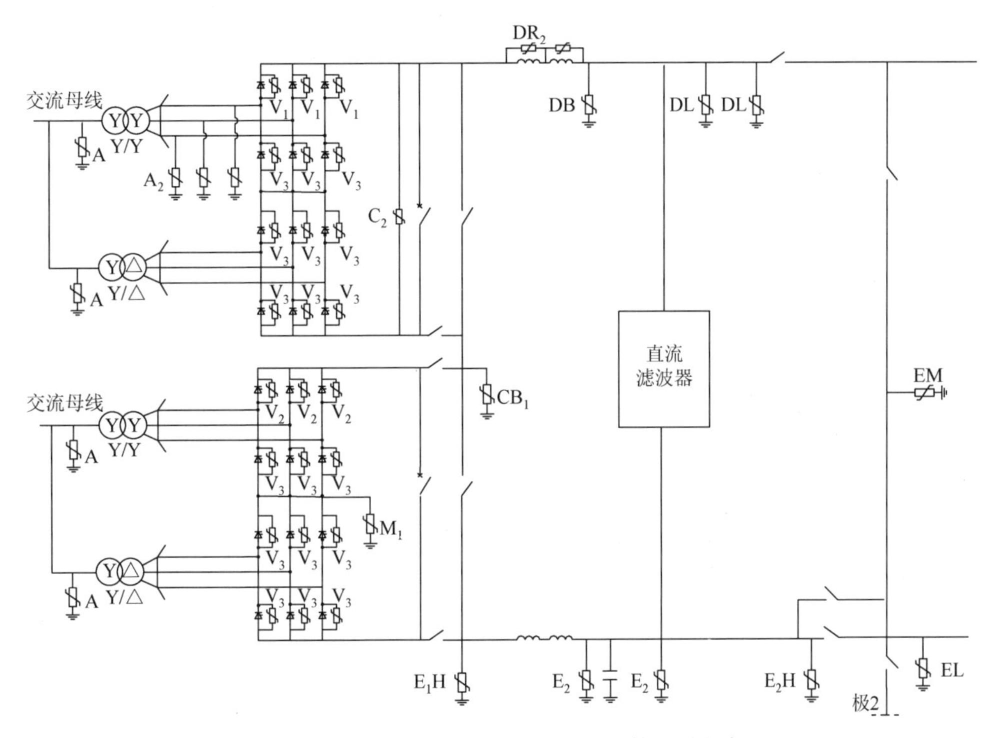

图 7-14　单极双 12 脉波换流器避雷器的配置方案 A

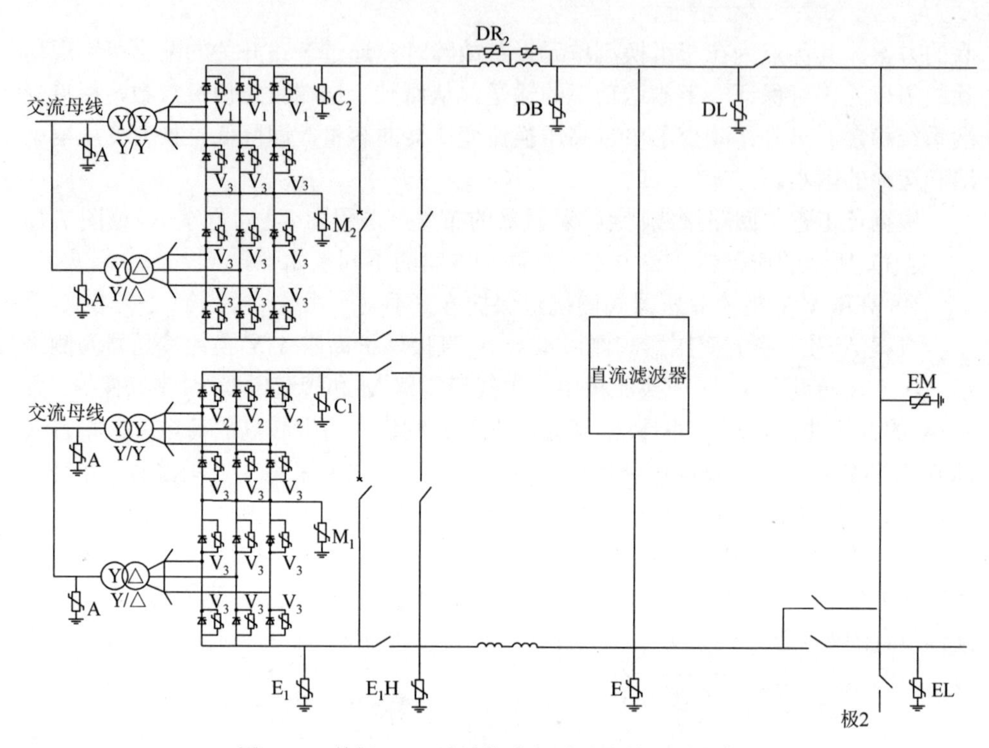

图 7-15 单极双 12 脉波换流器避雷器的配置方案 B

2）中性母线避雷器布置方式不同

方案 A 中，E_2H 避雷器安装在极 1 和极 2 共用的中性母线上，为 3～8 只 E_2 避雷器并联，在 MR 方式下断开接地极线路隔离开关，合上运行极的中性母线至共用的中性母线的隔离开关，将 E_2H 高能量避雷器接入金属回线。在避雷器参数配置的过程中可以考虑所有的 E 型避雷器的参数相同，以保持两站的中性母线避雷器绝缘水平一样，减少备品备件数量。

方案 B 中，选择接地极线避雷器 EL 和金属回线避雷器 EM 为高能量避雷器。在金属回线运行方式下，EM 避雷器将和 E_1H 避雷器在换流器单元内部或线路接地故障中释放直流滤波器和线路电容的全部储能，EM 的能量要求较高；在 BP 和 GR 方式下，仅释放直流滤波器电容的储能，能量要小得多。在正常方式下，中性母线 E 避雷器长期投入，其伏安特性高于 EM 和 EL 避雷器，仅用于雷电过电压保护，因此为低能量避雷器。这种布置首先使 E 仅用于防雷保护，避雷器能量要求小，经济性好；中性母线倒闸操作比方案 A 简单。但是因为 EM 和 EL 避雷器均为高能量避雷器，在直流场内占地面积大，而 BP 方式为系统主要的运行方式，EM 避雷器的利用率较低，形成资源浪费；另外，因为存在三种 E 型避雷器，而高能量避雷器的备品需要与正常运行设备一起带电运行，备品类型多而造成不便。

综合分析方案 A 和方案 B 避雷器布置方式的优缺点，根据±800kV 直流输电工程主接线特点，采用方案 A 中的避雷器布置进行绝缘配合。

根据避雷器持续运行电压和避雷器的荷电率，计算给出方案 A 时避雷器的参考电压，如表 7-6 所示。该±800kV 直流工程的送端和受端换流站统一配置原则，表 7-6 列出了受端换流站的避雷器参数。

表 7-6　避雷器持续运行电压和参考电压

避雷器	持续运行电压/kV	参考电压/kV	荷电率
V	289	204	1
DB/DL	816	1127	0.72
C_2	510	600	0.85
CB_1	510	600	0.85
A_2	946	807	0.95
M_1	333	373	0.89
E_1H	86	238	—
E_2H	50	238	—
E_2	50	238	—
DR_2	40	477	—
A	318	399	0.8

2. 避雷器能耗

避雷器在运行中承受了电压和电流应力，必然会产生损耗。高压直流换流站中存在很多储能元件，与换流站有关的交直流系统中的故障应力、操作应力都将引起避雷器很高的能耗。因此，直流避雷器根据需要采取多柱并联，以降低流过单柱的电流及产生的能耗。根据方案 A，该±800kV 直流工程换流站的各避雷器配置柱数见表 7-7。

表 7-7　各避雷器柱数

避雷器	单只柱数/个	单只能耗/MJ	每站只数/个
V_1	8	10	2×3
V_2	4	5	2×3
V_3	2	2.6	2×18
D	2	9	2×3
C_2	2	4.6	2×1
CB_1	2	4.6	2×1

续表

避雷器	单只柱数/个	单只能耗/MJ	每站只数/个
A_2	2	9	2×3
M_1	2	2.8	2×1
E_1H	4	3.6	2×8
E_2H	4	3.6	3
E_2	4	3.6	2×2
EM	4	3.6	3
EL	4	3.6	1
DR_2	1	2.2	2×2
A（送端）	2	8.9	12×3
A（受端）	1	4.5	12×3

3. 保护水平

设备绝缘水平以出现在设备上的最大过电压为基础，以LIWL和SIWL表示，其最高绝缘水平由一只或几只避雷器串联确定。设备上所出现的最大过电压与和它直接连接的避雷器保护水平相同，分别以 LIPL 和 SIPL 表示。最大过电压（即保护水平）和耐受电压差值为绝缘裕度，应不低于上述的要求。根据方案 A，该±800kV 直流工程换流站的避雷器保护水平见表 7-8，设备绝缘水平见表 7-9。表 7-8 的配合电流均大于故障时避雷器的最大电流，允许的单次泄放能量也大于表 7-7 所示的故障时避雷器最大能耗。

表 7-8　换流站交直流避雷器保护水平和配合电流

避雷器	PCOV/CCOV/kV	LIPL/kV	雷电配合电流/kA	SIPL/kV	操作配合电流/kA
A	318	907	20	780	2
A_2	885	1344	0.6	1344	1
V_1	245	395	2.4	395	4
V_2	245	395	1.2	395	2
V_3	245	395	0.6	395	1
M_1	245	435	0.6	435	1
C_2	477	791	5	706	1
CB_1	477	791	5	706	1
D	816	1579	10	1330	1
E_1	<120	320	20	254	1
E_2	50	320	20	262	1
DR_2（单只）	40	719	10	641	3

表 7-9　换流站设备绝缘水平

保护项目	避雷器符号	LIPL/kV	LIWL/kV	雷电冲击裕度/%	SIPL/kV	SIWL/kV	操作冲击裕度/%
阀两端子间	V	395	454	15	395	454	15
交流母线	A	907	1550	71	780	1175	51
直流极线平抗线路侧	D	1579	1950	23	1328	1600	20
直流极线平抗阀侧	A_2	1344	1800	34	1344	1600	19
极线平波电抗器（75mH）端子间	DR_2	719	950	32	641	750	17
高压端 12 脉波换流桥之间	C_2	791	1175	49	706	950	35
双 12 脉波换流器中点母线	CB_1	791	1175	49	706	950	35
低压端 12 脉波换流桥中点	M_1	435	750	72	435	550	26
高压端 Y/Y 换流变压器阀侧	A_2	1344	1800	34	1344	1600	19
高压端 12 脉波换流变压器中点	$V_3 + CB_1$	1186	1550	31	1101	1300	18
高压端 Y/D 换流变压器阀侧	$V_3 + CB_1$	1186	1550	31	1101	1300	18
低压端 Y/Y 换流变压器阀侧	$M_1 + V_3$	790	1300	65	830	1050	27
低压端 Y/D 换流变压器阀侧	$V_3 + E_1$	715	950	33	631	750	19
阀侧相间	A′	550	750	36	473	650	37
中性母线平抗阀侧	E_1	320	450	41	254	325	28
中性母线平抗线路侧	E_2	320	450	41	262	325	24
中性母线平抗	—	320	450	41	262	325	24

7.6　避雷器试验

7.6.1　直流 1mA 下的参考电压

对避雷器施加直流电压，同时观察接在避雷器与地间电流表的电流值；当流过避雷器的泄漏电流达到 1mA 时，停止升压，并迅速读取电压值即为避雷器的直流参考电压，即为该避雷器试品的 U_{1mA}；然后降压至 $0.75U_{1mA}$ 时，读取电流表指示值，即为该试品的 I_d。如果实测值 U_{1mA}、I_d 在产品设计范围内，则为合格品。

直流高压电源的产生，目前通常采用：①用高压变压器直接整流滤波；②采用工频、中频或高频倍压整流。

试验原理图如图 7-16 所示。

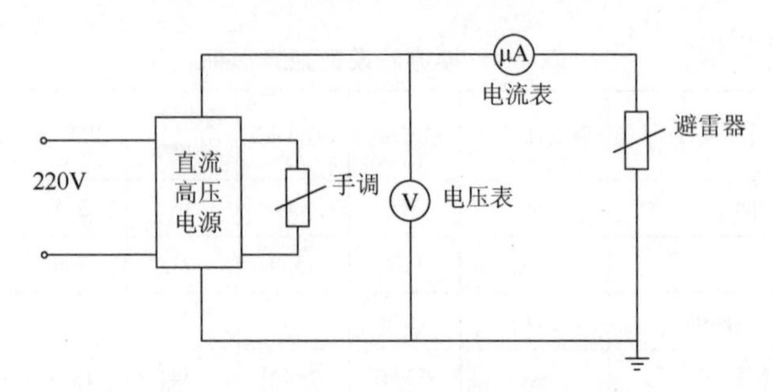

图 7-16　避雷器 1mA 下参考电压试验原理图

7.6.2　工频参考电压与持续运行电压下的泄漏电流

工频参考电压是无间隙金属氧化物避雷器的一个重要参数，它表明阀片的伏安特性曲线饱和点的位置。运行一定时期后，工频参考电压的变化能直接反映避雷器的老化、变质程度。工频参考电压是指将制造厂规定的工频参考电流（以阻性电流分量的峰值表示，通常为 1～20mA），施加于金属氧化物避雷器，在避雷器两端测得的峰值电压。对避雷器施加交流电压，同时观察示波器中与电压信号同相位的阻性电流峰值，当阻性电流峰值达到 10mA 时，停止升压，在示波器中读取由分压器测得的电压，此电压即为工频参考电压。

在实验室条件下对金属氧化物避雷器（或其串联组合元件）施加工频运行电压，按图 7-17 所示的接线测量交流泄漏全电流 I_0、电流分量 I_R 和容性电流分量 I_c。阻性电流分量以峰值表示，全电流和容性电流分量考虑可能受电压谐波的影响，也用峰值表示。图 7-17（a）为采用双通道示波器，通过适当的分压器和分流器，将避雷器的电压和电流信号接入示波器，可以测得电压 U、全电流 I_0、容性电流分量 I_c 和阻性电流分量 I_R 各波形，当电压瞬时值为 0 和 U_m 时，相应的电流瞬时值，即分别代表容性电流分量 I_c、阻性电流分量 I_R。图 7-17（b）可利用电容器 C_1 所串接的可变电阻器，适当调节其电阻值，达到补偿容性电流分量的目的，在 BE 端测得的最小值为 I_R。在 AE 端可测得 I_0 或 I_c，I_c 通常与 I_0 相同。

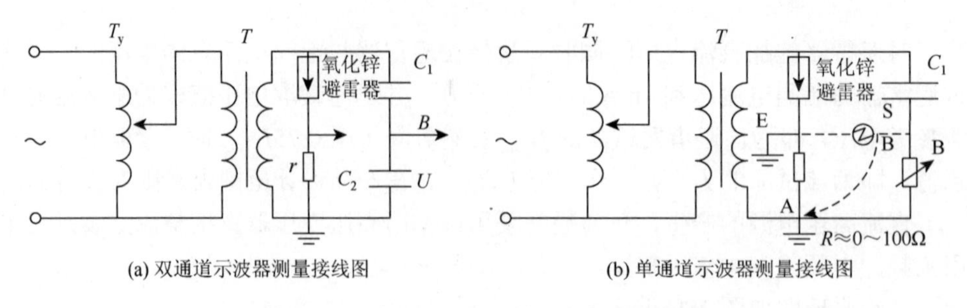

(a) 双通道示波器测量接线图　　(b) 单通道示波器测量接线图

图 7-17　避雷器交流泄漏电流测试接线图

7.6.3　避雷器通流容量试验

避雷器通流容量试验实际上是一种电流耐受试验。主要采用两种试验方法：①2ms 方波通流容量试验，用于考核过电压作用下避雷器动作时阀片和间隙耐受长时间冲击电流的能力；②4/10μs 大电流冲击耐受试验，用于考核避雷器通过大电流其机械连接的牢固性，也表征在避雷器近距离处落雷或多重雷击时避雷器的耐受能力。

对于 2ms 方波通流容量试验，2ms 方波的产生电路如图 7-18 所示。其波形上升前沿为 30～200μs；波头过冲允许 + 10%；波形持续时间是目前所有对阀片考核的电流波形中持续时间最长的。持续时间允许 + 20%，波形参数定义见图 7-19。在此种波形的电流下，阀片的破坏特征主要是由局部通道式电流集中灼烧造成的击穿（穿孔）而炸裂。2ms 方波电流波形，其波前时间随 2ms 方波发生器的波阻抗变化而不同。设备容量越大，波阻抗越小，波头过冲越大，对阀片考核越严格。

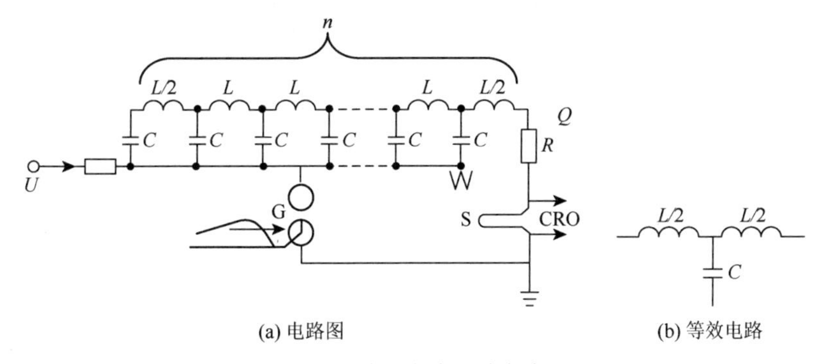

(a) 电路图　　(b) 等效电路

图 7-18　冲击电流方波发生器

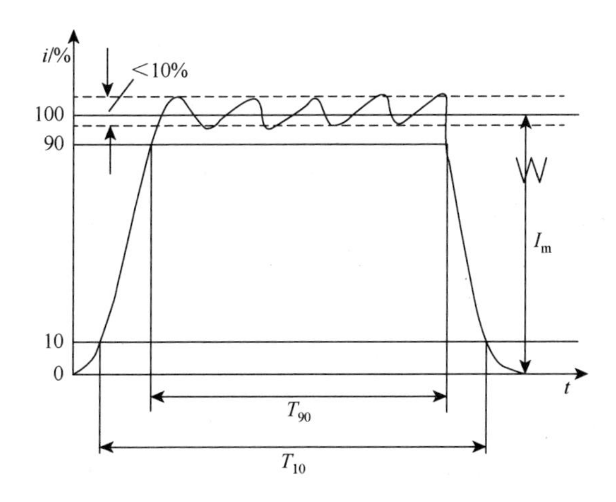

图 7-19　方波电流波形参数定义

波形波前陡度越陡，阀片的一些孔隙性和薄弱点越敏感。而持续时间越长，其薄弱点持续作用越强。

对于 4/10μs 大电流冲击耐受试验，冲击电流的产生电路如图 7-20 所示。按照国家标准《绝缘配合 第 3 部分：高压直流换流站绝缘配合程序》（GB/T 311.3—2017）的规定，T_f、T_t 及 I_m 的容许偏差不超过±10%，电流波形中反极性振荡幅值应不超过 I_m 的 20%，波形参数定义见图 7-21 所示。

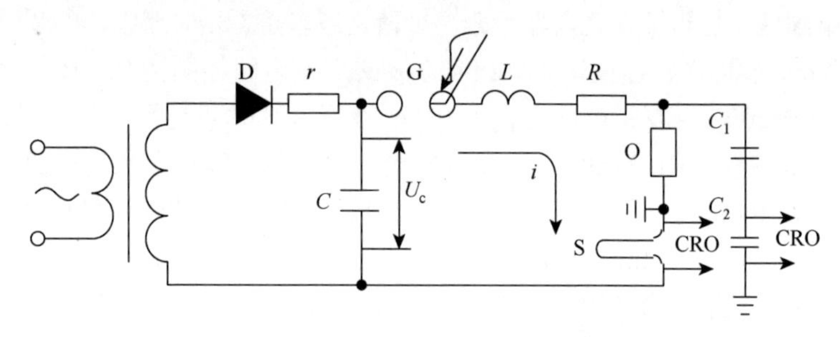

图 7-20　冲击电流发生器回路

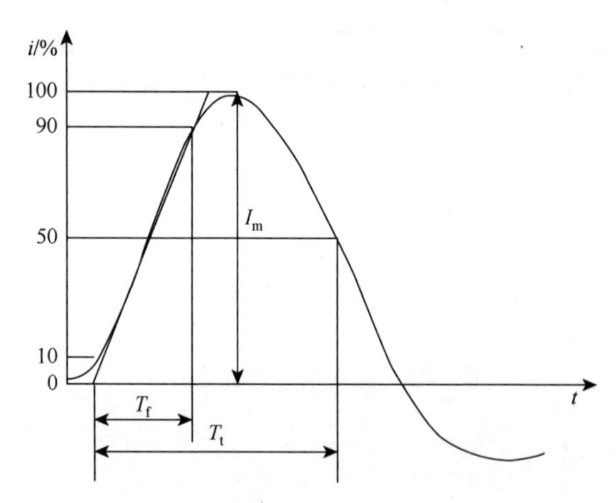

图 7-21　4/10μs 电流波形参数定义

4/10μs 大电流冲击耐受试验时，阀片的破坏特征基本为侧面闪络或阀片炸裂，试验时应注意以下几个方面。

（1）电极的影响。试验时压住阀片的金属电极应光滑平整，直径略小于阀片；与阀片及比例单元之间应接触良好，必要时要填铝箔，但铝箔不能超出阀片直径；金属电极与阀片之间应有一定的压力，其压力应与阀片装在 MOA 内弹性元件所加的力相仿。

（2）测量。4/10μs 大电流的测量，测量系统的准确度值得关注。由于瞬间电流很大，大多数发生器的接地装置受条件的限制，很难达到设计要求，整个电流测量系统的地电位变化成为影响测量准确度的关键因素。

参 考 文 献

[1] 赵畹君. 高压直流输电工程技术[M]. 北京：中国电力出版社，2010.

[2] 刘振亚. 特高压直流输电技术研究成果专辑[M]. 北京：中国电力出版社，2006.

[3] 浙江大学发电教研组直流输电科研组. 直流输电[M]. 北京：电力工业出版社，1982.

[4] 赵成勇，郭春义. 混合直流输电[M]. 北京：科学出版社，2014.

[5] Arrillage J，Liu Y H，Watson N R. Flexible Power Transmission：The HVDC Options[M]. Wiltshire：John Wiley & Sons Ltd.，2007.

[6] 苟锐锋，张万荣. 云—广±800kV 特高压直流换流站过电压与绝缘配合研究报告，第四部分：直流暂态过电压研究报告[R]. 西安：西安高压电器研究院有限责任公司，2005.

[7] 刘泽洪. 换流变压器和平波电抗器[M]. 北京：中国电力出版社，2009.

[8] GB/T 25093—2010. 高压直流系统交流滤波器[S]. 北京：国家质量监督检验检疫总局，国家标准化管理委员会，2010.

[9] GB/T 25308—2010. 高压直流输电系统直流滤波器[S]. 北京：国家质量监督检验检疫总局，国家标准化管理委员会，2010.

[10] 陶瑜. 直流输电控制保护系统分析及应用[M]. 北京：中国电力出版社，2015.

[11] IEC/TS 60071-5. Insulation co-ordination—Part 5：Procedures for Hig Hvoltage Direct Current（HVDC）Converter Stations[S]. Genava：IEC，2014.

[12] 冀肖彤. “强直弱交”运行方式下特高压直流系统过电压抑制措施研究[D]. 西安：西安交通大学，2017.

[13] Report of CIGRE Study Committee. Application Guide for Insulation Coordination and Arrester Protection of HVDC Converter Stations[R]. Paris：CIGRE，1984.

[14] BDCC. Three Gorges-Shanghai HVDC Project-insulation Coordination[R]. Beijing：BDCC，2002.

[15] 北京网联直流输电工程技术有限公司. 西北—华中联网背靠背工程——绝缘配合[R]. 北京：北京网联直流输电工程技术有限公司，2002.

[16] 聂定珍，袁智勇. ±800 kV 向家坝—上海直流工程换流站绝缘配合[J]. 电网技术，2007，31（14）：1-5.

[17] 宁东—天津±500 kV 直流输电工程成套设计技术报告——绝缘配合[R]. 北京：北京网联直流输电工程技术有限公司，2005.

[18] GB/T 311.3—2017. 绝缘配合 第 3 部分：高压直流换流站绝缘配合程序[S]. 北京：国家质量监督检验检疫总局，国家标准化管理委员会，2017.

[19] GB 311.1—2012. 绝缘配合 第 1 部分：定义、原则和规则[S]. 北京：国家质量监督检验检疫总局，国家标准化管理委员会，2012.

[20] 王东举，邓旭，周浩，等. ±800 kV 溪洛渡—浙西直流输电工程换流站直流暂态过电压[J]. 南方电网技术，2012，6（2）：6-13.

[21] ABB. The 800 kV HVDC Transmission Project-insulation Coordination，Preliminary Design[R]. Ludvika：ABB，2005.

[22] 朱韬析，夏拥，何杰，等. 逆变侧换流变压器阀侧接地故障特性分析[J]. 电力系统自动化，2011，35（1）：96-99.

[23] 中国电力工程顾问集团公司. 溪洛渡—浙西±800kV、750 万千瓦直流输电工程可行性研究[R]. 北京：中国电力工程顾问集团公司，2010.

[24] 聂定珍，马为民，郑劲. ±800kV 特高压直流换流站绝缘配合[J]. 高电压技术，2006，32（9）：75-79.

[25] 娄彦涛，吕金壮，荀锐锋，等. 直流输电系统紧急停运方式对系统过电压的影响[J]. 南方电网技术，2009，3（6）：13-17.

[26] IEC 60919-2. Performance of High-voltage Direct Current（HVDC）Systems，Part 2：Faults and Switching[S]. Genava：IEC，2008.

[27] 朱艺颖，蒋卫平，吴雅妮. 特高压直流输电控制保护特性对内过电压的影响[J]. 电网技术，2008，32（8）：6-10.

[28] 荀锐锋，张万荣. 云—广±800kV 特高压直流换流站过电压与绝缘配合研究报告，第三部分：交流暂态过电压[R]. 西安：西安高压电器研究院有限责任公司，2005.

[29] Bauman J，Kazerani M. Commutation failure reduction in HVDC system using adaptive fuzzy logic controller[J]. IEEE Transactions on Power Systems，2007，22（4）：1995-2002.

[30] 许韦华，陈争光，汤广福，等. 换流阀设备换相失败故障的暂态分析[J]. 电网技术，2013，37（6）：1759-1765.

[31] 韩永霞，李立浧，陈辉祥，等. 直流保护策略对特高压换流站过电压与绝缘配合影响的仿真分析[J]. 高电压技术，2012，38（2）：316-322.

[32] 施围，邱毓昌，张乔根. 高电压工程基础[M]. 北京：机械工业出版社，2006.

[33] DL/T 620—1997. 交流电气装置的过电压保护和绝缘配合[S]. 北京：电力工业部，1997.

[34] 郑军，荀锐锋. 超高压直流输电工程成套设备系统设计与模拟技术研究报告之八：超高压直流工程换流站绝缘配合[R]. 西安：西安高压电器研究院有限责任公司，2004.

[35] CIGRE WG 33. 05. 高压直流换流站绝缘配合和避雷器保护应用导则[R]. Paris：CIGRE，1984.

[36] DL/T 605—1996. 高压直流换流站绝缘配合导则[S]. 北京：电力工业部，1996.

[37] 刘振亚. 特高压直流输电系统过电压与绝缘配合[M]. 北京：中国电力出版社，2009.

[38] 安萍，荀锐锋，程晓绚，等. ±800kV 特高压直流换流站过电压保护特点及直流暂态过电压计算[J]. 高压电器，2007，43（5）：351-353.

[39] 施围，郭洁. 电力系统过电压计算[M]. 北京：高等教育出版社，2006.

[40] Tanabe S，Kobayashi S，Sampei M. Study on overvoltage protection in HVDC LTT valve [J]. IEEE Transactions on Power Delivery，2000，15（2）：545-550.

[41] 周沛洪，修木洪，谷定燮，等. ±800 kV 直流系统过电压保护和绝缘配合研究[J]. 高电压技术，2006，32（12）：125-133.

[42] IEC 60919-3. Performance of High-voltage Direct Current（HVDC）Systems with Line-Commutated Converters，Part 3：Dynamic Conditioins[S]. Genava：IEC，2016.

[43] 冀肖彤. 抑制 HVDC 送端交流暂态过电压的控制系统优化[J]. 电网技术，2017，41（3）：721-728.

[44] 苟锐锋，张万荣. 云—广±800kV 特高压直流换流站过电压与绝缘配合研究报告，第二部分：换流站绝缘配合[R]. 西安：西安高压电器研究院有限责任公司，2010.

[45] GB/T 311.2—2013. 绝缘配合 第 2 部分：使用导则[S]. 北京：国家质量监督检验检疫总局，国家标准化管理委员会，2013.

[46] GB/T 26218. 1—2010. 污秽条件下使用的高压绝缘子的选择和尺寸确定 第 1 部分：定义、信息和一般原则[S]. 北京：国家质量监督检验检疫总局，国家标准化管理委员会，2010.

[47] DL/T 5426—2009. ±800kV 高压直流输电系统成套设计规程[S]. 北京：国家能源局，2009.

[48] GB/T 26218. 2—2010. 污秽条件下使用的高压绝缘子的选择和尺寸确定 第 2 部分：交流系统用瓷和玻璃绝缘子[S]. 北京：国家质量监督检验检疫总局，国家标准化管理委员会，2010.

[49] IEC 60099-9. Surge Arresters-Part 9：Metal-oxide Surge Arresters without Gaps for HVDC Converter Stations[S]. Genava：IEC，1993.

[50] IEC 60099-4. Surge Arresters-Part 4：Metal-oxide Surge Arresters without Gaps for AC Systems[S]. Genava：IEC，2014.

[51] GB 11032—2010. 交流无间隙金属氧化物避雷器[S]. 北京：国家质量监督检验检疫总局，国家标准化管理委员会，2010.

[52] IEC 60099-5. Surge Arresters-Part 5：Surge Arresters Selection and Application Recommendations[S]. Genava：IEC，2013.

[53] Q/GDW 276—2009. ±800kV 换流站用金属氧化物避雷器技术规范[S]. 北京：国家电网有限公司，2009.